随机有限集多目标跟踪理论与方法

Random Finite Set-based Multi-target Tracking Theory and Methods

姬红兵 刘 龙 张永权 著

西安电子科技大学出版社

内 容 简 介

本书是课题组近十年来承担的多项国家自然科学基金项目和国防基金项目的研究成果总结，涵盖了随机有限集多目标跟踪的相关理论和最新研究成果，重点研究随机有限集框架下的多目标贝叶斯滤波理论，主要内容包括随机有限集滤波框架优化、机动目标跟踪、航迹关联与维持、多传感器融合跟踪和滤波参数建模与估计等关键问题和相关技术。本书所阐述的理论方法和实现技术解决了先验知识不足、目标数目未知、计算代价高昂等多目标跟踪的难点问题，可应用于强机动性、高杂波率、低检测率等复杂环境下的多目标快速、稳定、准确跟踪。

本书可作为高校教师、博士和硕士研究生以及科研人员开展相关研究的参考用书。

图书在版编目(CIP)数据

随机有限集多目标跟踪理论与方法/姬红兵，刘龙，张永权著.
—西安：西安电子科技大学出版社，2021.3(2022.3 重印)
ISBN 978－7－5606－5982－4

Ⅰ. ① 随…　Ⅱ. ① 姬… ②刘… ③张…　Ⅲ. ① 目标跟踪—研究
Ⅳ. ① TN953

中国版本图书馆 CIP 数据核字(2021)第 033532 号

策划编辑　高　樱
责任编辑　武翠琴
出版发行　西安电子科技大学出版社(西安市太白南路 2 号)
电　　话　(029)88202421　88201467　　邮　　编　710071
网　　址　www.xduph.com　　电子邮箱　xdupfxb001@163.com
经　　销　新华书店
印刷单位　陕西精工印务有限公司
版　　次　2021 年 3 月第 1 版　2022 年 3 月第 2 次印刷
开　　本　787 毫米×960 毫米　1/16　印张　12.5
字　　数　232 千字
印　　数　1001～2000 册
定　　价　56.00 元
ISBN 978－7－5606－5982－4/TN
XDUP 6284001－2

前　言

多目标跟踪技术起源于20世纪60年代，其目的是通过传感器接收到的量测数据对场景中出现的目标进行状态(包括目标的位置、速度、加速度等)和数目等的估计。多目标跟踪技术作为现代防御和武器系统性能提升的瓶颈和急需突破的关键技术，不仅在空中侦察与预警、导弹防御、战场监视等军事领域，而且在自动驾驶、机器人视觉、空中导航与交通管制等民用领域都具有广阔的应用前景。随着相关高新技术的飞速发展和新型飞行器等运动体的不断涌现，目标跟踪问题发生了前所未有的深刻变化，促使目标跟踪理论与技术不断发展。因此，对其新理论和新技术进行研究具有重要的意义和价值。

多目标跟踪技术的研究非常具有挑战性，主要是因为量测的来源未知、量测会受到噪声的干扰、目标数目未知、目标可能被传感器漏检等。早期的多目标跟踪问题主要依靠数据关联技术解决，然而当目标和量测数目增加时，基于数据关联的多目标跟踪算法面临计算组合爆炸问题，这成为多目标跟踪技术长期以来难以攻克的瓶颈。近年来，随着传感器技术和高性能飞行器的快速发展，以及战场环境的日益复杂，多目标跟踪问题呈现出了多尺度、不确定、高维度、非线性、非高斯等特点，而传统基于数据关联的多目标跟踪方法已无法解决这些新问题，急需研究新的理论和技术。美国学者Mahler将随机有限集理论引入多目标跟踪，将目标状态集和量测集看作一个集合整体，有效避免了复杂的数据关联问题。随后，Mahler、Vo等人在贝叶斯滤波框架下推导出了一系列经典的随机有限集滤波算法，如概率假设密度(PHD)滤波、势概率假设密度(CPHD)滤波、多目标多伯努利(MeMBer)滤波、势均衡多目标多伯努利(CBMeMBer)滤波、标签随机有限集滤波等，为多目标跟踪技术提供了新的发展契机。

作者所在课题组长期从事目标跟踪理论与技术的研究，先后承担了6项国家自然科学基金项目(No. 60677040、No. 60871074、No. 61372003、No. 61871301、No. 61503293、No. 61803288)，取得了显著的研究成果，在国内外权威期刊和国际会议上发表了一批高水平学术论文，部分成果已应用于实际工程。在汇集和综合近年来随机有限集多目标跟踪基础理论和课题组最新研究成果的基础上，我们撰写了本书，期望能够为相关领域的学者和研究人员提供一个了解和学习目标跟踪前沿相关研究成果的途径，以推动国内相关领域的发展。

全书共分7章，第1章为绪论，主要阐述了多目标跟踪技术和随机有限集滤波的相关背景和国内外研究现状；第2章为随机有限集多目标跟踪基础理论，详细描述了后续章节所需要的基础理论；第3章～第7章主要阐述课题组取得的创新研究成果，是本书的重点内容。

作者在从事研究和撰写本书的过程中得到了诸多专家、同行和博士研究生的支持和帮助，在此表示衷心的感谢。由于目标跟踪领域相关前沿研究成果涉及的内容较广，书中不妥之处在所难免，敬请专家、同行和读者谅解，并欢迎批评指正。

作　者

2020年10月于西安

目 录

第1章 绪 论

1.1 引 言

目标跟踪是指利用传感器所获得的量测信息来估计目标状态，包括目标的数目、位置、速度、加速度和航迹等信息。近年来，随着传感器技术的不断发展，基于各种类型传感器(如雷达、红外、声呐、激光、多光谱和高光谱等)的目标跟踪系统相继出现，并应用于不同的场合。目标跟踪系统已成为现代防御体系的重要组成部分，具有广阔的应用前景，例如空中侦察与预警、导弹防御、战场监视等军事领域，以及机器人视觉、空中导航与交通管制等民用领域。我国的GL-5型主动防御系统、俄罗斯正在批量生产的S-300V4防空导弹系统和美国的末段高空区域防御系统等都涉及了大量目标跟踪技术，可见目标跟踪技术越来越受到各国的关注，其研究和应用对未来作战和国家安全具有重大的战略意义。

目标跟踪技术可以分为单目标跟踪(Single Target Tracking，STT)和多目标跟踪(Multiple Target Tracking，MTT)两类。单目标跟踪技术的相关研究较早，且已日臻成熟，其难点在于处理杂波的干扰。多目标跟踪技术可以处理目标数时变且未知等复杂跟踪问题，但同时还需解决目标量测之间的相互干扰。目前，多目标跟踪技术已成为跟踪领域的研究热点，受到了众多学者和科研机构的关注，并在Bar-Shalom等人[1-3]的推动下取得了长足的发展，部分技术已经成功应用于实际跟踪系统中。然而，受战场背景杂波、人为电子干扰、目标隐身和目标欺骗等的影响，目标跟踪环境也日益复杂，如何在复杂的跟踪场景中实现稳健的多目标跟踪仍然存在诸多问题，主要体现在以下几个方面：

(1) 机动目标跟踪问题。随着现代航空技术的发展，战斗机等飞行器的机动性能越来越强，复杂跟踪场景下的机动目标跟踪变得愈加困难。

(2) 多目标航迹关联与维持问题。在很多检测场景下，需要根据目标状态的估计结果进行目标行为识别、目标身份识别和态势估计等，如何形成连续的目标跟踪轨迹对实现目标辨识至关重要。

(3) 多传感器融合多目标跟踪问题。与传统的单传感器系统相比，多传感器数据融合系统代表了未来战争情报系统的发展方向。然而，多传感器系统在增加目标信息数量和种类的同时，也增加了信息处理上的复杂度和难度。

(4) 参数建模与估计问题。在复杂跟踪场景中，目标信号通常较弱，常常淹没在各种杂波或干扰中，可能导致杂波强度和检测概率随时发生变化。此外，跟踪场景中目标新生位置、量测噪声通常不能预先确定，且可能出现噪声野值。因此，无法再将目标新生位置、杂波分布、量测噪声和检测概率等视为已知的场景参数，即先验信息的缺失增加了目标跟踪的复杂性和难度。

近年来，随机有限集理论[4]在多目标跟踪方面取得的研究进展，为解决上述问题提供了坚实的理论基础和可行的技术途径，相关问题与技术如图 1-1 所示。与传统基于数据关联的多目标跟踪方法相比，随机有限集理论在解决各种不确定性问题方面具有天然的优势，主要体现在以下几个方面：

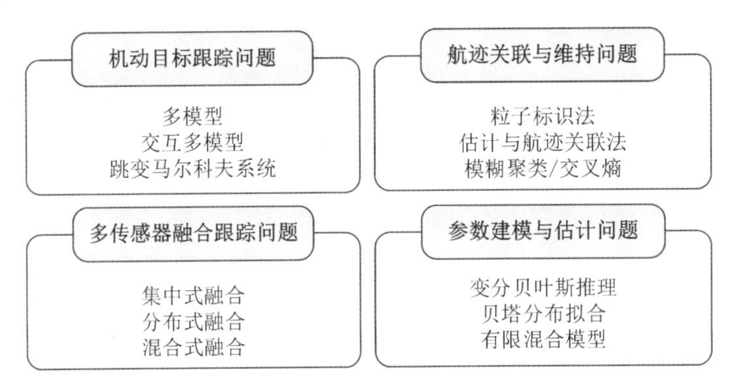

图 1-1　复杂环境下多目标跟踪中的关键问题与相关技术

(1) 复杂环境下，受杂波量测的影响，即使是单目标也常会呈现为多目标的形式。随机有限集理论将所有目标看作一个集合，通过估计该集值随机变量，可以获取目标整体状态，这一特点更加适合处理复杂环境下的目标跟踪问题。

(2) 随机有限集理论为多传感器多目标跟踪问题提供了新的理论基础。现有研究[4]表明，多传感器数据融合问题也可纳入随机有限集理论框架中，这一理论的提出为多传感器多目标跟踪领域提供了一个新的发展契机。

(3) 目前大部分不确定性信息，如模糊逻辑、专家数据和证据信息等均可以在随机有限集理论框架下统一描述和度量。因此，可以利用随机有限集理论，将目标分类和识别模块中的属性、特征等非传统量测与目标跟踪模块建立联系。

综上所述，复杂环境下的多目标跟踪理论体系仍存在大量亟须解决的问题，而随机有限集理论为解决多目标跟踪领域中的问题提供了新的思路和方法。本书将在我们近年来承担的多项国家自然科学基金项目和国防基金项目的研究成果的基础上，重点论述近年来涌现出的一系列新理论、新方法和新技术。

1.2 多目标跟踪技术研究进展

多目标跟踪技术作为信息融合领域最活跃、成果最丰富的重要分支之一，其发展最早可追溯到20世纪50年代。自Wax首次提出多目标跟踪问题[5]以来，该技术已有近70余年的发展历程。然而，多目标跟踪技术真正开始引起人们的关注是在20世纪70年代初期，当时，由Bar-Shalom等人开创的以数据关联和卡尔曼滤波有机结合为标志的多目标跟踪技术取得了突破性进展[6]。20世纪70年代中期至80年代末，多目标跟踪研究领域进入了飞速发展时期，以Bar-Shalom、Singer、Blair、Reid、Blom、Blackman和Chong等人为代表的学者们在数据关联和机动目标跟踪等方面提出了许多经典算法，如时间相关模型、最近邻(Nearest Neighbor，NN)、全局最近邻(Global NN，GNN)、概率数据关联(Probabilistic Data Association，PDA)、联合概率数据关联(Joint PDA，JPDA)、多假设跟踪(Multiple Hypothesis Tracking，MHT)、交互多模型(Interacting Multiple Model，IMM)和分层融合等算法[6-7]。20世纪90年代后，Poore、Li、Kirubarajan、Chang、Willett、Musicki和Mori等学者对多维分配算法在数据关联中的应用、变结构IMM和概率多假设跟踪(Probabilistic MHT，PMHT)等算法进行了研究，极大地丰富和发展了多目标跟踪理论[8-9]。下面介绍几种典型的基于数据关联的多目标跟踪算法，并在表1-1中给出这些算法的对比。

表1-1 数据关联算法比较

算 法	优 点	缺 点
NN/GNN	计算量小，易实现	抗干扰能力差，在目标和量测较多时容易关联错误
PDA/JPDA	避免了GNN算法可能发生的关联错误，且适用于杂波环境下的目标跟踪	在目标和量测较多时，存在严重的组合爆炸问题
MHT	综合了GNN和JPDA算法的优点	在目标和量测较多时，存在严重的组合爆炸问题

(1) 最近邻算法和全局最近邻算法。1971年，Singer等人提出了NN算法[10-11]，作为

寻求目标和量测之间对应关系的解决方案。NN 算法是一种简单的硬划分方法，其核心思想是依照某种度量方法将距离最近的元素归为一类，如欧氏距离[12]、加权欧氏距离[13]、切比雪夫距离[14]、马氏距离[15]和余弦相似度[16]等。将 NN 算法应用到目标跟踪问题时，则认为跟踪门内距离预测目标位置最近的量测为真实目标产生的量测。虽然 NN 算法易于理解和实现，但当杂波较强或目标交叉时，容易产生错误关联。为此，文献[17]提出了 GNN 算法，对不同的分配方案分别计算分配代价矩阵，并选取代价最小的分配方案作为量测划分结果(如图 1-2 所示)。然而，枚举不同的分配方案可能会导致巨大的计算负担。因此，通常采用某种分配算法来代替枚举，典型的分配算法包括 Munkres 算法[18]和 Jonker-Volgenant 算法[19]等。

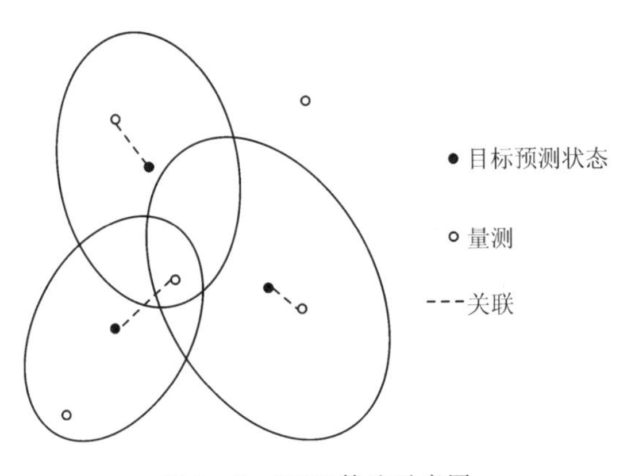

图 1-2　GNN 算法示意图

(2) 概率数据关联算法和联合概率数据关联算法。Bar-Shalom 等人认为跟踪门内的所有量测都对计算后验概率有意义。基于该思想，Bar-Shalom 和 Tse 在 1975 年提出了一种贝叶斯框架下的数据关联算法[20-21]，即 PDA 算法。该算法认为所有落入跟踪门的有效量测都可能源于目标，只是概率不同。PDA 算法需要满足以下假设：① 杂波产生的量测相互独立且服从均匀分布；② 跟踪门内仅有一个真实目标产生的量测。该算法利用所有落入跟踪门的量测进行滤波，并根据关联概率对全部滤波结果进行加权求和，以获得目标的状态估计。PDA 算法计算效率高，对存储空间的要求仅略高于卡尔曼滤波，易于工程实现。然而，该算法无法处理多个目标交叉的情况，故其仅适用于单目标跟踪或稀疏目标跟踪问题。为了解决杂波环境下的密集多目标跟踪问题，Fortmann 和 Bar-Shalom 在 1980 年提出了 JPDA 算法[22-23]，并将其扩展到机动目标跟踪问题[24]。JPDA 算法引入了确认矩阵的概念，通过拆分确认矩阵，生成表征目标和量测之间可能对应关系的可行联合方案。同时，基于所有可行联合方案计算量测与每个目标的关联概率，并通过构建伪量测对目标预测状态进行更新(如图1-3所示)。JPDA算法能有效处理多目标跟踪问题，但随着场景中目标数和量测数的增加，该算法的计算量将呈指数增长，由此引起的计算组合爆炸问题严重制约了JPDA算法的工程应用。因此，为了避免计算组合爆炸问题，次优JPDA[25]、近似优化JPDA[26]、深度优先搜索JPDA[27]和层次快速JPDA[28]等多种衍生算法相继被提出。此外，由于JPDA算法只能用于目标数已知且固定的场景，为了将其拓展到目标数未知且时变的场景，文献[29]提出了联合集成概率数据关联(Joint Integrated PDA，JIPDA)算法。

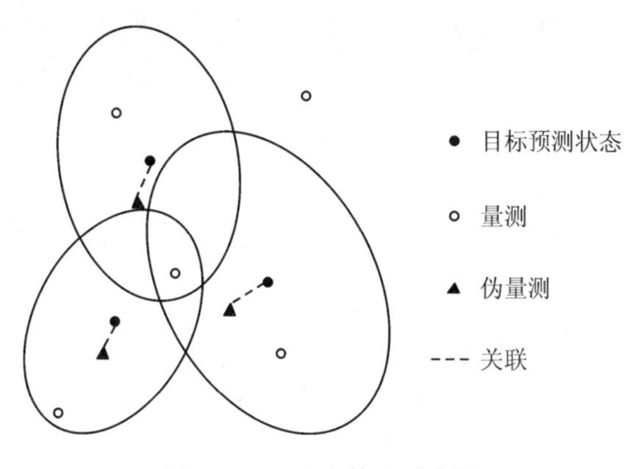

图1-3 JPDA算法示意图

(3) 多假设跟踪算法。1979年，Reid在文献[30]中首次提出了一种依赖历史量测的数据关联算法，即MHT算法。图1-4表示当前时刻所有的目标假设。不同于NN、PDA和JPDA算法，MHT算法要求根据目标假设构造一个包含所有可行关联事件的假设树。当存

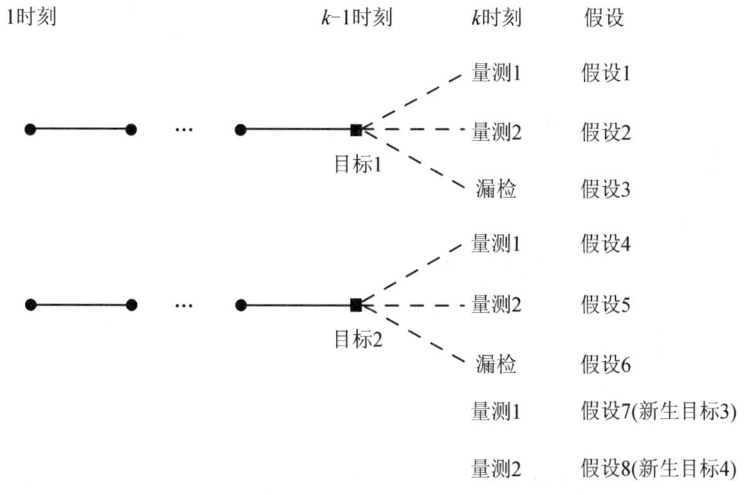

图1-4 当前时刻所有的目标假设

在可能的关联冲突时，MHT算法通过一种延迟决策的方案，将可能的假设保留下来，再利用后续量测对假设树的分支进行判决，并通过修剪和合并操作控制假设树的规模。MHT算法不仅能较好地处理新生航迹，还可以有效解决虚警和漏检问题。理论上，MHT算法是解决数据关联问题的最优方案，但由于它需要保存假设的历史信息，因此同样存在严重的组合爆炸问题。为降低MHT算法的计算复杂度，许多学者提出了多种解决思路[31-33]。

当目标和杂波稀疏分布在场景中时，基于数据关联的多目标跟踪算法均能取得良好的跟踪效果。但由于数据关联算法需要将每个时刻的量测分配至杂波和假设目标，因而在目标和杂波密集的跟踪场景中，此类算法都需要处理因排列组合引起的组合爆炸问题，这在一段时期内成为制约多目标跟踪技术发展的瓶颈。21世纪以来，Mahler、Vo、Cantoni和Erdinc等学者深入研究了随机有限集理论，并将其用于解决多目标跟踪问题。基于随机有限集理论的多目标跟踪方法的核心思想不再是解决数据关联问题，而是寻求多目标状态的最优解或者次优解，一些方法甚至能够完全避免数据关联[34]，这为目标跟踪领域带来了新的发展契机。目前，从事这一方向的国内外代表性科研团队有：澳大利亚科廷大学的Vo教授团队完善了随机有限集理论，提出了一系列随机有限集滤波框架，为研究随机有限集滤波奠定了理论基础；瑞典查尔姆斯理工大学的Lennart教授团队将随机有限集理论应用于扩展目标跟踪，提出了一系列扩展目标跟踪方法；加拿大麦克玛斯特大学的Kirubarajan教授团队针对机动目标跟踪问题，基于随机有限集滤波开展了大量研究；西北工业大学的潘泉教授团队针对视频目标跟踪问题，基于随机有限集滤波开展了大量研究；西安电子科技大学的姬红兵教授团队针对复杂场景中的非线性、目标机动和未知场景参数等问题，基于随机有限集滤波开展了大量研究；等等。

1.3　随机有限集滤波研究进展

20世纪70年代以来，Matheron和Nguyen等人将随机有限集理论[35-37]作为证据理论的统一范式；1994年，Mahler创造性地将随机有限集理论用于解决多目标跟踪中因数据关联引起的组合爆炸问题[38]。此后，Mahler等人发表了一系列研究成果[39-43]，进一步完善了基于随机有限集的目标跟踪理论，并于1997年出版了*Mathematics of Data Fusion*一书[44]，书中系统介绍了随机有限集理论在信息融合领域的应用。随机有限集滤波的发展历程如图1-5所示。

21世纪初，Mahler提出了首个基于随机有限集理论的多目标跟踪算法，即概率假设密度(Probability Hypothesis Density，PHD)滤波[45-48]。该算法利用一阶矩近似后验概率密

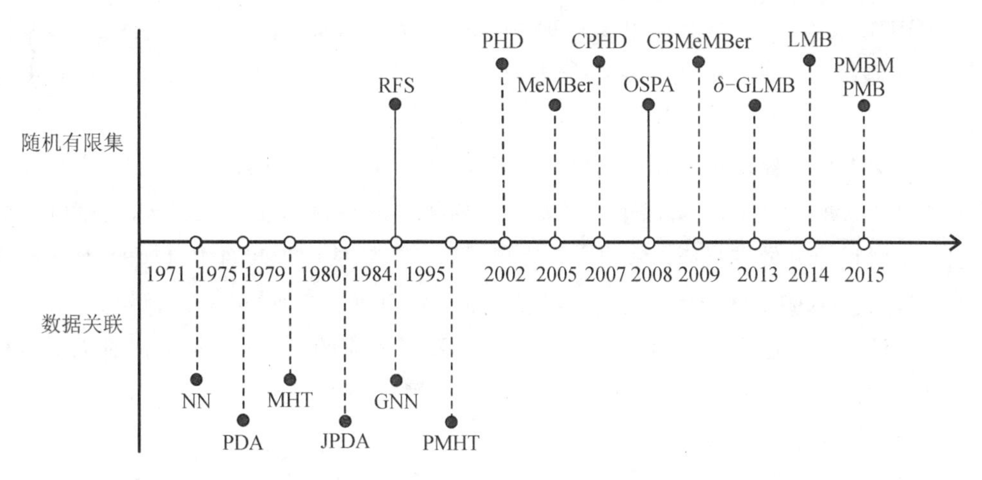

图 1-5　随机有限集滤波的发展历程

度，同时概率假设密度在任意区域内的积分就是该区域中目标数的期望值。PHD 滤波通过递推传播后验概率密度的一阶矩，能够处理漏检、虚警及目标的新生、衍生和消失等问题。由于弱化了复杂的数据关联，PHD 滤波很快受到广大学者们的关注，他们相继研究并提出了大量贝叶斯框架下的随机有限集滤波算法。此后，为了解决 PHD 滤波迭代过程中高维多重积分求解难的问题，Vo 等人推导出了高斯混合 PHD(Gaussian Mixture PHD，GM-PHD)滤波[49]，在线性高斯条件下较好地解决了多目标跟踪问题。针对非线性非高斯情况，文献[50]和[51]提出了基于序贯蒙特卡洛(Sequential Monte Carlo，SMC)方法实现的粒子 PHD 滤波。尽管上述方法均能在相应条件下求得 PHD 滤波的闭合解，但是由于 PHD 滤波仅传播一阶矩，其目标数估计在出现漏检或高虚警时不稳定[52]。针对这一问题，Mahler 提出了一种能够同时传播后验强度和后验势分布的改进算法[53-54]，即势 PHD(Cardinalized PHD，CPHD)滤波，其后，Vo 等人又提出了 CPHD 滤波的高斯混合实现[55-56]和粒子实现[4]。

基于随机有限集理论的多目标跟踪算法的本质是利用随机有限集对目标和量测进行建模，然后使用全部量测对全部目标分别进行更新，目标状态的更新仍然采用卡尔曼滤波及其衍生算法。此外，基于随机有限集的多目标跟踪算法采用贝叶斯框架进行推理，需要引入许多场景参数，包括目标的新生位置、杂波分布、量测噪声和传感器的检测概率等。然而，在复杂多变的战场环境中，这些参数往往是不断变化的，难以预先获得其统计信息。针对上述问题和实际应用的需求，学者们提出了一系列基于 PHD/CPHD 滤波的改进算法，主要包括：

(1) 针对杂波率和检测概率未知的问题，文献[57]提出了一种可估计检测概率的 PHD

滤波和 CPHD 滤波；文献[58]提出了一种可处理未知杂波强度的多伯努利滤波；文献[59]针对微小细胞跟踪问题，提出了一种能够自适应估计杂波率和检测概率的自举式 CPHD 滤波。

(2) 针对新生目标位置未知的问题，文献[60-62]提出了能够自适应处理未知新生目标问题的 PHD 滤波；文献[63]提出了一种基于序列概率的多目标初始化算法；文献[64]利用后验强度，对目标分量进行修剪和合并，提出了一种能够估计未知新生目标的 PHD 滤波。

(3) 针对 PHD/CPHD 滤波无法获得目标航迹的问题，文献[65]提出了一种高斯项管理算法，能够在滤波过程中同时获得目标的状态及其相应的标签。同时，针对机动目标跟踪，文献[66]提出了结合多模型(Multiple Model，MM)算法的 MM-PHD 滤波，用于处理运动模型的不确定性。

(4) 针对群目标跟踪问题，文献[67]提出了一种适用于 GM-PHD 滤波的解决策略。此外，针对目标衍生问题，文献[68-70]中指出，不应将衍生目标归入新生目标进行处理，并对 CPHD 滤波中的衍生目标进行建模。

2007 年，Mahler 提出了另一种基于随机有限集理论的多目标跟踪算法，即多目标多伯努利(Multi-target Multi-Bernoulli，MeMBer)滤波[4]。与 PHD 滤波递推不同，MeMBer 滤波递推传播的是用于近似后验概率密度的多伯努利随机有限集参数，但其势估计存在偏差。文献[71]指出 MeMBer 滤波存在势过估问题，为了修正势估计，Vo 等人提出了一种改进算法，即势均衡 MeMBer(Cardinality Balanced MeMBer，CBMeMBer)滤波。文献[72]给出了 CBMeMBer 滤波的 SMC 实现，并分析了 SMC-CBMeMBer 滤波的收敛性。文献[73]和[74]分别将跳变马尔科夫模型引入 MeMBer 滤波和 CBMeMBer 滤波中，使之能够处理机动目标跟踪问题。文献[75]结合图论和 MeMBer 滤波，推导出一种可以估计群目标数目、状态和规模的算法。文献[76]和[77]将 MeMBer 滤波应用于处理扩展目标跟踪问题。随着随机有限集滤波的发展，越来越多的学者对其进行了研究[78-87]。

在贝叶斯理论中，如果后验分布和先验分布属于同种分布，则先验分布和后验分布被称为共轭分布，而先验分布被称为似然函数的共轭先验。在随机有限集滤波中，共轭先验条件尤为重要，它能够保证估计的后验分布更接近真实的后验分布。上述基于随机有限集的滤波算法都不满足共轭先验条件，而目前有两种满足共轭先验条件的随机有限集滤波，它们分别是基于标签随机有限集和基于无标签随机有限集。

关于基于标签随机有限集理论的多目标跟踪方法，Vo 等人在文献[88-90]中，将基于 Chapman-Kolmogorov 方程的共轭先验条件引入随机有限集理论，提出标签随机有限集理论，推导出了一种可以在滤波中获得目标航迹标签的多目标跟踪算法，即 δ-广义标签多伯努利(Delta Generalized Labeled Multi-Bernoulli，δ-GLMB)滤波。文献[91]提出了一种标签多伯努利(Labeled Multi-Bernoulli，LMB)滤波。作为一种δ-GLMB滤波的有效近似形式，LMB滤波能够输出目标的航迹信息，并具有较好的实时性。此后，国内外学者针对标签随机有限集理论下的多目标跟踪算法进行了深入研究和拓展[92-101]。

关于基于无标签随机有限集理论的多目标跟踪方法，Williams在文献[102]中，基于无标签随机有限集理论推导出了另一种满足共轭先验的随机有限集滤波，即泊松多伯努利混合(Poison Multi-Bernoulli Mixture，PMBM)滤波，并在文献[102]和[103]中提出了三种泊松多伯努利(Poison Multi-Bernoulli，PMB)滤波，作为PMBM滤波的有效近似形式。此外，为了获得目标航迹，Granström等人在文献[104]中，提出了航迹随机有限集理论，推导出了一种能够获得目标航迹的PMBM滤波。

表1-2总结了上述经典随机有限集滤波的优缺点。

表1-2 经典随机有限集滤波的比较

算法		优点	缺点
非共轭先验	PHD	计算复杂度低	目标数估计不稳定
	CPHD	目标数估计较稳定	计算复杂度较高
	MeMBer	计算复杂度较低	目标数估计不稳定，仅适用于低杂波密度的场景
	CBMeMBer	计算复杂度较低，目标数估计较稳定	仅适用于低杂波密度的场景
共轭先验	δ-GLMB	能够获得目标的标签信息，跟踪精度较高	计算复杂度过高
	LMB	能够获得目标的标签信息，计算复杂度较低	跟踪精度略差于δ-GLMB
	PMBM	计算复杂度低于δ-GLMB，跟踪精度较高	不能获得目标的标签信息
	PMB	计算复杂度较低	跟踪精度略差于PMBM

迄今为止，随机有限集滤波已有二十多年的发展历史，其在理论基础[35, 41, 105]、模型框架[106-111]、性能评价[112-114]等方面都取得了丰富的研究成果，相关应用几乎涵盖了目标跟踪领域的所有研究方向，下面将从机动目标跟踪、多目标航迹关联与维持、多传感器融合多目标跟踪和参数建模与估计等方面阐述随机有限集滤波的研究进展。

1. 机动目标跟踪

目标机动是指目标在受到外力的作用时，加速度发生变化(如图1-6所示)，导致原有的运动规律被改变，造成目标运动规律与滤波器中已经建立的运动模型不匹配。针对机动

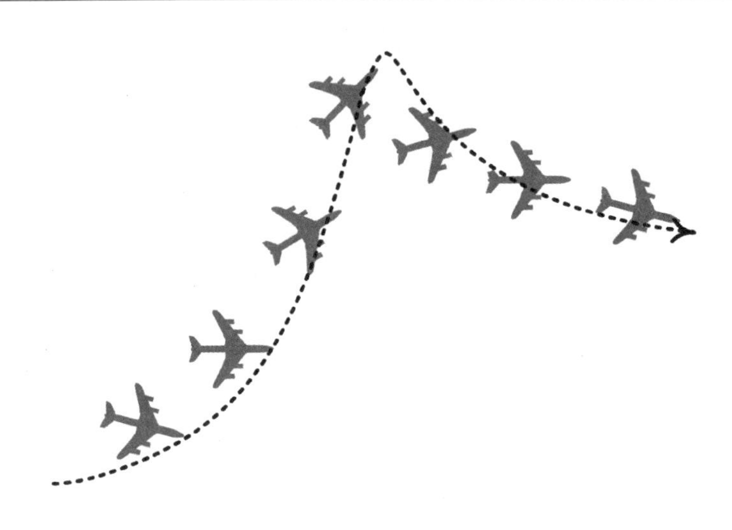

图 1－6　目标机动示意图

目标跟踪问题，Magill 在 1965 年提出多模型（MM）算法[115-116]，采用多个模型进行匹配滤波，由于每个模型对应的滤波器之间没有交互，因此称为静态多模型算法。当系统结构或参数发生变化时，该算法由于缺乏必要的输入信息交互，导致估计器发散，使得跟踪性能恶化。为了克服这一不足，Bar-Shalom 等人提出了交互多模型（IMM）算法[117]，该算法中的各个模型通过马尔科夫转移概率进行转移，各个模型滤波结果的加权求和即为目标状态的估计结果。

在单目标跟踪中，IMM 算法和变结构交互多模型（Variable-Structure IMM，VS-IMM）[118]算法是使用最为广泛的两种目标机动建模方法。在多目标跟踪中，文献[119]针对单一运动模型导致的模型不匹配问题，引入跳变马尔科夫系统（Jump Markov System，JMS），提出了 JMS-MTT 算法。文献[120-124]将 JMS 引入 PHD 滤波、CPHD 滤波、MeMBer 滤波和 CBMeMBer 滤波中，分别提出了 MM-PHD 滤波、MM-CPHD 滤波、MM-MeMBer 滤波和 MM-CBMeMBer 滤波。文献[125-127]分别将 JMS 引入标签随机有限集滤波中，提出了 MM-LMB 滤波、JMS-GLMB 滤波和高效 JMS-GLMB 滤波。文献[128]采用线性分式变换（Linear Fractional Transformation，LFT）处理非线性 JMS 模型，提出了 LFT-JMS-PHD 滤波。文献[129]将最优高斯拟合（Best-Fitting Gaussian，BFG）近似方法引入 JMS-GM-PHD 滤波中，提出了 BFG-GM-PHD 滤波，然而将概率假设密度建模为高斯混合分布，使其无法适用于非线性非高斯问题。文献[130]改进了 SMC-MM-PHD 滤波的粒子采样方式，引入 Rao-Blackwellized 粒子滤波，通过降低采样维度来提高采样效率，提出了 RBP-MM-PHD 滤波。上述算法通过 JMS 及其近似的 IMM 思想对目标运动模型进行建模，摒弃了采用单一运动模型，如匀速(Constant Velocity，CV)运动模型、匀加速(Constant Acceleration，CA)运动模型和匀转弯速率(Constant Turn rate，CT)运动模型等，有效提高了这些算法对复杂多变的机动场景的适应能力。现有针对机动目标跟踪问题的算法[131-155]大多是将IMM算法直接引入滤波框架中，没有分析更为复杂的机动情况，也没有研究运动模型集的选择等问题，因此，在出现未知模型的机动时，这些算法的可靠性和适应性都有待检验。

2. 多目标航迹关联与维持

随机有限集滤波的输出是一种离散、无序的集合意义下的状态估计，无法直接从中获知每个时刻状态估计和实际目标之间的关系，也就无法形成目标的连续跟踪轨迹。然而，在实际跟踪中，需要获取目标运动轨迹，并进行目标辨识，这促使一些学者开始研究航迹关联与维持问题[156-183]，尝试对随机有限集滤波输出的状态估计进行分析和处理，其处理流程如图1-7所示。以PHD滤波为例，在处理上述问题时，文献[164]提出将概率假设密度按处理单元进行划分，并通过计算相邻两个时刻的概率假设密度峰值之间的似然函数，将航迹维持问题转化为一个二维分配问题，但该算法仅考虑了连续两个时刻之间的信息。文献[165]提出的高斯项标记法，通过对每个高斯项进行标记来获得每个目标的完整航迹。该算法虽然简单易行，但当目标之间的距离很近或发生交叉时，来自不同目标的高斯项之间的合并操作，容易导致失跟或误跟。上述两种算法均是基于高斯混合PHD滤波框架的，只适用于线性高斯情况。针对非线性情况，文献[166]提出了一种基于粒子PHD滤波的航迹维持算法。该算法首先对粒子进行标记，再利用聚类后各个类中不同标记的粒子数目实现航迹关联。然而，由于没有用到之前时刻的状态信息，当目标之间的距离很近或发生交叉时，来自不同目标的粒子经过重采样后可能具有相同的标记，因此该算法也会出现漏跟或错跟。文献[167]提出了一种状态估计和航迹的关联算法，该算法首先采用之前的多个滤波状态建立多种航迹假设，并通过计算每种假设的预测状态与当前状态估计之间的似然函数来更新每种假设的对数似然比，从而挑选出最有可能的航迹。由于该算法考虑了之前多个时刻的状态信息，故航迹维持效果较好。Panta在文献[65]中将其和高斯项标记法相结合，即当目标之间的距离较远时采用高斯项标记法，当目标之间的距离较近或发生交叉时进行状态估计和航迹的数据关联，在一定程度上提升了航迹维持性能。然而，上述算法在

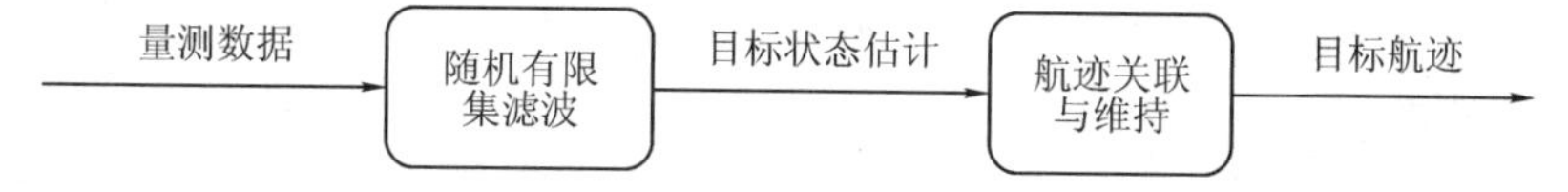

图1-7 基于随机有限集理论的航迹关联与维持算法流程

更新每种航迹假设的对数似然比时只考虑了相邻时刻之间的信息，因此，只要其中的一到两个时刻发生错误，就可能导致整条航迹的关联错误。此外，扩展目标和重叠目标的引入也会增加航迹维持的困难。如何充分挖掘并利用多个时刻信息，提高状态关联的准确性，进而获得更为准确的目标航迹，仍是航迹维持研究待解决的问题。

3. 多传感器融合多目标跟踪

多传感器多目标跟踪系统采用数据融合方法实现对目标的有效跟踪，是一种多传感器数据融合系统。按系统组成及功能结构划分，主要有集中式、分布式和混合式三种融合结构。相对于单传感器系统，多传感器融合系统提高了系统的分辨率、可信度和鲁棒性，扩展了空间和时间上的覆盖范围，因此受到学者们的广泛关注，并取得了大量研究成果[184-212]。目前，基于随机有限集理论的多传感器跟踪算法主要基于集中式融合系统。在文献[48]中，Mahler 提出 PHD 滤波的同时，还给出了一种近似多传感器 PHD 滤波，即迭代修正 PHD (Iterated Corrector PHD，IC-PHD)滤波。IC-PHD 滤波的主要思想是将所有传感器接收的量测信息按一定的顺序进行更新，直至最后一个传感器。也就是说，在任意时刻，前一个传感器的更新强度会作为下一个传感器的预测强度再次进行更新，并将最后一个传感器的更新强度作为滤波结果。同时，Mahler 还将迭代修正的思想应用于 CPHD 滤波，通过使用多个传感器的量测信息来更新势分布和概率假设密度，进而得到多传感器形式的 CPHD 滤波，即迭代修正 CPHD(Iterated Corrector CPHD，IC-CPHD)滤波。IC-PHD 滤波的迭代修正思想还在其他方面得到了应用，如文献[192]和[193]利用 IC-PHD 滤波在声环境下跟踪多个声源目标，文献[194]利用 IC-PHD 滤波实现了异类传感器的多目标跟踪。此外，IC-PHD 滤波还被用于处理多传感器配准误差[195]和辐射源定位[196-197]等问题。虽然迭代修正思想得到了广泛的应用，且能在大多数环境下取得较好的效果，但其本身还存在一些缺陷。文献[198]详细研究了 IC-PHD 滤波的基础理论和实现过程，通过比较不同传感器更新顺序下的跟踪结果，指出 IC-PHD 滤波的性能会受到传感器更新顺序的影响。例如，在一个多传感器跟踪系统中，如果存在一个“差”的传感器(检测概率较低)和多个“好”的传感器(检测概率较高)，当“差”的传感器处于更新顺序的末端时，会更容易导致跟踪系统发生目标漏检，且这种情况下的跟踪性能会明显差于该传感器处于更新顺序的前端时。针对 IC-PHD 滤波中传感器更新顺序引起的漏检问题，文献[199]提出了一种多传感器联合漏检概率和联合检测概率的计算方法，可有效降低检测概率和传感器更新顺序对目标数估计和目标状态估计的影响。

2009 年，Mahler 提出了多传感器 PHD 滤波的一般形式，称为 General PHD 滤波[200]。虽然 Mahler 给出了相应的理论推导和更新公式，但并未对 General PHD 滤波进行实现，并且该 General PHD 滤波只适用于两个传感器的情形。2015 年，Nannuru 经过严格的理论推导，得到了 General PHD 的推广形式，并提出了 General CPHD 滤波，同时还给出了 General CPHD 滤波的高斯混合实现[201]。这类算法在更新过程中需要对所有传感器接收的量测进行划分，并且要遍历所有可能的划分组合。当传感器数目或者量测数目增加时，这类算法的计算量会急剧增加，限制了其应用。

2010 年，Mahler 提出了另一种近似多传感器滤波，即乘积多传感器 PHD(Product Multi-sensor PHD，PM-PHD)滤波和乘积多传感器 CPHD(Product Multi-sensor CPHD，PM-CPHD)滤波[202]。这类算法针对 IC-PHD 滤波和 IC-CPHD 滤波存在的传感器更新顺序问题，分别在 PHD 更新阶段和势更新阶段加入了修正系数。这些修正系数可以有效降低传感器更新顺序对目标数估计的影响，但并未有效改善目标状态估计性能。此外，Mahler 在文献[202]中仅给出了乘积形式的多传感器滤波的理论推导和证明，并未对算法的合理性进行分析，同时也未对算法进行实现。文献[203]提出了一种改进的 PM-PHD 滤波，先采用乘积形式计算联合似然，再采用求和形式计算缩放比例，可有效解决 PM-PHD 滤波的缩放比例失衡问题。针对 PM-PHD 滤波的计算不可实现问题，文献[204]给出了修正系数的近似方法，这种近似方法产生的误差很小，对跟踪性能并无影响，同时还可大幅度降低计算量。针对 PM-PHD 滤波的状态估计问题，文献[205]提出了一种改进算法，其对传感器更新顺序和检测概率的变化不敏感，在目标状态估计和目标数估计两个方面都有着良好的表现。

4. 参数建模与估计

迄今为止，多目标跟踪在理论研究和实际应用中仍存在诸多挑战，例如数学定义的一致性、理论推导的严谨性、误差估计方法的合理性和算法应用的鲁棒性等。其中，复杂场景下的算法鲁棒性研究，即研究滤波中的场景参数建模问题，具有重要的理论意义和应用价值。基于数据关联的滤波算法主要研究多个目标与多个量测间的关联问题，当目标数较多时，此类算法的运算代价很高，不利于进一步研究复杂环境下的滤波场景建模问题。而基于随机有限集理论的跟踪算法不需要处理复杂的数据关联问题，有利于处理未知时变场景中的参数建模与估计问题，因此众多学者对此展开了相关研究[213-255]，相关技术如图 1-8 所示。

下面主要围绕基于随机有限集理论的多目标跟踪算法来阐述复杂未知场景建模问题的研究现状。

1) 未知新生问题

针对目标新生模型不匹配问题，文献[60]提出了一种改进的目标新生密度模型，根据当前时刻的量测信息对潜在的目标新生区域进行建模，并将此模型引入 PHD 滤波和

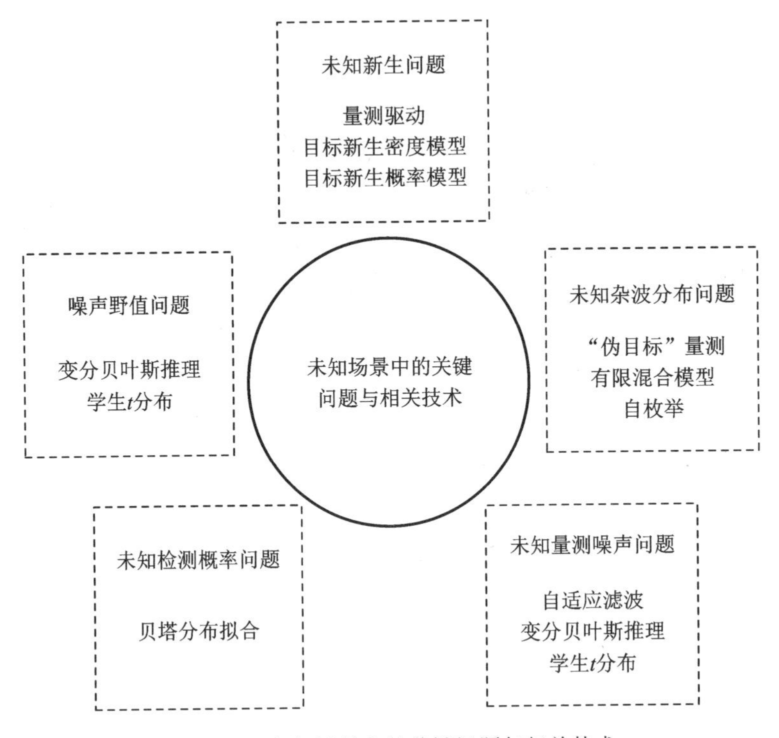

图 1-8　未知场景中的关键问题与相关技术

CPHD 滤波中，得到未知新生密度的 PHD/CPHD 滤波。文献[229]在文献[60]的基础上，简化了并行处理目标新生和目标存活的滤波结构，并给出了基于 CBMeMBer 滤波的实现方法。此外，文献[230]将此简化的滤波结构应用于 GLMB 滤波框架中。文献[231]针对 PHD 滤波中的估计不稳定，即目标数过估或低估问题，提出了一种基于跟踪门的目标预估计步骤，并将此估计结果用于建模目标新生密度，得到了鲁棒的 GM-PHD 滤波。文献[232]基于量测顺序的变化，通过多伯努利随机有限集对目标新生轨迹和新生状态进行检测和估计，并将此新生检测和估计方法应用于 GM-PHD 滤波。文献[233]基于 GM-PHD 滤波提出了一种通过多个均匀分布的高斯分量拟合新生密度的建模方法，但该方法对新生高斯分量的数目有较高的要求。虽然上述文献从多个角度研究了目标的新生模型，但主要是围绕目标的新生密度(即目标可能出现的区域)进行研究，并没有涉及针对目标新生概率(即目标出现可能性)的建模研究。另外，改进的目标新生模型会导致算法复杂度增加，一些模型无法在场景适应性和实时性之间取得折中。

2) 未知杂波分布问题

针对未知杂波分布下的杂波率估计问题，文献[230]提出了一种启发式的研究思路，即将杂波信息看作传感器接收到的“伪目标”信息或无用目标信息，并对目标状态空间进行扩展，将其分为真实目标状态空间和产生杂波的“伪目标”状态空间，再利用CPHD滤波分别对这两个状态空间的目标量测进行滤波，最终从“目标”跟踪的角度得到对杂波率的估计。当杂波环境变化缓慢时，上述未知杂波率的CPHD滤波能够很好地适应未知杂波场景，但所采用的CPHD滤波会导致杂波和目标之间的势分配失衡问题。在文献[234]的基础上，文献[235]提出了一种自枚举式未知杂波率的CPHD滤波，该算法在滤波前先通过文献[234]中提出的算法对杂波率进行估计，再将估计值代入标准CPHD滤波算法中。虽然该算法可有效提升未知杂波率的CPHD滤波的跟踪精度，但仍然存在上述缺陷。针对杂波密度估计问题，文献[236]分别通过EM算法和MCMC算法将杂波密度看作有限混合模型(Finite Mixture Models，FMM)进行估计，但其估计过程复杂且耗时，在适应未知杂波密度的同时，无法兼顾算法的实时性。目前，对未知杂波率的实时估计大多是将杂波看作“伪目标”量测进行滤波，对于未知杂波密度的估计，还未提出能够同时兼顾场景适应性和计算效率的方法。

3）未知量测噪声问题

针对未知量测噪声信息下的量测噪声估计问题，学者们先后提出了基于极大后验估计[237]、最小均方误差[238]、递归最小二乘[239-240]的自适应滤波，这些算法能够在滤波的同时估计量测噪声。近些年，变分贝叶斯(Variational Bayesian，VB)推理被引入目标跟踪研究中，用于估计传感器的量测噪声。文献[241]提出了一种利用学生 t 分布估计未知非高斯量测噪声的VB-KF滤波，用于解决未知量测噪声的单目标跟踪问题。文献[242]和[243]针对高斯量测噪声，提出了一种结合VB推理和PHD滤波的解决方法。针对闪烁量测噪声，文献[244]提出了一种利用学生 t 分布近似未知量测噪声的VB-LMB滤波。

4）未知检测概率问题

针对未知检测概率问题，文献[234]通过贝塔(Beta)分布拟合检测概率，利用贝塔分布的均值函数描述传感器实际的检测和漏检情况，并对贝塔分布中的参数进行迭代更新，再通过GM-CPHD滤波来实现。该算法在检测概率变化率较低时可以很好地进行估计，能够适应检测概率未知的跟踪环境。然而，该算法在滤波过程中使用的检测概率估计值并未涉及当前时刻的传感器信息，而当前时刻更新后的检测概率估计值被用于下一时刻的滤波中，导致检测概率估计的时延问题。文献[245]将文献[234]提出的未知杂波率估计方法和未知检测概率估计方法引入GLMB滤波中，提出了未知杂波率和未知检测概率的GLMB滤波。文献[246]同样将杂波量测考虑为“伪目标”量测，并采用贝塔分布估计检测概率，将其应用于克罗内克混合泊松(Kronecker Delta Mixture and Poisson，KDMP)滤波中，提出了未知杂波率和检测概率的 KDMP 滤波。目前，联合滤波及估计检测概率的算法均采用贝塔分布建模检测概率，并未出现其他更为有效的检测概率估计方法。

5）噪声野值问题

针对噪声野值下的多目标跟踪问题，文献[247]和[248]首先利用逆伽马分布来描述量测噪声的协方差矩阵，并将后验强度近似为高斯逆伽马分布混合形式；然后利用变分贝叶斯近似方法估计耦合的目标状态和量测噪声协方差矩阵，提出了量测噪声未知下的闭合 PHD 滤波。文献[249]通过同时估计目标状态和时变量测噪声协方差，提出了基于变分贝叶斯近似的 CBMeMBer 滤波，并给出了 CBMeMBer 的高斯逆伽马分布混合实现。文献[247-249]提出的算法虽然可以有效处理量测噪声未知的多目标跟踪问题，但主要是针对噪声估计问题，并未充分考虑噪声野值。文献[250]提出了一种处理闪烁量测噪声的多目标 PHD 滤波，该算法利用学生 t 分布对闪烁噪声进行建模，能够处理闪烁量测噪声或量测噪声野值下的多目标跟踪问题。基于随机有限集理论的变分贝叶斯滤波只能处理量测噪声野值下的多目标跟踪问题，且需要通过定点迭代来计算变分贝叶斯推理中相互耦合的各个参数。文献[251]提出了一种基于学生 t 分布的 PHD 滤波，能够处理过程噪声野值和量测噪声野值的多目标跟踪问题。该算法通过用学生 t 分布对含有野值的过程噪声和量测噪声进行建模，并将后验强度近似为学生 t 分布混合形式，推导出了基于学生 t 分布的概率假设密度的递推闭合解。在此基础上，文献[252]将文献[251]的算法扩展到非线性场景，并引入门限机制来抑制重尾噪声的不利影响。然而，基于学生 t 分布的 PHD 滤波具有 PHD 滤波固有的缺点，即具有较大的势估计误差，尤其当目标发生漏检时，情况会更加严重。研究噪声野值下的随机有限集滤波具有重要的理论意义和实际应用价值，其难点在于如何提高野值下的随机有限集滤波的估计精度。

1.4 本章小结

本章阐述了多目标跟踪的相关背景知识和国内外研究现状。首先，介绍了多目标跟踪技术的研究背景及意义，分析了多目标跟踪面临的挑战。然后，介绍了传统多目标跟踪技术的研究现状，并分析了其优缺点。最后，介绍了随机有限集滤波的研究现状，以及其用于解决机动目标跟踪、多目标航迹关联与维持、多传感器融合多目标跟踪和参数建模与估计等问题的研究现状。

第 2 章　随机有限集多目标跟踪基础理论

2.1 引　　言

在多目标跟踪中，由于存在目标新生、衍生、消失和漏检等情况，使得每一时刻的目标数都是不确定的，又由于传感器观测过程中的各种不确定性，导致无法判断量测的来源，给多目标跟踪带来很大困难。传统的多目标跟踪算法，如全局最近邻(GNN)算法[17]、联合概率数据关联(JPDA)算法[22-23]和多假设跟踪(MHT)算法[30]，都需要对目标与量测进行数据关联，其计算量随着目标数或量测数的增加会迅速增加，不利于实际工程应用。近年来，随机有限集(RFS)理论已成为目标跟踪领域的研究热点[38-56]。该理论最初由 Matheron 于 1975 年提出，用于描述积分几何顶点数目和位置未知的多边形[36]，后来 Mahler 将其应用于多目标跟踪[38]。基于 RFS 理论的多目标跟踪算法，如概率假设密度(PHD)滤波[45-51]、势概率假设密度(CPHD)滤波[53-56]、多伯努利(MeMBer)滤波和势均衡多伯努利(CBMeMBer)滤波[71]等，可以避开数据关联，直接估计目标数和目标状态，成为解决多目标跟踪问题的理想方法。本章作为后续研究的理论基础，首先，介绍随机有限集的定义和随机有限集理论下的多目标贝叶斯滤波；然后，针对多目标贝叶斯滤波没有闭合解的问题，介绍几种次优解，包括 PHD 滤波、CPHD 滤波和 MeMBer 滤波等；之后，分别给出 PHD 滤波、CPHD 滤波和 CBMeMBer 滤波的高斯混合(GM)实现和粒子(SMC)实现，并介绍随机有限集理论下多目标跟踪算法的几种性能评价指标。

2.2　随机有限集基础理论

2.2.1　随机有限集的定义

随机有限集(RFS)[36]简单来说就是一个取值为有限集的随机元，它是概率论中随机向量的推广，它与随机向量的区别主要体现在以下几个方面：

(1) RFS中元素的数目是随机的，而随机向量中变量的数目是固定的。

(2) RFS中元素不需要考虑顺序，而随机向量中变量的顺序是非常重要的。

(3) RFS中所有元素都不相同，而随机向量中的变量却不受这种约束。

在对观测到的元素(如雷达接收到的量测或森林中的树木、鸟巢、疾病病例等)进行分析时，RFS可以作为有效的统计学模型。

通过描述元素数目的离散势分布函数和在此基础上描述元素状态的对称联合分布函数，可以完整地表示空间 $\chi\subseteq\mathbb{R}^d$ 中的RFS X。假设 $\mathbb{N}$ 和 $\mathbb{N}_+$ 分别表示非负整数空间和正整数空间，那么在 $\mathbb{N}$ 上的势分布 $\rho(\cdot)$ 可以决定集合中的元素总数目，在乘积空间($\chi^n=\chi\times\cdots\times\chi$，$n\in\mathbb{N}_+$)上的概率分布 $P_n(\cdot)$ 可以决定元素数目为 n 的元素集的联合状态分布。因此，从分布 $\rho(\cdot)$ 上采样一个非负整数 n，再从分布 $P_n(\cdot)$ 上采样空间 χ 中的 n 个元素，可以简单地生成一个RFS。

空间 χ 上的RFS X 可以定义为一个从采样空间 Ω 到 $\mathcal{F}(\chi)$ 的映射，即

$$X: \Omega\rightarrow\mathcal{F}(\chi) \tag{2-1}$$

式中：$\chi\subseteq\mathbb{R}^d$，$\mathcal{F}(\chi)$ 为空间 χ 的有限子集空间。采样空间 Ω 的概率测度为 $\mathbb{P}$。与随机变量相似，RFS也可以用一些概率特性来描述，如概率分布函数和置信函数，具体如下：

(1) 概率分布函数：一个RFS X 可以通过概率分布函数来完整地对其进行描述。在空间 χ 上的RFS X 的概率分布函数可以表示为

$$P_X(T)=\mathbb{P}(\{X\subseteq T\}) \tag{2-2}$$

对于空间 $\mathcal{F}(\chi)$ 中的任意波莱尔(Borel)子集 T，$\{X\subseteq T\}$ 表示采样空间 Ω 的可度量子集 $\{\omega\in\Omega: X(\omega)\subseteq T\}$。

(2) 置信函数：对于任意闭子集 $S\subseteq\chi$，RFS X 的置信函数 $\beta_X(S)$ 可定义为

$$\beta_X(S)=\mathbb{P}(X\subseteq S) \tag{2-3}$$

下面简要介绍随机有限集滤波中几种常用的随机有限集。

2.2.2 几种常用的随机有限集

下面介绍几种常用的随机有限集[4]。

1. 泊松RFS

给定一个RFS $X\subseteq\chi$，如果 X 的势服从均值为 $N=\int\nu(\boldsymbol{x})\mathrm{d}\boldsymbol{x}$ 的泊松分布，其中 $\nu(\boldsymbol{x})$ 为强度，并且任意 X 中的元素是服从概率密度函数为 $p(\boldsymbol{x})=\nu(\boldsymbol{x})/N$ 分布的独立同分布变

量，那么 X 是一个强度为 $\nu(\boldsymbol{x})$ 的泊松 RFS。

泊松 RFS X 的概率密度函数可以表示为

$$\pi(X)=\exp\left(\int \nu(\boldsymbol{x})\mathrm{d}\boldsymbol{x}\right)\prod_{x\in X}\nu(\boldsymbol{x})=\mathrm{e}^{-N}\prod_{x\in X}\nu(\boldsymbol{x}) \tag{2-4}$$

泊松 RFS X 的概率生成泛函为

$$G[h]=\mathrm{e}^{\langle \nu,\ h-1\rangle} \tag{2-5}$$

式中：$\langle\cdot,\ \cdot\rangle$表示内积，即$\langle \nu,\ h\rangle=\int \nu(\boldsymbol{x})h(\boldsymbol{x})\mathrm{d}\boldsymbol{x}$。

2. 伯努利 RFS

给定一个 RFS $X\subseteq\chi$，如果 X 是空集的概率为 $1-r$，包含且只包含一个元素的概率为 r，并且该元素的概率密度为 $p(\cdot)$，那么 X 是一个伯努利 RFS，X 的势服从参数为 r 的伯努利分布。

伯努利 RFS X 的概率密度函数可以表示为

$$\pi(X)=\begin{cases}1-r, & X=\varnothing\\ r\cdot p(\boldsymbol{x}), & X=\{\boldsymbol{x}\}\\ 0, & \text{其他}\end{cases} \tag{2-6}$$

伯努利 RFS X 的概率生成泛函为

$$G[h]=1-r+r\langle p,\ h\rangle \tag{2-7}$$

3. 多伯努利 RFS

给定一个 RFS $X\subseteq\chi$，如果 $X=\bigcup_{i=1}^{N}X^i$，其中$\{X^i\}_{i=1}^{N}$是 N 个相互独立的伯努利 RFS，且第 i 个伯努利 RFS 的存在概率为 r^i，概率密度为 p^i，那么 X 是一个多伯努利 RFS，可以进一步表示为$\{r^i,\ p^i\}_{i=1}^{N}$，X 的势估计为$\sum_{i=1}^{N}r^i$。

多伯努利 RFS X 的概率密度函数可以表示为

$$\pi(\{\boldsymbol{x}_1,\ \boldsymbol{x}_2,\ \cdots,\ \boldsymbol{x}_n\})=\sum_{\alpha\in P_N^n}\prod_{i=1}^{N}f_i(\boldsymbol{x}_{\alpha(i)}) \tag{2-8}$$

式中：$f_i(\boldsymbol{x}_{\alpha(i)})$是伯努利 RFS $\boldsymbol{x}_{\alpha(i)}$ 的概率密度函数，其存在概率为 r^i，概率密度为 p^i，$\boldsymbol{x}_0$ 表示空集。P_N^n 是一个函数集，表示如下：

$$P_N^n=\{\alpha:\{1,\ 2,\ \cdots,\ N\}\rightarrow\{0,\ 1,\ \cdots,\ n\}\mid\{1,\ 2,\ \cdots,\ n\}\subseteq\alpha(\{1,\ 2,\ \cdots,\ N\}),$$
$$\text{如果 }\alpha(i)>0,\ \alpha(j)>0,\ i\neq j,\ \text{那么 }\alpha(i)\neq\alpha(j)\} \tag{2-9}$$

多伯努利 RFS X 的概率生成泛函为

$$G[h]=\prod_{i=1}^{N}(1-r^{i}+r^{i}\langle p^{i}, h\rangle) \tag{2-10}$$

2.3 随机有限集框架下的多目标贝叶斯滤波

2.3.1 多目标跟踪中的随机有限集模型

在多目标跟踪中，目标会出现新生、存活、衍生、消亡等现象，因此，随着时间的变化，目标状态也会发生变化。同时，由于存在漏检和虚警等现象，量测数目也是不确定的。多目标跟踪的目的是利用量测联合估计目标的数目和状态。然而，即使在传感器检测到全部目标且没有杂波量测的理想情况下，由于无法确定量测与目标之间的对应关系，使单目标滤波方法难以处理多目标跟踪问题。

假设在 k 时刻，状态空间 $\mathcal{X}\subseteq\mathbb{R}^{n_x}$ 中存在 N_k 个目标状态 $\boldsymbol{x}_{1,k}$，$\boldsymbol{x}_{2,k}$，…，$\boldsymbol{x}_{N_k,k}$，量测空间 $\mathcal{Z}\subseteq\mathbb{R}^{n_z}$ 中有 M_k 个量测 $\boldsymbol{z}_{1,k}$，$\boldsymbol{z}_{2,k}$，…，$\boldsymbol{z}_{M_k,k}$。其中，目标状态和量测均为变量，目标状态和量测的数目也为变量，且排列顺序无明确的物理意义。那么，k 时刻的目标状态和量测可以在数学上表示为 RFS 的形式，即

$$X_k=\{\boldsymbol{x}_{1,k}, \boldsymbol{x}_{2,k},\cdots, \boldsymbol{x}_{N_k,k}\}\subset\mathcal{F}(\mathcal{X}) \tag{2-11}$$

$$Z_k=\{\boldsymbol{z}_{1,k}, \boldsymbol{z}_{2,k}, \cdots, \boldsymbol{z}_{M_k,k}\}\subset\mathcal{F}(\mathcal{Z}) \tag{2-12}$$

式中：有限集合 X_k 称为多目标状态，$\mathcal{F}(\mathcal{X})$ 为多目标状态空间；有限集合 Z_k 称为多目标量测，$\mathcal{F}(\mathcal{Z})$ 为多目标量测空间；$\mathcal{F}(\cdot)$ 表示集合的所有有限子集。

通过 RFS 理论构建的随机模型，可以完整地描述多目标状态的变化和量测的产生。假设 $k-1$ 时刻的多目标状态为 X_{k-1}，那么，$k-1$ 时刻的所有目标在 k 时刻的出现、存活和消失可以通过 RFS 建模为

$$X_k=\Big(\bigcup_{\boldsymbol{x}_{k-1}\in X_{k-1}} S_{k|k-1}(\boldsymbol{x}_{k-1})\Big)\cup\Gamma_k \tag{2-13}$$

式中：$S_{k|k-1}(\boldsymbol{x}_{k-1})$ 为存活目标的 RFS，Γ_k 为新生目标的 RFS。在存活目标的 RFS 中，每一个目标的状态 $\boldsymbol{x}_{k-1}\in X_{k-1}$ 可能在 k 时刻以概率 $p_{S,k}(\boldsymbol{x}_{k-1})$ 继续存活，并通过 $f_{k|k-1}(\boldsymbol{x}_k|\boldsymbol{x}_{k-1})$ 转移为新的状态 $\boldsymbol{x}_k$，也有概率为 $1-p_{S,k}(\boldsymbol{x}_{k-1})$ 的可能性消失。$S_{k|k-1}(\boldsymbol{x}_{k-1})$ 可以表示为如下形式：

$$S_{k|k-1}(\boldsymbol{x}_{k-1})=\begin{cases}\varnothing, & \text{概率为 } 1-p_{S,k}(\boldsymbol{x}_{k-1})\\ \{\boldsymbol{x}_k\}, & \text{概率为 } p_{S,k}(\boldsymbol{x}_{k-1})\end{cases} \tag{2-14}$$

假设在 k 时刻多目标状态为 X_k，那么，k 时刻量测的产生可以通过 RFS 建模为

$$Z_k = K_k \cup \left(\bigcup_{\boldsymbol{x}_k \in X_k} \Theta_k(\boldsymbol{x}_k) \right) \tag{2-15}$$

式中：$\Theta_k(\boldsymbol{x}_k)$为目标量测的 RFS，$K_k$ 为杂波量测的 RFS。在目标对应的量测 RFS 中，k 时刻的目标状态 $\boldsymbol{x}_k \in X_k$ 有概率为 $p_{D,k}(\boldsymbol{x}_k)$的可能性被检测到，并通过似然函数 $g_k(\boldsymbol{z}_k | \boldsymbol{x}_k)$产生量测 $\boldsymbol{z}_k$，也有概率为 $1-p_{D,k}(\boldsymbol{x}_k)$的可能性发生漏检。因此，$\Theta_k(\boldsymbol{x}_k)$可以表示为如下形式：

$$\Theta_k(\boldsymbol{x}_k) = \begin{cases} \varnothing, & \text{概率为 } 1-p_{D,k}(\boldsymbol{x}_k) \\ \{\boldsymbol{z}_k\}, & \text{概率为 } p_{D,k}(\boldsymbol{x}_k) \end{cases} \tag{2-16}$$

2.3.2　多目标贝叶斯滤波

通过集合微积分，可以推导出基于随机有限集理论的贝叶斯滤波递推公式，主要包括预测和更新两大部分。

(1) 预测：

假设 $k-1$ 时刻的多目标更新概率密度为 $\pi_{k-1}(X_{k-1} | Z_{1:k-1})$，那么，$k$ 时刻的预测概率密度可以通过查普曼-科莫高洛夫(Chapman-Kolmogorov)公式[105]表示为

$$\pi_{k|k-1}(X_k | Z_{1:k-1}) = \int f_{k|k-1}(X_k | X_{k-1}) \pi_{k-1}(X_{k-1} | Z_{1:k-1}) \mathrm{d}X_{k-1} \tag{2-17}$$

式中：$f_{k|k-1}(X_k | X_{k-1})$为目标 RFS 的状态转移函数，$Z_{1:k-1} = \{Z_1, Z_2, \cdots, Z_{k-1}\}$为前 $k-1$ 个时刻累积的量测 RFS。

(2) 更新：

假设 k 时刻的预测概率密度为 $\pi_{k|k-1}(X_k | Z_{1:k-1})$，量测 RFS 为 Z_k，那么，k 时刻的更新概率密度可以通过贝叶斯滤波递推公式表示为

$$\pi_k(X_k | Z_{1:k}) = \frac{g_k(Z_k | X_k) \pi_{k|k-1}(X_k | Z_{1:k-1})}{\int g_k(Z_k | X_k) \pi_{k|k-1}(X_k | Z_{1:k-1}) \mathrm{d}X_k} \tag{2-18}$$

式中：$g_k(Z_k | X_k)$为似然函数。

基于随机有限集理论的贝叶斯滤波存在集值积分运算，因此，随着目标数的增加，求解集值积分的计算量会急剧增加。通常情况下，集值积分是无法求解的，所以在实际应用中，需要通过寻求次优解的方法对基于随机有限集理论的贝叶斯滤波进行近似。下节给出几种经典的随机有限集滤波。

2.4 经典随机有限集滤波

2.4.1 概率假设密度滤波

由于多目标贝叶斯滤波中存在多维积分，当目标数较小时，可以对目标的状态进行递推估计，但随着目标数的增加，式(2-17)和式(2-18)中的多维积分在多目标状态空间上的计算量会变得非常大，导致多目标贝叶斯滤波无法实现。为了降低多目标贝叶斯滤波的计算复杂度，Mahler 提出了概率假设密度(PHD)滤波[45]。该算法是贝叶斯滤波的一种近似形式，它在每个时刻传播的不再是后验概率密度，而是后验概率密度的一阶统计矩(或称为后验强度)。

对于空间 χ 上的 RFS X，其概率假设密度可以表示为 $\nu(\boldsymbol{x})$，则对任意闭子集 $S\subseteq\chi$，可以得到：

$$\mathbb{E}\left[|X\cap S|\right]=\int_S \nu(\boldsymbol{x})\mathrm{d}\boldsymbol{x} \tag{2-19}$$

式中：$|X|$ 为 RFS 中的元素数目。可以看出，对于任意一点 $\boldsymbol{x}$，$\nu(\boldsymbol{x})$ 就是该点在单位体积内的目标数的密度。$\nu(\boldsymbol{x})$ 在区域 S 上的积分就等于 RFS X 在该区域内的目标数，因此，RFS X 的势估计为 $\hat{N}=\mathrm{round}\left(\int\nu(\boldsymbol{x})\mathrm{d}\boldsymbol{x}\right)$。此外，$\nu(\boldsymbol{x})$ 上的局部最大值对应的点就是状态空间 χ 中最有可能存在目标的地方。因此，可以通过提取 $\nu(\boldsymbol{x})$ 上的 $\hat{N}$ 个局部最大值对应的 $\boldsymbol{x}$ 来估计目标的状态。

在根据概率假设密度进行贝叶斯滤波时，需要做出以下假设：

假设 1：每个目标的状态转移过程和量测生成过程相互独立；

假设 2：新生目标和存活目标可以建模为泊松 RFS，且二者相互独立；

假设 3：杂波量测可以建模为泊松 RFS，且与目标量测 RFS 相互独立；

假设 4：预测 RFS 和更新 RFS 均服从泊松分布。

在上述假设条件下，令 $\nu_{k|k-1}(\boldsymbol{x})$ 和 $\nu_k(\boldsymbol{x})$ 分别表示预测概率密度 $\pi_{k|k-1}(X)$ 和更新概率密度 $\pi_k(X)$ 的概率假设密度，则 PHD 滤波的递推公式如下：

(1) 预测：

$$\nu_{k|k-1}(\boldsymbol{x})=\overbrace{\int p_{S,k}(\boldsymbol{\xi})f_{k|k-1}(\boldsymbol{x}\mid\boldsymbol{\xi})\nu_{k-1}(\boldsymbol{\xi})\mathrm{d}\boldsymbol{\xi}}^{\text{存活}}+\overbrace{\int\beta_{k|k-1}(\boldsymbol{x}\mid\boldsymbol{\xi})\nu_{k-1}(\boldsymbol{\xi})\mathrm{d}\boldsymbol{\xi}}^{\text{衍生}}+\overbrace{\gamma_k(\boldsymbol{x})}^{\text{新生}} \tag{2-20}$$

式中：$\gamma_k(\cdot)$为k时刻新生目标RFS的强度，$\beta_{k|k-1}(\cdot|\boldsymbol{\xi})$为$k$时刻衍生目标RFS的强度，$f_{k|k-1}(\cdot|\boldsymbol{\xi})$为状态转移函数。为简便起见，本书后续不考虑目标衍生情况。

(2) 更新：

$$\nu_k(\boldsymbol{x})=\overbrace{[1-p_{D,k}(\boldsymbol{x})]\nu_{k|k-1}(\boldsymbol{x})}^{\text{漏检}}+\overbrace{\sum_{z\in Z_k}\frac{p_{D,k}(\boldsymbol{x})g_k(\boldsymbol{z}\mid\boldsymbol{x})\nu_{k|k-1}(\boldsymbol{x})}{\kappa_k(\boldsymbol{z})+\int p_{D,k}(\boldsymbol{\xi})g_k(\boldsymbol{z}\mid\boldsymbol{\xi})\nu_{k|k-1}(\boldsymbol{\xi})\mathrm{d}\boldsymbol{\xi}}}^{\text{检测}} \tag{2-21}$$

式中：$g_k(\cdot\mid\cdot)$为似然函数；$\kappa_k(\cdot)$为k时刻杂波RFS的强度，$\kappa_k(\boldsymbol{z})=\lambda_k\cdot c_k(\boldsymbol{z})$，$\lambda_k$为杂波率，$c_k(\cdot)$为杂波密度。

2.4.2 势概率假设密度滤波

虽然PHD滤波能够有效避免复杂的数据关联问题，但它只是对多目标概率密度的一阶近似，丢失了高阶信息，导致目标数估计不稳定。针对此问题，Mahler提出了势概率假设密度(CPHD)滤波[54]，CPHD滤波不仅对多目标的概率假设密度进行预测和更新，同时也对多目标的势分布进行预测和更新，其目标数估计比PHD滤波更加稳定。

在根据概率假设密度和势分布进行贝叶斯滤波时，需要做出以下基本假设：

假设1：每个目标的状态转移过程和量测生成过程相互独立；

假设2：新生目标和存活目标可以建模为独立同分布的簇RFS，且二者相互独立；

假设3：杂波量测RFS与目标量测RFS相互独立；

假设4：预测RFS和更新RFS可以由独立同分布的簇RFS近似。

基于以上假设条件，CPHD滤波的递推过程如下：

(1) 预测：

若$k-1$时刻的更新强度为$\nu_{k-1}(\cdot)$，更新势分布为$\rho_{k-1}(\cdot)$，则预测势分布和预测强度分别表示为

$$\rho_{k|k-1}(n)=\sum_{j=0}^{n}\rho_{\Gamma,k}(n-j)\Pi_{k|k-1}[\nu_{k-1},\rho_{k-1}](j) \tag{2-22}$$

$$\nu_{k|k-1}(\boldsymbol{x})=\int p_{S,k}(\boldsymbol{\xi})f_{k|k-1}(\boldsymbol{x}\mid\boldsymbol{\xi})\nu_{k-1}(\boldsymbol{\xi})\mathrm{d}\boldsymbol{\xi}+\gamma_k(\boldsymbol{x}) \tag{2-23}$$

$$\Pi_{k|k-1}[\nu_{k-1},\rho_{k-1}](j)=\sum_{l=j}^{\infty}C_j^l\frac{\langle p_{S,k},\nu\rangle^j\langle 1-p_{S,k},\nu\rangle^{l-j}}{\langle 1,\nu\rangle^l}\rho(l) \tag{2-24}$$

式中：$\gamma_k(\cdot)$为新生强度，$\rho_{\Gamma,k}(\cdot)$为新生势分布函数，$f_{k|k-1}(\cdot|\boldsymbol{\xi})$为状态转移函数。

(2) 更新：

若 k 时刻的预测强度为 $\nu_{k|k-1}(\cdot)$，预测势分布为 $\rho_{k|k-1}(\cdot)$，则 k 时刻的更新势分布和更新强度可以表示为

$$\rho_k(n)=\frac{\rho_{k|k-1}(n)\gamma_k^0[\nu_{k|k-1},Z_k](n)}{\langle\rho_{k|k-1},\gamma_k^0[\nu_{k|k-1},Z_k]\rangle} \tag{2-25}$$

$$\nu_{k|k}(\boldsymbol{x})=\nu_{k|k-1}(\boldsymbol{x})\left((1-p_{D,k}(\boldsymbol{x}))\frac{\langle\gamma_k^1[\nu_{k|k-1},Z_k],\rho_{k|k-1}\rangle}{\langle\gamma_k^0[\nu_{k|k-1},Z_k],\rho_{k|k-1}\rangle}+\sum_{z\in Z_k}\psi_{k,z}(\boldsymbol{x})\frac{\langle\gamma_k^1[\nu_{k|k-1},Z_k\backslash\{\boldsymbol{z}\}],\rho_{k|k-1}\rangle}{\langle\gamma_k^0[\nu_{k|k-1},Z_k],\rho_{k|k-1}\rangle}\right) \tag{2-26}$$

$$\gamma_k^{\bar{u}}[\nu,Z](n)=\sum_{j=0}^{\min(|Z|,n)}(|Z|-j)!\,\rho_{\kappa,k}(|Z|-j)P_{j+\bar{u}}^n\times\frac{\langle 1-p_{D,k},\nu\rangle^{n-(j+\bar{u})}}{\langle 1,\nu\rangle^n}e_j(\overline{\Xi}_k(\nu,Z)) \tag{2-27}$$

$$\psi_{k,z}(\boldsymbol{x})=\frac{\langle 1,\kappa_k\rangle}{\kappa_k(\boldsymbol{z})}g_k(\boldsymbol{z}\mid\boldsymbol{x})p_{D,k}(\boldsymbol{x}) \tag{2-28}$$

$$\overline{\Xi}_k(\nu,Z)=\{\langle\nu,\psi_{k,z}\rangle:\boldsymbol{z}\in Z\} \tag{2-29}$$

式中：$g_k(\cdot|\boldsymbol{x})$ 为似然函数，$\kappa_k(\cdot)$ 为杂波强度，$\rho_{\kappa,k}(\cdot)$ 为杂波的势分布，e_j 为 j 阶初等对称函数，$Z_k\backslash\{\boldsymbol{z}\}$ 表示在 Z_k 中除了量测 $\boldsymbol{z}$ 的剩余量测。

2.4.3 势均衡多伯努利滤波

在贝叶斯滤波中，除了将后验概率密度近似为概率假设密度的形式，Mahler 还提出了多伯努利(MeMBer)滤波[4]。MeMBer 滤波将后验概率密度近似为多伯努利 RFS 的概率密度，通过对多伯努利 RFS 的参数进行预测和更新实现滤波。Vo 等人针对 MeMBer 滤波存在的目标数过估问题，提出了势均衡 MeMBer(CBMeMBer)滤波，并给出了 CBMeMBer 滤波的 GM 实现和 SMC 实现。

伯努利 RFS 可表示为一种二元的动态分布，它是空集的概率为 $1-r$，包含概率密度为 p 的单个变量的概率为 r。伯努利 RFS X 的概率密度可以表示为

$$\pi(X)=\begin{cases}1-r, & X=\varnothing\\ r\cdot p(\boldsymbol{x}), & X=\{\boldsymbol{x}\}\end{cases} \tag{2-30}$$

多伯努利 RFS 由多个伯努利 RFS 组成，表示为

$$X=\bigcup_{i=1}^{M}X^{(i)} \tag{2-31}$$

式(2－31)中的多伯努利 RFS 也可以表示为另一种形式，即$\{(r^{(i)}, p^{(i)})\}_{i=1}^{M}$，其中$(r^{(i)}, p^{(i)})$属于伯努利 RFS $X^{(i)}$。

在 MeMBer 滤波和 CBMeMBer 滤波近似贝叶斯滤波时，需要做出以下基本假设：

假设1：每个目标的状态转移过程和量测生成过程相互独立；

假设2：新生目标和存活目标建模为多伯努利 RFS，且二者相互独立；

假设3：杂波量测建模为泊松 RFS，且与目标量测 RFS 相互独立；

假设4：更新 RFS 由一个多伯努利分布近似。

基于上述假设，MeMBer 滤波和 CBMeMBer 滤波的递推过程如下所述。

1. MeMBer 滤波

(1) 预测：

若 $k-1$ 时刻的更新概率密度表示为

$$\pi_{k-1}=\{(r_{k-1}^{(i)}, p_{k-1}^{(i)})\}_{i=1}^{M_{k-1}} \tag{2-32}$$

则 k 时刻的预测概率密度可以表示为

$$\pi_{k|k-1}=\{(r_{\Gamma,k}^{(i)}, p_{\Gamma,k}^{(i)})\}_{i=1}^{M_{\Gamma,k}} \cup \{(r_{P,k|k-1}^{(i)}, p_{P,k|k-1}^{(i)})\}_{i=1}^{M_{k-1}} \tag{2-33}$$

$$r_{P,k|k-1}^{(i)}=r_{k-1}^{(i)}\langle p_{k-1}^{(i)}, p_{S,k}\rangle \tag{2-34}$$

$$p_{P,k|k-1}^{(i)}(\boldsymbol{x})=\frac{\langle f_{k|k-1}(\boldsymbol{x}\mid\cdot), p_{k-1}^{(i)}p_{S,k}\rangle}{\langle p_{k-1}^{(i)}, p_{S,k}\rangle} \tag{2-35}$$

式中：$f_{k|k-1}(\cdot\mid\cdot)$为状态转移函数。预测多伯努利分布中的伯努利项数为 $M_{k|k-1}=M_{k-1}+M_{\Gamma,k}$，$\pi_{k|k-1}$ 可以重新写为

$$\pi_{k|k-1}=\{(r_{k|k-1}^{(i)}, p_{k|k-1}^{(i)})\}_{i=1}^{M_{k|k-1}} \tag{2-36}$$

(2) 更新：

若 k 时刻的预测概率密度为式(2－36)，则 k 时刻的更新概率密度表示为

$$\pi_{k}\approx\{(r_{L,k}^{(i)}, p_{L,k}^{(i)})\}_{i=1}^{M_{k|k-1}} \cup \{(r_{U,k}(\boldsymbol{z}), p_{U,k}(\cdot;\boldsymbol{z}))\}_{\boldsymbol{z}\in Z_k} \tag{2-37}$$

式中：下标“L”表示漏检，“U”表示量测更新。

漏检部分表示为

$$r_{L,k}^{(i)}=r_{k|k-1}^{(i)}\frac{1-\langle p_{k|k-1}^{(i)}, p_{D,k}\rangle}{1-r_{k|k-1}^{(i)}\langle p_{k|k-1}^{(i)}, p_{D,k}\rangle} \tag{2-38}$$

$$p_{L,k}^{(i)}(\boldsymbol{x})=p_{k|k-1}^{(i)}(\boldsymbol{x})\frac{1-p_{D,k}(\boldsymbol{x})}{1-\langle p_{k|k-1}^{(i)}, p_{D,k}\rangle} \tag{2-39}$$

量测更新部分表示为

$$r_{U,k}(z)=\frac{\displaystyle\sum_{i=1}^{M_{k|k-1}}\frac{r_{k|k-1}^{(i)}\langle p_{k|k-1}^{(i)},\psi_{k,z}\rangle}{1-r_{k|k-1}^{(i)}\langle p_{k|k-1}^{(i)},p_{D,k}\rangle}}{\kappa_k(z)+\displaystyle\sum_{i=1}^{M_{k|k-1}}\frac{r_{k|k-1}^{(i)}\langle p_{k|k-1}^{(i)},\psi_{k,z}\rangle\psi_{k,z}}{1-r_{k|k-1}^{(i)}\langle p_{k|k-1}^{(i)},p_{D,k}\rangle}} \tag{2-40}$$

$$p_{U,k}(\boldsymbol{x};\boldsymbol{z})=\frac{\displaystyle\sum_{i=1}^{M_{k|k-1}}\frac{r_{k|k-1}^{(i)}p_{k|k-1}^{(i)}(\boldsymbol{x})\psi_{k,z}(\boldsymbol{x})}{1-r_{k|k-1}^{(i)}\langle p_{k|k-1}^{(i)},p_{D,k}\rangle}}{\displaystyle\sum_{i=1}^{M_{k|k-1}}\frac{r_{k|k-1}^{(i)}\langle p_{k|k-1}^{(i)},\psi_{k,z}\rangle}{1-r_{k|k-1}^{(i)}\langle p_{k|k-1}^{(i)},p_{D,k}\rangle}} \tag{2-41}$$

$$\psi_{k,z}(\boldsymbol{x})=g_k(\boldsymbol{z}\mid\boldsymbol{x})p_{D,k}(\boldsymbol{x}) \tag{2-42}$$

式中：$g_k(\cdot|\cdot)$为似然函数，$\kappa_k(\cdot)$为杂波强度。

2. CBMeMBer 滤波

(1) 预测：

若 $k-1$ 时刻的更新概率密度表示为

$$\pi_{k-1}=\{(r_{k-1}^{(i)},p_{k-1}^{(i)})\}_{i=1}^{M_{k-1}} \tag{2-43}$$

则 k 时刻的预测概率密度表示为

$$\pi_{k|k-1}=\{(r_{\Gamma,k}^{(i)},p_{\Gamma,k}^{(i)})\}_{i=1}^{M_{\Gamma,k}}\cup\{(r_{P,k|k-1}^{(i)},p_{P,k|k-1}^{(i)})\}_{i=1}^{M_{k-1}} \tag{2-44}$$

$$r_{P,k|k-1}^{(i)}=r_{k-1}^{(i)}\langle p_{k-1}^{(i)},p_{S,k}\rangle \tag{2-45}$$

$$p_{P,k|k-1}^{(i)}(\boldsymbol{x})=\frac{\langle f_{k|k-1}(x\mid\cdot),p_{k-1}^{(i)}p_{S,k}\rangle}{\langle p_{k-1}^{(i)},p_{S,k}\rangle} \tag{2-46}$$

式中：$f_{k|k-1}(\cdot\mid\cdot)$为状态转移函数。预测多伯努利分布的总项数为$M_{k|k-1}=M_{k-1}+M_{\Gamma,k}$，$\pi_{k|k-1}$可以重新写为

$$\pi_{k|k-1}=\{(r_{k|k-1}^{(i)},p_{k|k-1}^{(i)})\}_{i=1}^{M_{k|k-1}} \tag{2-47}$$

(2) 更新：

若 k 时刻的预测概率密度为式(2-47)，则 k 时刻的更新概率密度表示为

$$\pi_k\approx\{(r_{L,k}^{(i)},p_{L,k}^{(i)})\}_{i=1}^{M_{k|k-1}}\cup\{(r_{U,k}^{*}(\boldsymbol{z}),p_{U,k}^{*}(\cdot;\boldsymbol{z}))\}_{z\in Z_k} \tag{2-48}$$

式中：下标“L”表示漏检，“U”表示量测更新。

漏检部分表示为

$$r_{L,k}^{(i)}=r_{k|k-1}^{(i)}\frac{1-\langle p_{k|k-1}^{(i)},p_{D,k}\rangle}{1-r_{k|k-1}^{(i)}\langle p_{k|k-1}^{(i)},p_{D,k}\rangle} \tag{2-49}$$

$$p_{L,k}^{(i)}(\boldsymbol{x}) = p_{k|k-1}^{(i)}(\boldsymbol{x}) \frac{1 - p_{D,k}(\boldsymbol{x})}{1 - \langle p_{k|k-1}^{(i)}, p_{D,k} \rangle} \tag{2-50}$$

量测更新部分表示为

$$r_{U,k}^{*}(\boldsymbol{z}) = \frac{\displaystyle\sum_{i=1}^{M_{k|k-1}} \frac{r_{k|k-1}^{(i)}(1 - r_{k|k-1}^{(i)}) \langle p_{k|k-1}^{(i)}, \psi_{k,z} \rangle}{(1 - r_{k|k-1}^{(i)} \langle p_{k|k-1}^{(i)}, p_{D,k} \rangle)^2}}{\displaystyle\kappa_k(\boldsymbol{z}) + \sum_{i=1}^{M_{k|k-1}} \frac{r_{k|k-1}^{(i)} \langle p_{k|k-1}^{(i)}, \psi_{k,z} \rangle}{1 - r_{k|k-1}^{(i)} \langle p_{k|k-1}^{(i)}, p_{D,k} \rangle}} \tag{2-51}$$

$$p_{U,k}^{*}(\boldsymbol{x}; \boldsymbol{z}) = \frac{\displaystyle\sum_{i=1}^{M_{k|k-1}} \frac{r_{k|k-1}^{(i)}}{1 - r_{k|k-1}^{(i)}} p_{k|k-1}^{(i)}(\boldsymbol{x}) \psi_{k,z}(\boldsymbol{x})}{\displaystyle\sum_{i=1}^{M_{k|k-1}} \frac{r_{k|k-1}^{(i)}}{1 - r_{k|k-1}^{(i)}} \langle p_{k|k-1}^{(i)}, \psi_{k,z} \rangle} \tag{2-52}$$

$$\psi_{k,z}(\boldsymbol{x}) = g_k(\boldsymbol{z} \mid \boldsymbol{x}) p_{D,k}(\boldsymbol{x}) \tag{2-53}$$

式中：$g_k(\cdot|\boldsymbol{x})$为似然函数，$\kappa_k(\cdot)$为杂波强度。

2.5 随机有限集滤波实现与性能评价

2.5.1 高斯混合实现

1. PHD滤波的高斯混合实现

1）流程图

GM-PHD滤波的实现流程如图2-1所示。

2）假设条件

GM-PHD滤波需要满足的假设条件如下：

假设1：每个目标的运动模型和量测模型都是线性高斯的，即

$$f_{k|k-1}(\boldsymbol{x} \mid \xi) = \mathcal{N}(\boldsymbol{x}; \boldsymbol{F}_{k-1}\xi, \boldsymbol{Q}_{k-1}) \tag{2-54}$$

$$g_k(\boldsymbol{z} \mid \boldsymbol{x}) = \mathcal{N}(\boldsymbol{z}; \boldsymbol{H}_k \boldsymbol{x}, \boldsymbol{R}_k) \tag{2-55}$$

式中：$\boldsymbol{F}_{k-1}$为状态转移矩阵，$\boldsymbol{Q}_{k-1}$为过程噪声协方差，$\boldsymbol{H}_k$为量测矩阵，$\boldsymbol{R}_k$为量测噪声协方差。

假设2：存活概率、检测概率与目标状态相互独立，即

$$p_{S,k}(\boldsymbol{x}) = p_{S,k} \tag{2-56}$$

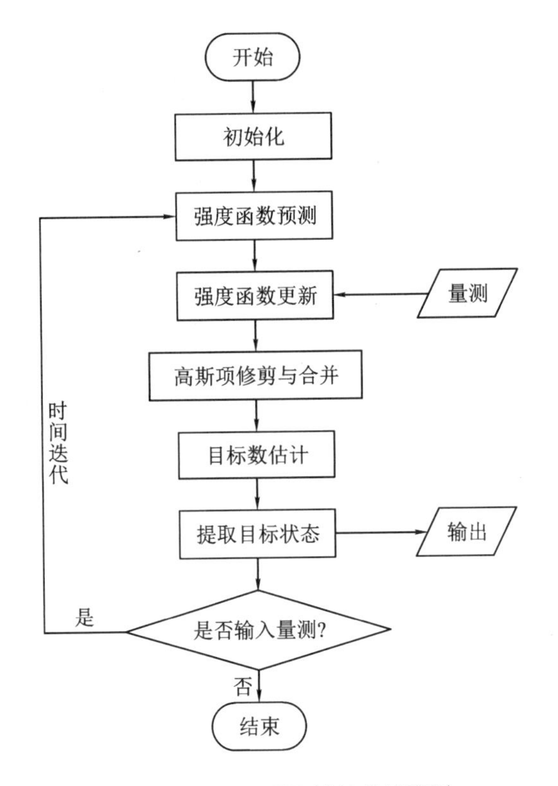

图 2-1　GM-PHD 滤波的流程图

$$p_{D,k}(\boldsymbol{x})=p_{D,k} \tag{2-57}$$

假设 3：新生目标 RFS 的强度可以表示为高斯混合形式，即

$$\gamma_k(\boldsymbol{x})=\sum_{i=1}^{J_{\gamma,k}} w_{\gamma,k}^{(i)}\,\mathcal{N}(\boldsymbol{x};\,\boldsymbol{m}_{\gamma,k}^{(i)},\,\boldsymbol{P}_{\gamma,k}^{(i)}) \tag{2-58}$$

式中：$J_{\gamma,k}$、$w_{\gamma,k}^{(i)}$、$\boldsymbol{m}_{\gamma,k}^{(i)}$、$\boldsymbol{P}_{\gamma,k}^{(i)}$ 为给定的新生强度参数，$\boldsymbol{m}_{\gamma,k}^{(i)}$ 与$\boldsymbol{P}_{\gamma,k}^{(i)}$ 分别为高斯分量的均值和协方差。

3) GM-PHD 滤波过程

基于上述假设，GM-PHD 滤波过程如下：

(1) 预测：

若 $k-1$ 时刻的更新强度 $\nu_{k-1}(\cdot)$是高斯混合形式，即

$$\nu_{k-1}(\boldsymbol{x})=\sum_{i=1}^{J_{k-1}} w_{k-1}^{(i)}\,\mathcal{N}(\boldsymbol{x};\,\boldsymbol{m}_{k-1}^{(i)},\,\boldsymbol{P}_{k-1}^{(i)}) \tag{2-59}$$

则 k 时刻的预测强度也是高斯混合形式，即

$$\nu_{k|k-1}(\boldsymbol{x})=p_{S,k}\sum_{i=1}^{J_{k-1}}w_{k-1}^{(i)}\ \mathcal{N}(\boldsymbol{x};\boldsymbol{m}_{S,k|k-1}^{(i)},\boldsymbol{P}_{S,k|k-1}^{(i)})+\gamma_k(\boldsymbol{x}) \tag{2-60}$$

式中：

$$\boldsymbol{m}_{S,k|k-1}^{(i)}=\boldsymbol{F}_{k-1}\boldsymbol{m}_{k-1}^{(i)} \tag{2-61}$$

$$\boldsymbol{P}_{S,k|k-1}^{(i)}=\boldsymbol{Q}_{k-1}+\boldsymbol{F}_{k-1}\boldsymbol{P}_{k-1}^{(i)}\boldsymbol{F}_{k-1}^{\mathrm{T}} \tag{2-62}$$

(2) 更新：

假设 k 时刻的预测强度是高斯混合形式的，那么 k 时刻的更新强度也是高斯混合形式，即

$$\nu_k(\boldsymbol{x})=(1-p_{D,k})\nu_{k|k-1}(\boldsymbol{x})+\sum_{z\in Z_k}\sum_{i=1}^{J_{k|k-1}}w_k^{(i)}\ \mathcal{N}(\boldsymbol{x};\boldsymbol{m}_k^{(i)},\boldsymbol{P}_k^{(i)}) \tag{2-63}$$

$$w_k^{(i)}=\frac{p_{D,k}w_{k|k-1}^{(i)}\ \mathcal{N}(\boldsymbol{z};\hat{\boldsymbol{z}}_{k|k-1}^{(i)},\boldsymbol{S}_{k|k-1}^{(i)})}{\kappa_k(\boldsymbol{z})+p_{D,k}\sum_{l=1}^{J_{k|k-1}}w_{k|k-1}^{(l)}\ \mathcal{N}(\boldsymbol{z};\hat{\boldsymbol{z}}_{k|k-1}^{(l)},\boldsymbol{S}_{k|k-1}^{(l)})} \tag{2-64}$$

$$\boldsymbol{m}_k^{(i)}=\boldsymbol{m}_{k|k-1}^{(i)}+\boldsymbol{K}_k^{(i)}(\boldsymbol{z}-\hat{\boldsymbol{z}}_{k|k-1}^{(i)}) \tag{2-65}$$

$$\boldsymbol{P}_k^{(i)}=[\boldsymbol{I}-\boldsymbol{K}_k^{(i)}\boldsymbol{H}_k]\boldsymbol{P}_{k|k-1}^{(i)} \tag{2-66}$$

$$\hat{\boldsymbol{z}}_{k|k-1}^{(i)}=\boldsymbol{H}_k\boldsymbol{m}_{k|k-1}^{(i)} \tag{2-67}$$

$$\boldsymbol{K}_k^{(i)}=\boldsymbol{P}_{k|k-1}^{(i)}\boldsymbol{H}_k^{\mathrm{T}}[\boldsymbol{S}_{k|k-1}^{(i)}]^{-1} \tag{2-68}$$

$$\boldsymbol{S}_{k|k-1}^{(i)}=\boldsymbol{H}_k\boldsymbol{P}_{k|k-1}^{(i)}\boldsymbol{H}_k^{\mathrm{T}}+\boldsymbol{R}_k \tag{2-69}$$

(3) 高斯分量修剪与合并：

由于 GM-PHD 滤波的高斯分量个数会随时间不断增加，因此在滤波过程中需对高斯分量进行合理的修剪与合并，以减少高斯分量的个数。这里需要预先设定一个修剪门限 T、合并门限 U 和最大高斯分量的个数 $J_{\max}$。

当高斯分量的权重小于修剪门限 T 时，直接剔除该高斯分量。当两个高斯分量相近(小于合并门限 U)时，将两个高斯分量合并为一项。然后，可获得经修剪与合并后的高斯分量，当项数 J 大于 $J_{\max}$ 时，保留权重最大的 $J_{\max}$ 个高斯分量。经修剪与合并后的高斯分量集合可表示为 $\{\tilde{w}_k^{(i)},\tilde{\boldsymbol{m}}_k^{(i)},\tilde{\boldsymbol{P}}_k^{(i)}\}_{i=1}^{J}$。

(4) 目标数估计与目标状态提取：

① 目标数估计：

方法一：取所有高斯分量的权重之和，作为当前时刻的目标数估计 $\hat{N}_k$；

方法二：取所有权重大于 0.5 的高斯分量的个数，作为当前时刻的目标数估计 $\hat{N}_k$。

② 目标状态提取：

根据估计的目标数 $\hat{N}_k$，提取权重最大的 $\hat{N}_k$ 个高斯分量的均值 $\tilde{\boldsymbol{m}}_k^{(i)}$，即为 $\hat{N}_k$ 个目标对应的状态估计。

2. CPHD 滤波与 CBMeMBer 滤波的高斯混合实现

与 PHD 滤波的高斯混合实现类似，CPHD 滤波也可以采用高斯混合实现，不同之处在于，CPHD 滤波在递推过程中同时传播目标的势分布信息，在估计目标数时，采用最大后验准则从势分布中直接提取目标数。

CBMeMBer 滤波同样可以采用高斯混合实现，不同之处在于，CBMeMBer 滤波在递推过程中传播的是 $\pi_k=\{(r_k^{(i)}, p_k^{(i)})\}_{i=1}^{M_k}$，其中的概率密度 $p_k^{(i)}$ 采用高斯分量近似。在滤波过程中，除了需要对高斯分量进行修剪与合并外，还需要对多伯努利 RFS 进行修剪。

2.5.2　粒子实现

1. PHD 滤波的粒子实现

1）流程图

SMC-PHD 滤波的实现流程如图 2-2 所示。

2）滤波过程

SMC-PHD 滤波的基本思想是在递推过程中传播表示后验强度的粒子集合，其滤波过程如下：

（1）预测：

假设 $k-1$ 时刻的更新强度为 $\nu_{k-1}(\cdot)$，即

$$\nu_{k-1}(\boldsymbol{x})=\sum_{i=1}^{L_{k-1}} w_{k-1}^{(i)}\delta(\boldsymbol{x}-\boldsymbol{x}_{k-1}^{(i)}) \tag{2-70}$$

则 k 时刻的预测强度为 $\nu_{k|k-1}(\cdot)$，即

$$\nu_{k|k-1}(\boldsymbol{x})=\sum_{i=1}^{L_{k-1}} w_{P,k|k-1}^{(i)}\delta(\boldsymbol{x}-\boldsymbol{x}_{P,k|k-1}^{(i)})+\sum_{i=1}^{L_{\gamma,k}} w_{\gamma,k}^{(i)}\delta(\boldsymbol{x}-\boldsymbol{x}_{\gamma,k}^{(i)}) \tag{2-71}$$

式中：

$$\boldsymbol{x}_{P,k|k-1}^{(i)}\sim q_k(\cdot|\boldsymbol{x}_{k-1}^{(i)}, Z_k),\quad i=1, 2, \cdots, L_{k-1} \tag{2-72}$$

$$w_{P,k|k-1}^{(i)}=\frac{w_{k-1}^{(i)}p_{S,k}(\boldsymbol{x}_{k-1}^{(i)})f_{k|k-1}(\boldsymbol{x}_{P,k|k-1}^{(i)}|\boldsymbol{x}_{k-1}^{(i)})}{q_k(\boldsymbol{x}_{P,k|k-1}^{(i)}|\boldsymbol{x}_{k-1}^{(i)}, Z_k)} \tag{2-73}$$

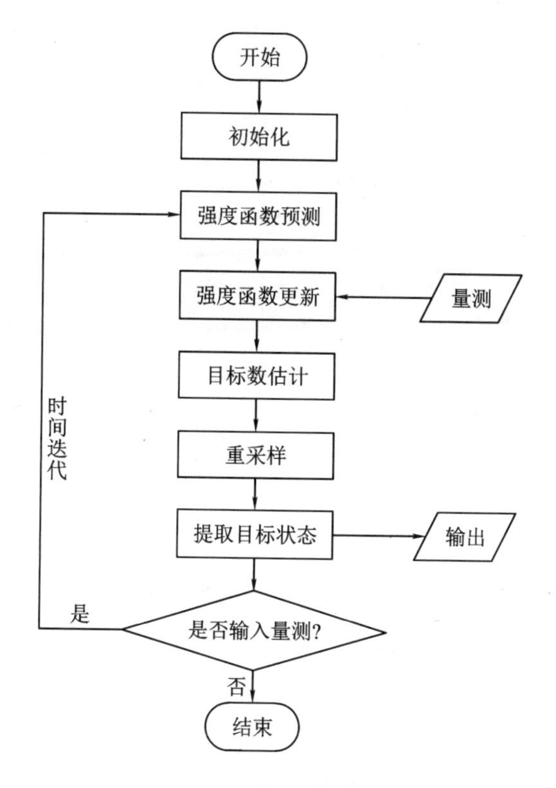

图 2-2　SMC-PHD 滤波的流程图

$$x_{\gamma,k}^{(i)} \sim b_k(\cdot|Z_k), \quad i=1, 2, \cdots, L_{\gamma,k} \tag{2-74}$$

$$w_{\gamma,k|k-1}^{(i)} = \frac{1}{L_{\gamma,k}} \frac{\gamma_k(x_{\gamma,k}^{(i)})}{b_k(x_{\gamma,k}^{(i)}|Z_k)} \tag{2-75}$$

式中：$q_k(\cdot|x_{k-1}^{(i)}, Z_k)$为存活目标的重要性密度函数，$b_k(\cdot|Z_k)$为新生目标的重要性密度函数。

(2) 更新：

假设 k 时刻的预测强度为$\nu_{k|k-1}(\cdot)$，即

$$\nu_{k|k-1}(x) = \sum_{i=1}^{L_{k|k-1}} w_{k|k-1}^{(i)} \delta(x - x_{k|k-1}^{(i)}) \tag{2-76}$$

则 k 时刻的更新强度$\nu_k(\cdot)$可表示为

$$\nu_k(x) = \sum_{i=1}^{L_{k|k-1}} w_k^{(i)} \delta(x - x_k^{(i)}) \tag{2-77}$$

式中：

$$w_k^{(i)} = \left[1 - p_{D,k}(\boldsymbol{x}_k^{(i)}) + \sum_{z \in Z_k} \frac{\psi_{k,z}(\boldsymbol{x}_k^{(i)})}{\kappa_k(\boldsymbol{z}) + \sum_{i=1}^{L_{k|k-1}} \psi_{k,z}(\boldsymbol{x}_k^{(i)}) w_{k|k-1}^{(i)}}\right] w_{k|k-1}^{(i)} \tag{2-78}$$

$$\psi_{k,z}(\boldsymbol{x}_k^{(i)}) = p_{D,k}(\boldsymbol{x}_k^{(i)}) g_k(\boldsymbol{z} \mid \boldsymbol{x}_k^{(i)}) \tag{2-79}$$

（3）目标数估计：

SMC-PHD 滤波的目标数估计如下：

$$\hat{N}_k = \mathrm{int}\left(\sum_{i=1}^{L_{k|k-1}} w_k^{(i)}\right) \tag{2-80}$$

式中：int(·)表示取整。

（4）重采样：

与标准粒子滤波算法类似，SMC-PHD 滤波同样存在粒子退化的问题，因此，也需要重采样。取 $L_k = N \times \hat{N}_k$（N 表示每个目标的粒子数），对更新后的粒子集 $\{\boldsymbol{x}_k^{(i)}, w_k^{(i)}\}_{i=1}^{L_{k|k-1}}$ 重采样，并对权重归一化，得到新的粒子集 $\{\boldsymbol{x}_k^{(i)}, \hat{N}_k/L_k\}_{i=1}^{L_k}$。其中，$\hat{N}_k/L_k$ 为每个粒子的权重。

（5）目标状态提取：

根据估计的目标数 $\hat{N}_k$，采用 K-means 算法对重采样后的粒子集 $\{\boldsymbol{x}_k^{(i)}, \hat{N}_k/L_k\}_{i=1}^{L_k}$ 聚类，输出的 $\hat{N}_k$ 个聚类中心即为 $\hat{N}_k$ 个目标的状态。

2. CPHD 滤波与 CBMeMBer 滤波的粒子实现

与 PHD 滤波的粒子实现类似，CPHD 滤波也可以采用粒子实现，不同之处在于，CPHD 滤波在递推过程中同时传播目标的势分布信息，在估计目标数时，采用最大后验准则从势分布中直接提取目标数。

CBMeMBer 滤波同样可以采用粒子实现，不同之处在于，CBMeMBer 滤波在递推过程中传播的是 $\pi_k = \{(r_k^{(i)}, p_k^{(i)})\}_{i=1}^{M_k}$，其中的概率密度 $p_k^{(i)}$ 采用多个粒子近似。在滤波过程中，除了需要对粒子进行重采样外，还需要对多伯努利 RFS 进行修剪。

2.5.3　多目标跟踪算法的性能评价

在单目标跟踪中，通常采用目标的真实状态和估计状态之间的欧氏距离或马氏距离作为评价性能优劣的指标。在多目标跟踪中，除了需要考虑目标真实状态集合和估计状态集合之间的误差距离，还需要考虑真实目标数和估计目标数之间的误差距离。目前，用于 RFS 框架下的多目标跟踪算法性能评价指标主要有：Hausdorff 距离[112]、Wasserstein 距离[113]和最优子模式分配(Optimal Subpattern Assignment，OSPA)距离[114]。其中，OSPA距离是目前最为常用的性能评价指标。下面简要介绍这三种性能评价指标。

1. Hausdorff 距离

对于有限非空子集 X 和 Y，其 Hausdorff 距离定义为

$$d_H(X, Y)=\max\{\max_{x\in X}\min_{y\in Y} d(\boldsymbol{x}, \boldsymbol{y}), \max_{y\in Y}\min_{x\in X} d(\boldsymbol{x}, \boldsymbol{y})\} \tag{2-81}$$

式中：$d(\boldsymbol{x}, \boldsymbol{y})=\|\boldsymbol{x}-\boldsymbol{y}\|$，$\|\cdot\|$ 表示 2 范数。

Hausdorff 距离是数学中常用的度量两个集合之间距离的方法。它的优势在于能够反映出估计结果的局部性能，但是，当两个集合中的一个或两个为空集时，它没有给出合理的定义。此外，该距离对异常值的惩罚较重，但对多个集合间势大小的差异不敏感，因此当多个集合的势不相同时，无法给出合理的性能评价。

2. Wasserstein 距离

Hoffman 和 Mahler 建议采用统计学中的 Wasserstein 距离来度量两个集合之间的距离，对于 $1\leqslant p<\infty$ 和两个有限非空子集 $X=\{\boldsymbol{x}_1, \boldsymbol{x}_2, \cdots, \boldsymbol{x}_m\}$ 和 $Y=\{\boldsymbol{y}_1, \boldsymbol{y}_2, \cdots, \boldsymbol{y}_n\}$，其 Wasserstein 距离定义为

$$d_p(X, Y)=\min_{\boldsymbol{C}}\left(\sum_{i=1}^{m}\sum_{j=1}^{n}C_{i,j}d(\boldsymbol{x}_i, \boldsymbol{y}_i)^p\right)^{\frac{1}{p}} \tag{2-82}$$

$$d_\infty(X, Y)=\min_{\boldsymbol{C}}\max_{1\leqslant i\leqslant m,\ 1\leqslant j\leqslant n}\widetilde{C}_{i,j}d(\boldsymbol{x}_i, \boldsymbol{y}_i) \tag{2-83}$$

式中：$\boldsymbol{C}$ 为传输矩阵。

传输矩阵中的元素 $C_{i,j}$ 和 $\widetilde{C}_{i,j}$ 满足以下条件：

(1) $C_{i,j}\geqslant 0$。

(2) 对于 $1\leqslant i\leqslant m$，$\sum_{j=1}^{n}C_{i,j}=\frac{1}{m}$；对于 $1\leqslant j\leqslant n$，$\sum_{i=1}^{m}C_{i,j}=\frac{1}{n}$。

(3) $\widetilde{C}_{i,j}=\begin{cases}1, & C_{i,j}\neq 0\\ 0, & C_{i,j}=0\end{cases}$。

当两个集合中的势大小相同时，Wasserstein 距离为最优关联下的距离，与 Hausdorff 距离一样，Wasserstein 距离也对两个集合中存在一个空集或两个均为空集的情况没有定义。另外，Wasserstein 距离对两个集合的势偏差比较敏感，它对目标个数估计出现错误时惩罚过重。

3. OSPA 距离

OSPA 距离是一种用来衡量集合之间差异程度的误差距离，其在 Wasserstein 距离的

基础上进行了改进。对于任意两个向量，定义它们之间的距离为

$$d^{(c)}(\boldsymbol{x},\boldsymbol{y})=\min(c,d(\boldsymbol{x},\boldsymbol{y}))\tag{2-84}$$

式中：截止点 c 为一个大于零的常数。

给定两个 RFS $X=\{\boldsymbol{x}_1,\boldsymbol{x}_2,\cdots,\boldsymbol{x}_m\}$和$Y=\{\boldsymbol{y}_1,\boldsymbol{y}_2,\cdots,\boldsymbol{y}_n\}$，$X$ 和 Y 之间的 p 阶 OSPA 距离定义为

$$\bar{d}_p^c(X,Y)=\begin{cases}0, & m=n=0\\ \left(\dfrac{1}{n}\left(\min\limits_{\pi\in\Pi_n}\sum\limits_{i=1}^{m}d^{(c)}(\boldsymbol{x}_i,\boldsymbol{y}_{\pi(i)})^p+c^p(n-m)\right)\right)^{\frac{1}{p}}, & m\leqslant n\\ \bar{d}_p^{(c)}(Y,X), & m>n\end{cases}\tag{2-85}$$

$$\bar{d}_{\infty}^{(c)}(X,Y)=\begin{cases}0, & m=n=0\\ \min\limits_{\pi\in\Pi_n}\max\limits_{1\leqslant i\leqslant n}d^{(c)}(\boldsymbol{x}_i,\boldsymbol{y}_{\pi(i)}), & m=n\\ c, & m\neq n\end{cases}\tag{2-86}$$

式中：Π_n 为$\{1,2,\cdots,n\}$的所有排列组成的集合，$\pi(i)$为 Π_n 中第 π 个排列组合的第 i 个数。

在 OSPA 距离中，最重要的两个参数是截止点 c 和阶数 p。截止点 c 反映 OSPA 距离对势误差的惩罚程度，阶数 p 反映 OSPA 距离对异常值的敏感度。对于给定的 X 和 Y，参数 c 和 p 对它们之间 OSPA 距离的影响可表示为

$$d_{p,c_1}(X,Y)\leqslant d_{p,c_2}(X,Y),\quad 0<c_1<c_2<\infty\tag{2-87}$$

$$d_{p_1,c}(X,Y)\leqslant d_{p_2,c}(X,Y),\quad 1\leqslant p_1<p_2\leqslant\infty\tag{2-88}$$

OSPA 距离是目前最常用的性能评价指标，它可以从目标数和目标状态两方面综合评价跟踪算法的优劣。此外，它还可以通过调整参数 c 和 p 的值来改变对势误差和异常值的敏感度的惩罚程度。因此，本书后续章节主要采用 OSPA 距离来评价跟踪算法性能。

2.6 本章小结

本章首先介绍了随机有限集的定义和几种常用的随机有限集，然后介绍了本书主要研究的三种基于随机有限集理论的多目标跟踪方法，即 PHD 滤波、CPHD 滤波和 CBMeMBer 滤波，以及目前常用的多目标跟踪算法的性能评价指标。本章内容为后续章节的研究提供了相关的理论基础。

第 3 章　改进的随机有限集滤波

3.1 引　　言

通常情况下，标准的随机有限集滤波及其实现方法在多目标跟踪问题上均有良好的表现。但这些方法会因其本身的固有缺陷，导致其在复杂跟踪环境下出现虚警、漏跟、估计精度下降等现象，甚至根本无法用于某些跟踪场景。例如，PHD 滤波在检测概率较低时，会估计出虚假目标；CPHD 滤波在目标漏检时，会发生目标权重转移；MeMBer 滤波需要较高的信噪比，且存在目标数过估的问题；粒子实现的性能依赖于重要性采样函数的选择，并存在粒子退化问题；高斯混合实现在非线性非高斯条件下，性能会严重恶化。本章针对标准的随机有限集滤波中存在的若干问题，如采样分布不匹配、目标权重转移、量测新息弱化等问题，介绍了几种改进算法。相较于标准的随机有限集滤波，改进的算法的性能更稳定，适用性更强。

3.2 改进的 PHD 滤波

本节介绍一种改进的 PHD 滤波[110]，该算法针对高斯粒子 PHD 滤波存在的不足，采用高斯厄米特(Gauss-Hermite，GH)滤波[106-109]产生一组高斯分布来更好地拟合重要性密度函数，提高算法对势估计和状态估计的精度。

3.2.1 采样分布不匹配问题

粒子 PHD 滤波是基于蒙特卡罗方法的贝叶斯估计算法，采用一组加权的随机采样粒子近似拟合系统的后验概率分布，是处理非线性、非高斯条件下状态估计问题的有效方法。但在滤波过程中，为了便于实际工程应用，通常取系统状态变量的状态转移函数为重要性密度函数，由于没有考虑目标状态的最新观测信息，从而导致由重要性采样得到的样本与真实后验分布产生的样本之间存在偏差，尤其是当量测似然呈尖峰状或处于重要性密度函数的尾部时，会出现大量小权重的粒子，这些粒子对状态估计作用很小，且浪费大量时间对其更新。经重采样后，具有大权重的粒子被复制，具有小权重的粒子被删除，导致粒子多样性变差，最终会使滤波结果与真实目标状态存在较大偏差，甚至滤波器发散。本节针对高斯粒子 PHD 滤波存在的不足，采用 GH 滤波产生一组高斯分布来更好地拟合重要性密度函数，提出一种高斯厄米特粒子 PHD(GHP-PHD)滤波，该算法可提高对势估计和状态估计的精度。

3.2.2　高斯厄米特粒子 PHD 滤波

GHP-PHD 滤波主要包括预测和更新两部分，预测过程中采用高斯厄米特滤波可较好地拟合重要性密度函数；更新过程中采用高斯粒子滤波更新目标状态，并估计目标数。该算法的流程如图 3－1 所示。

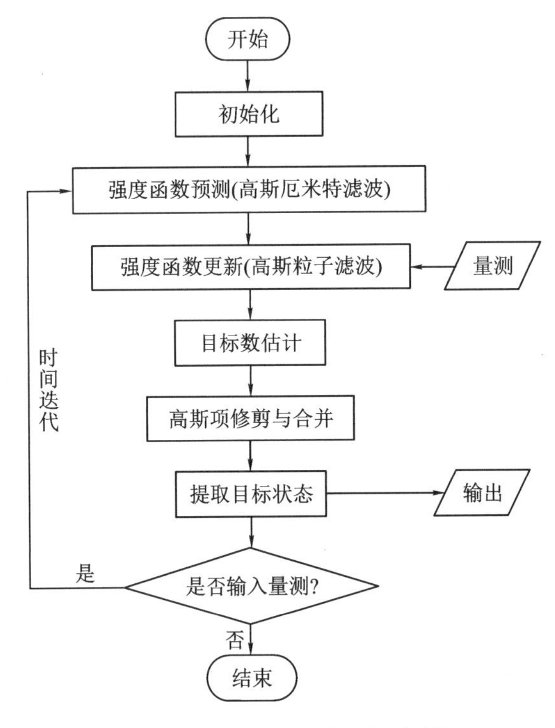

图 3－1　GHP-PHD 滤波的流程图

主要滤波过程如下：

(1) 预测：

假设 $k-1$ 时刻的目标状态更新强度为 $\nu_{k-1}(\boldsymbol{x})$，且可以表示为一个高斯混合形式，即

$$\nu_{k-1}(\boldsymbol{x})=\sum_{i=1}^{J_{k-1}} w_{k-1}^{(i)} \mathcal{N}(\boldsymbol{x};\boldsymbol{m}_{k-1}^{(i)},\boldsymbol{P}_{k-1}^{(i)}) \tag{3-1}$$

式中：J_{k-1} 表示高斯分量的个数，$w_{k-1}^{(i)}$ 表示第 i 个高斯分量的权重，$\boldsymbol{m}_{k-1}^{(i)}$ 和 $\boldsymbol{P}_{k-1}^{(i)}$ 分别为第 i 个高斯分量的均值和协方差。首先，对每一个高斯分量进行 N 个粒子采样，即 $\{\boldsymbol{x}_{k-1}^{(i)(l)}\}_{l=1}^{N}\sim\mathcal{N}(\boldsymbol{m}_{k-1}^{(i)},\boldsymbol{P}_{k-1}^{(i)})$。然后，分别对每个粒子进行高斯厄米特滤波，产生一组新的高斯分量来更合理地拟合重要性密度函数，以提高状态估计的精度。其中，高斯厄米特滤波过程如下：

① 计算高斯积分点。对 $\boldsymbol{P}_{k-1}^{(i)}$ 进行 Cholesky 分解，使得 $\boldsymbol{P}_{k-1}^{(i)}=\boldsymbol{S}_{k-1}^{(i)}(\boldsymbol{S}_{k-1}^{(i)})^{\mathrm{T}}$。对每一个高斯分量的采样粒子 $\boldsymbol{x}_{k-1}^{(i)(l)}$ 求积分点，即

$$\boldsymbol{x}_{k-1}^{(i)(l)(j)}=\boldsymbol{S}_{k-1}^{(i)}\xi_j+\boldsymbol{x}_{k-1}^{(i)(l)} \tag{3-2}$$

式中：$i=1, 2, \cdots, J_{k-1}$；$l=1, 2, \cdots, N$；$j=1, 2, \cdots, m$，m 为积分点数；ξ_j 为第 j 个积分点。

② 根据状态方程对每个积分点进行一步预测，即

$$\boldsymbol{x}_{k|k-1}^{(i)(l)(j)}=f(\boldsymbol{x}_{k-1}^{(i)(l)(j)}) \tag{3-3}$$

式中：$f(\cdot)$ 为单个目标的状态转移方程。

③ 积分点时间更新，即

$$\bar{\boldsymbol{x}}_{k|k-1}^{(i)(l)}=\sum_{j=1}^{m} w_j \boldsymbol{x}_{k|k-1}^{(i)(l)(j)} \tag{3-4}$$

$$\boldsymbol{P}_{k|k-1}^{(i)(l)}=\boldsymbol{Q}_{k-1}+\sum_{j=1}^{m} w_j[\boldsymbol{x}_{k|k-1}^{(i)(l)(j)}-\bar{\boldsymbol{x}}_{k|k-1}^{(i)(l)}][\boldsymbol{x}_{k|k-1}^{(i)(l)(j)}-\bar{\boldsymbol{x}}_{k|k-1}^{(i)(l)}]^{\mathrm{T}} \tag{3-5}$$

式中：$\boldsymbol{Q}_{k-1}$ 为过程噪声协方差，w_j 为积分点的权重。

④ 积分点状态更新。

对 $\boldsymbol{P}_{k|k-1}^{(i)(l)}$ 进行 Cholesky 分解，使得 $\boldsymbol{P}_{k|k-1}^{(i)(l)}=\boldsymbol{S}_{k|k-1}^{(i)(l)}(\boldsymbol{S}_{k|k-1}^{(i)(l)})^{\mathrm{T}}$，则新的积分点为

$$\bar{\boldsymbol{x}}_{k|k-1}^{(i)(l)(j)}=\boldsymbol{S}_{k|k-1}^{(i)(l)}\xi_j+\bar{\boldsymbol{x}}_{k|k-1}^{(i)(l)} \tag{3-6}$$

积分点的量测预测为

$$\boldsymbol{z}_{k|k-1}^{(i)(l)}=\sum_{j=1}^{m} w_j h(\bar{\boldsymbol{x}}_{k|k-1}^{(i)(l)(j)}) \tag{3-7}$$

积分点的状态更新及协方差更新为

$$\boldsymbol{x}_{k}^{(i)(l)}=\bar{\boldsymbol{x}}_{k|k-1}^{(i)(l)}+\boldsymbol{K}_k\cdot(\boldsymbol{z}^{l}-\boldsymbol{z}_{k|k-1}^{(i)(l)}) \tag{3-8}$$

$$P_k^{(i)(l)} = P_{k|k-1}^{(i)(l)} - K_k \cdot P_{xz}^{\mathrm{T}} \tag{3-9}$$

式中：$h(\cdot)$为单个目标的量测方程，为减少杂波的干扰，根据最近邻方法取 k 时刻与积分点对应的量测z^l，$K_k = P_{xz}(P_{zz})^{-1}$ 为滤波增益。

$$P_{xz} = \sum_{j=1}^{m} w_j [x_{k|k-1}^{(i)(l)(j)} - \bar{x}_{k|k-1}^{(i)(l)}][h(x_{k|k-1}^{(i)(l)(j)}) - z_{k|k-1}^{(i)(l)}]^{\mathrm{T}} \tag{3-10}$$

$$P_{zz} = \sum_{j=1}^{m} w_j [h(x_{k|k-1}^{(i)(l)(j)}) - z_{k|k-1}^{(i)(l)}][h(x_{k|k-1}^{(i)(l)(j)}) - z_{k|k-1}^{(i)(l)}]^{\mathrm{T}} + R_k \tag{3-11}$$

式中：w_j 为积分点的权重，R_k 为量测噪声协方差。通过高斯厄米特滤波可获得一组新的高斯分量$\mathcal{N}(\hat{x}_k^{(i)}, \hat{P}_k^{(i)})$，并可以用其拟合出更合理的重要性密度函数 $\pi_k^{(i)}(x_k^{(i)} | Z_{1:k-1}, z)$，即 $\pi_k^{(i)}(x_k^{(i)} | Z_{1:k-1}, z) \sim \mathcal{N}(\hat{x}_k^{(i)}, \hat{P}_k^{(i)})$，其中，

$$\hat{x}_k^{(i)} = \sum_{l=1}^{N} w_{i,l} x_k^{(i)(l)} \tag{3-12}$$

$$\hat{P}_k^{(i)} = \sum_{l=1}^{N} w_{i,l} [x_k^{(i)(l)} - \hat{x}_k^{(i)}][x_k^{(i)(l)} - \hat{x}_k^{(i)}]^{\mathrm{T}} \tag{3-13}$$

式中：$w_{i,l}$ 为第 i 个高斯分量的第 l 个粒子相对于量测z^l 的归一化权重。

为了简便起见，算法中不考虑状态的衍生，则 $k-1$ 时刻的预测强度 $\nu_{k|k-1}(x)$可表示为

$$\nu_{k|k-1}(x) = \nu_{S,k|k-1}(x) + \gamma_k(x) \tag{3-14}$$

$$\nu_{S,k|k-1}(x) = p_{S,k} \sum_{i=1}^{J_{k-1}} w_{k|k-1}^{(i)} \mathcal{N}(\hat{x}_k^{(i)}, \hat{P}_k^{(i)}) \tag{3-15}$$

式中：$w_{k|k-1}^{(i)} = w_{k-1}^{(i)}$，$\gamma_k(x)$为新生目标的强度，$p_{S,k}$ 为目标的存活概率。

(2) 更新：

假设 $k-1$ 时刻的预测强度为 $\nu_{k|k-1}(x)$，且 $\nu_{k|k-1}(x)$可以表示为高斯混合形式，即

$$\nu_{k|k-1}(x) = \sum_{i=1}^{J_{k|k-1}} w_{k|k-1}^{(i)} \mathcal{N}(x; m_{k|k-1}^{(i)}, P_{k|k-1}^{(i)}) \tag{3-16}$$

对于任意量测 $z \in Z_k$，通过高斯采样方法，可从重要性密度函数 $\pi_k^{(i)}(\cdot | Z_{1:k-1}, z)$中采样 N 个粒子$x_k^{(i)(l)}$，$i=1, 2, \cdots, J_{k|k-1}$，$l=1, 2, \cdots, N$。在滤波过程中，针对量测比较准确而导致似然函数过于尖锐的问题，利用新息协方差$S_{k|k-1}^{(i)}$ 来计算各个粒子的似然函数，并更新目标状态，则修正的粒子权重计算公式为

$$\xi_k^{(i)(l)}(z) = \frac{\mathcal{N}(z; h(x_{k|k-1}^{(i)(l)}), S_{k|k-1}^{(i)}) \mathcal{N}(x_k^{(i)(l)}; m_{k|k-1}^{(i)}, P_{k|k-1}^{(i)})}{\pi_k^{(i)}(x_k^{(i)(l)} | Z_{1:k-1}, z)} \tag{3-17}$$

式中：

$$S_{k|k-1}^{(i)}=\frac{1}{N}\sum_{l=1}^{N}(h(x_{k|k-1}^{(i)(l)})-h(m_{k|k-1}^{(i)}))(h(x_{k|k-1}^{(i)(l)})-h(m_{k|k-1}^{(i)}))^{\mathrm{T}}+R_k \tag{3-18}$$

则 k 时刻的概率假设密度 $\nu_k(x)$ 为

$$\nu_k(x)=[1-p_{D,k}]\nu_{k|k-1}(x)+\sum_{z\in Z_k}\sum_{i=1}^{J_{k|k-1}}w_k^{(i)}(z)\,\mathcal{N}(x;m_k^{(i)}(z),P_k^{(i)}(z)) \tag{3-19}$$

式中：

$$w_k^{(i)}(z)=\frac{p_{D,k}w_{k|k-1}^{(i)}\frac{1}{N}\sum_{l=1}^{N}\xi_k^{(i)(l)}(z)}{\kappa_k(z)+p_{D,k}\sum_{i=1}^{J_{k|k-1}}w_{k|k-1}^{(i)}\frac{1}{N}\sum_{l=1}^{N}\xi_k^{(i)(l)}(z)} \tag{3-20}$$

$$m_k^{(i)}(z)=\frac{\sum_{l=1}^{N}\xi_k^{(i)(l)}(z)x_k^{(i)(l)}}{\sum_{l=1}^{N}\xi_k^{(i)(l)}(z)} \tag{3-21}$$

$$P_k^{(i)}(z)=\frac{\sum_{l=1}^{N}\xi_k^{(i)(l)}(z)[x_k^{(i)(l)}-m_{k|k-1}^{(i)}][x_k^{(i)(l)}-m_{k|k-1}^{(i)}]^{\mathrm{T}}}{\sum_{l=1}^{N}\xi_k^{(i)(l)}(z)} \tag{3-22}$$

式(3-17)与文献[110]中都是仅采用量测噪声协方差 R_k 来计算权重差异，所采用的新息协方差 $S_{k|k-1}^{(i)}$ 不仅与量测噪声协方差 R_k 有关，还与 k 时刻的第 i 个高斯分量的预测协方差矩阵 $P_{k|k-1}^{(i)}$ 以及量测方程 $h(\cdot)$ 有关。此处，采用了更合理的重要性密度函数 $\pi_k^{(i)}(x_k^{(i)(l)}|Z_{1:k-1},z)$，使得滤波过程中似然函数的形式取决于新息协方差矩阵 $S_{k|k-1}^{(i)}$ 的大小，即使量测噪声协方差 R_k 很小，也不会出现似然函数过于尖锐的问题，能够更好地拟合真实的后验概率密度，有效提升了跟踪精度。

3.2.3　仿真实验与分析

为了验证本节算法的有效性，实验中比较了 GHP-PHD 滤波与 GMP-PHD 滤波的跟踪性能。假设跟踪场景中有 6 个目标在二维空间做匀速直线运动，目标运动轨迹如图 3-2 所示。

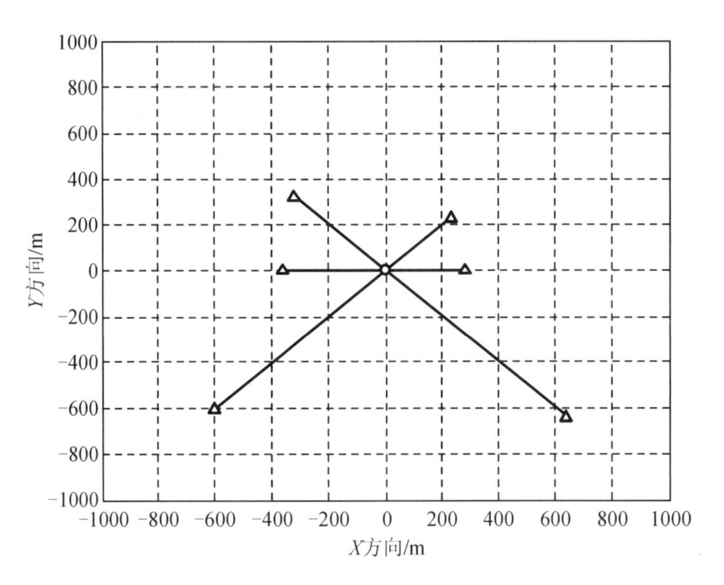

图 3-2　目标运动轨迹(○表示目标起始位置，△表示目标消失位置)

新生目标 RFS 的强度为

$$\gamma_k(\boldsymbol{x}) = w_\gamma \mathcal{N}(\boldsymbol{x}; \boldsymbol{m}_\gamma, \boldsymbol{P}_\gamma) \tag{3-23}$$

式中：$w_\gamma=0.05$，$\boldsymbol{m}_\gamma=(0\ \text{m}, 0\ \text{m/s}, 0\ \text{m}, 0\ \text{m/s})$，$\boldsymbol{P}_\gamma=\text{diag}(40, 1, 40, 1)$。假设杂波量测数服从均值为 5 的泊松分布，且在观测空间中均匀分布。目标的存活概率和检测概率分别为 $p_{S,k}=0.99$ 和 $p_{D,k}=0.95$。采用 OSPA 距离和目标数估计的均方根误差评价算法性能，OSPA 距离的参数设置为 $p=2$，$c=100$，进行 200 次独立的蒙特卡罗实验。算法中每个高斯分量的采样粒子数 $N=500$，实验结果如图 3-3～图 3-5 所示。

图 3-3 给出了目标数的平均估计结果，图 3-4 给出了目标数估计的均方根误差，图 3-5 给出了两种算法的 OSPA 距离比较。可以看出，GHP-PHD 算法对目标数目的估计比较准确，OSPA 距离也比较低，具有更高的状态估计精度。因为高斯粒子滤波过程中存在一个累积误差问题，且重要性密度函数中没有考虑最新的观测信息，所以会导致估计状态发生偏离。尤其是当目标运动持续时间较长时，GMP-PHD 算法估计的目标状态与真实目标将存在较大的偏离，这一点在 50 s 之后尤为明显。而对于 GHP-PHD 算法，之所以具有较好的状态估计结果，是由于在滤波过程中，采用了高斯厄米特滤波估计出新的高斯分量，并用其来拟合更合理的重要性密度函数，充分考虑了最新观测信息，从而有效提高了重要性采样的效率，改善了滤波器的性能，提高了算法的估计精度。

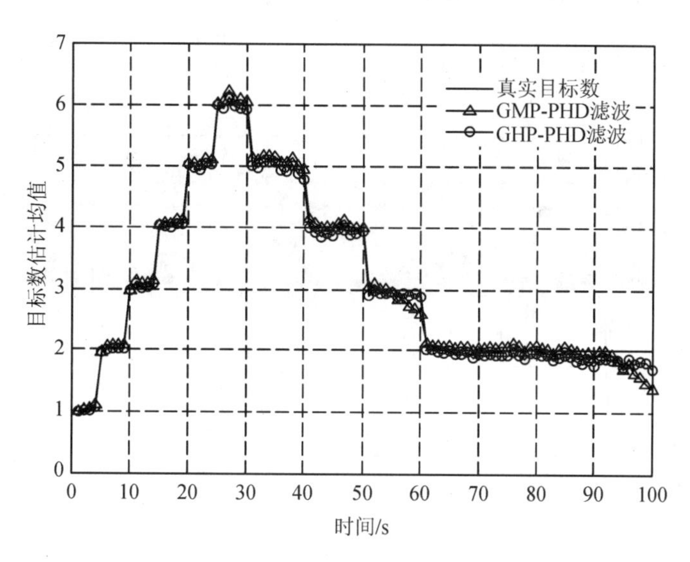

图 3-3　目标数估计均值

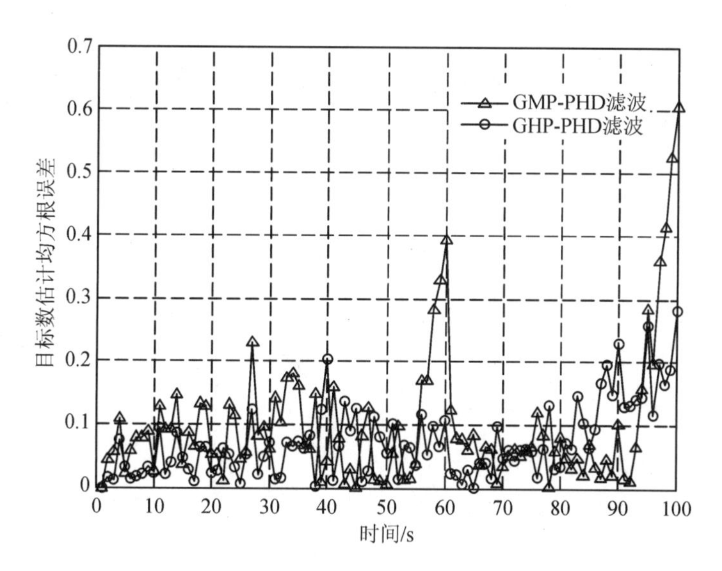

图 3-4　目标数估计均方根误差

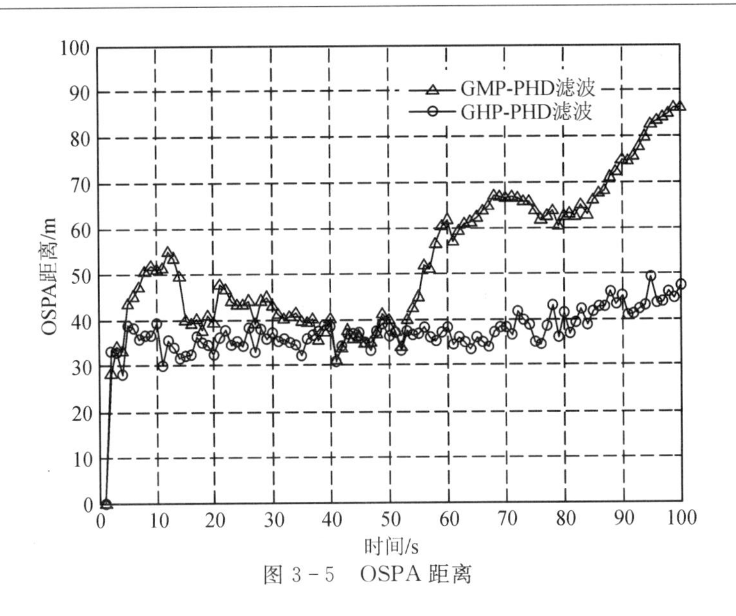

图 3-5　OSPA 距离

3.3　改进的 CPHD 滤波

本节介绍一种改进的 CPHD 滤波[80]，该算法通过在更新步骤中对权重进行再分配来解决标准 CPHD 滤波的目标漏检问题。

3.3.1　目标权重转移问题

标准的 CPHD 滤波存在目标漏检问题，该问题在无杂波量测的情况下显得尤为明显[111]。在 GM-CPHD 滤波中，k 时刻的更新强度 $\nu_k(\boldsymbol{x})$ 可以表示为

$$\nu_k(\boldsymbol{x})=\left[p_{D,k}\frac{g_{k,\text{Detected}}(Z_k)}{g_k(Z_k)}+(1-p_{D,k})\frac{g_{k,\text{Missed}}(Z_k)}{g_k(Z_k)}\right]\nu_{k|k-1}(\boldsymbol{x}) \tag{3-24}$$

$$g_{k,\text{Missed}}(Z_k)=\frac{1}{n_{k|k-1}}\sum_{j=0}^{|Z_k|}\left(\begin{array}{l}\dfrac{\rho_{\kappa,k}(|Z_k|-j)}{\lambda^j}\dfrac{(|Z_k|-j)!}{|Z_k|!}e_j(\Xi_k(\nu,Z_k))\cdot\\ \displaystyle\sum_{n=j}^{\infty}\frac{n!}{(n-(j+1))!}\rho_{k|k}(n-1)(1-p_{D,k})^{n-(j+1)}\end{array}\right) \tag{3-25}$$

$$g_{k,\text{Detected}}(Z_k)=\frac{1}{n_{k|k-1}}\sum_{j=1}^{|Z_k|}\left(\begin{array}{l}\dfrac{\rho_{\kappa,k}(Z_k-j)}{\lambda^j}\dfrac{(|Z_k|-j)!}{|Z_k|!}e_{j-1}(\Xi_k(\nu,Z_k\backslash\{\boldsymbol{z}\}))\cdot\\ g(\boldsymbol{z}\mid\boldsymbol{x})\displaystyle\sum_{n=j}^{\infty}\frac{n!}{(n-(j+1))!}\rho_{k|k}(n-1)(1-p_{D,k})^{n-j}\end{array}\right) \tag{3-26}$$

$$g_k(Z_k)=\sum_{j=0}^{|Z_k|}\left(\frac{\rho_{\kappa,k}(|Z_k|-j)}{\lambda^j}\frac{(|Z_k|-j)!}{|Z_k|!}e_j(\Xi_k(\nu,Z_k))\cdot\sum_{n=j}^{\infty}\frac{n!}{(n-j)!}\rho_{k|k}(n-1)(1-p_{D,k})^{n-j}\right) \tag{3-27}$$

式中：下标“Detected”和“Missed”分别对应于检测部分和漏检部分，$n_{k|k-1}$ 为 k 时刻预测的目标数，λ 为杂波量测平均数。

考虑只有 n 个目标的情况，当一个目标发生漏检时，则有

$$\begin{cases}g_{k,\text{Missed}}(Z_k)=n!\ \rho_{k|k}(n)\\ g_k(Z_k)=n!\ \left[\dfrac{\rho_{k|k}(n-1)}{n}+(1-p_{D,k})\rho_{k|k}(n)\right]\end{cases} \tag{3-28}$$

则 CPHD 滤波对于漏检部分强度的更新方程如下：

$$(1-p_{D,k})\frac{g_{k,\text{Missed}}(Z_k)}{g_k(Z_k)}=\frac{1}{n_{k|k-1}}\cdot\frac{(1-p_{D,k})\rho_{k|k}(n)}{\dfrac{\rho_{k|k}(n-1)}{n}+(1-p_{D,k})\rho_{k|k}(n)} \tag{3-29}$$

由于这部分强度是均匀分布在观测区域中的，而检测部分的强度只分布在各个量测的周围，这就会导致当一个目标漏检时，其权重按照一定的比例转移到其他目标上。为了进一步说明这个问题，考虑相互独立的权重均为 Q 的两个目标，其预测强度可以写成如下形式：

$$\nu_{k|k-1}(\boldsymbol{x})=Q(\nu_{k|k-1}^{(1)}(\boldsymbol{x})+\nu_{k|k-1}^{(2)}(\boldsymbol{x})) \tag{3-30}$$

假设 k 时刻只有一个量测出现在目标 1 附近，且远离目标 2，没有杂波。若对两个目标分别采用 CPHD 滤波，可得其最优贝叶斯估计为

$$\nu_k(\boldsymbol{x})=\nu_k^{(1)}(\boldsymbol{x})+\frac{1-p_{D,k}}{1-Qp_{D,k}}Q\nu_{k|k-1}^{(2)}(\boldsymbol{x}) \tag{3-31}$$

然而，若把两个目标看成一个随机有限集，将 $P(2)=Q^2$，$P(1)=2Q(1-Q)$以及 $n_{k|k-1}=2Q$ 代入式(3-29)，并将结果代入强度更新公式(3-24)中，可得

$$\nu_k(\boldsymbol{x})=\frac{1}{2}\frac{1-p_{D,k}}{1-Qp_{D,k}}Q\nu_{k|k-1}^{(1)}(\boldsymbol{x})+\nu_k^{(1)}(\boldsymbol{x})+\frac{1}{2}\frac{1-p_{D,k}}{1-Qp_{D,k}}Q\nu_{k|k-1}^{(2)}(\boldsymbol{x}) \tag{3-32}$$

对比式(3-31)和式(3-32)可以看出，漏检目标的权重减少了 50%，而减少的这部分权重则根据预测权重的比例转移到了另一个目标上。这就是 CPHD 滤波中的目标漏检问题，该问题在标准的 PHD 滤波中同样存在。因为在标准的 PHD 滤波中，对于漏检部分的强度更新方程仅用 $1-p_{D,k}$ 代替式(3-29)，这与最优贝叶斯估计相距甚远，而且它对于整体目标数的估计也是不准确的。

可见，虽然 CPHD 滤波在无杂波量测的情况下能够准确估计其势分布，但是当把多个目标看作一个 RFS 进行滤波时，由于 CPHD 滤波不区分目标，本该在真实漏检目标附近分

布的强度被均匀分散到了整个观测区域内，致使真实漏检目标的权重变得更小，而检测到的目标由于合并了一部分在观测区域中均匀分布的强度，其自身权重反而有所增加。但从全局来看，这种权重的转移不会对势分布的估计造成影响，CPHD 滤波对于整体目标数的估计仍然是准确的。

3.3.2 目标权重再分配的 CPHD 滤波

假设修剪与合并后的剩余高斯分量数为 J_k，其中 r 个分量被检测到，J_k-r 个分量被漏检。由于漏检部分的概率假设密度在观测区域中均匀分布，而检测到的强度仅分布在真实量测周围，因此，k 时刻的强度 $\nu_k(\boldsymbol{x})$ 可以表示为两部分高斯分量求和的形式：

$$\begin{aligned}\nu_k(\boldsymbol{x}) &= \sum_{j=1}^{r} w_k^{(j)} \mathcal{N}(\boldsymbol{x};\boldsymbol{m}_k^{(j)},\boldsymbol{P}_k^{(j)}) + \sum_{j=1}^{J_k-r} w_k^{(r+j)} \mathcal{N}(\boldsymbol{x};\boldsymbol{m}_k^{(r+j)},\boldsymbol{P}_k^{(r+j)}) \\ &= \sum_{j=1}^{r} (G_k^{(j,s>0)} + G_k^{(j,s=0)}) w_{k|k-1}^{(j)} \mathcal{N}(\boldsymbol{x};\boldsymbol{m}_k^{(j)},\boldsymbol{P}_k^{(j)}) + \\ &\quad \sum_{j=1}^{J_k-r} G_k^{(r+j,s=0)} w_{k|k-1}^{(r+j)} \mathcal{N}(\boldsymbol{x};\boldsymbol{m}_k^{(r+j)},\boldsymbol{P}_k^{(r+j)})\end{aligned} \tag{3-33}$$

$$G_k^{(j,s>0)} = p_{D,k} \frac{g_{k,\text{Detected}}(Z_k)}{g_k(Z_k)} \tag{3-34}$$

$$G_k^{(j,s=0)} = (1-p_{D,k})^{(j)} \frac{g_{k,\text{Missed}}(Z_k)}{g_k(Z_k)} \tag{3-35}$$

注意到，r 个高斯分量是被检测到的，其漏检部分权重的增益因子 $G_k^{(j,s=0)}$ 应该来自于后 J_k-r 个漏检分量。因此，只要采取一定的方法将高斯分量分为检测和漏检两部分，就可以通过权重再分配将检测高斯分量周围的多余权重分配给真实漏检的那部分高斯分量。为了区分这两类高斯分量，需要预先设定一个门限 η，认为权重高于 η 的高斯分量是被检测到的，则可通过式(3-36)和式(3-37)对更新后的权重进行修正：

$$\left.\begin{aligned}\Delta^{+} &= \sum_{j=1}^{J_k} G_k^{(j,s=0)} w_{k|k-1}^{(j)}, \quad & w_k^{(j)} \geqslant \eta \\ \Delta^{-} &= \sum_{j=1}^{J_k} w_{k|k-1}^{(j)}, \quad & w_k^{(j)} < \eta\end{aligned}\right\} \tag{3-36}$$

$$w_{m,k}^{(j)} = \begin{cases} w_k^{(j)} - G_k^{(j,s=0)} w_{k|k-1}^{(j)}, & w_k^{(j)} \geqslant \eta \\ w_k^{(j)} + \dfrac{\Delta^{+}}{\Delta^{-}} w_{k|k-1}^{(j)}, & w_k^{(j)} < \eta \end{cases} \tag{3-37}$$

式中：$j=1, 2, \cdots, J_k$。

由式(3-36)和式(3-37)可以看出，改进算法的基本思路是先将权重大于 η 的高斯分量的漏检部分权重集中起来，然后按照预测权重的比例将其分配给权重小于 η 的那部分高斯分量。修正后的后验强度 $\nu_{m,k}(\boldsymbol{x})$ 可表示为

$$\begin{aligned}
\nu_{m,k}(\boldsymbol{x}) &= \sum_{j=1}^{J_k} w_{m,k}^{(j)} \mathcal{N}(\boldsymbol{x}; \boldsymbol{m}_k^{(j)}, \boldsymbol{P}_k^{(j)}) \\
&= \sum_{j=1}^{r} (w_k^{(j)} - G_k^{(j,s=0)} w_{k|k-1}^{(j)}) \mathcal{N}(\boldsymbol{x}; \boldsymbol{m}_k^{(j)}, \boldsymbol{P}_k^{(j)}) + \\
&\quad \sum_{j=1}^{J_k-r} \left(w_k^{(r+j)} + \frac{\Delta^+}{\Delta^-} w_{k|k-1}^{(r+j)} \right) \mathcal{N}(\boldsymbol{x}; \boldsymbol{m}_k^{(r+j)}, \boldsymbol{P}_k^{(r+j)}) \\
&= \sum_{j=1}^{r} G_k^{(j,s>0)} w_{k|k-1}^{(j)} \mathcal{N}(\boldsymbol{x}; \boldsymbol{m}_k^{(j)}, \boldsymbol{P}_k^{(j)}) + \\
&\quad \sum_{j=1}^{J_k-r} \left[G_k^{(r+j,s=0)} + \frac{\sum_{j=1}^{r} G_k^{(j,s=0)} w_{k|k-1}^{(j)}}{\sum_{j=1}^{J_k-r} w_{k|k-1}^{(r+j)}} \right] w_{k|k-1}^{(r+j)} \mathcal{N}(\boldsymbol{x}; \boldsymbol{m}_k^{(r+j)}, \boldsymbol{P}_k^{(r+j)})
\end{aligned} \tag{3-38}$$

对比式(3-33)和式(3-38)可以看出，检测高斯分量周围的漏检强度按照预测权重的比例重新分配给了真实漏检高斯分量，这一步骤对势分布的估计没有影响，证明如下：

$$\begin{aligned}
n_{m,k} &= \sum_{j=1}^{J_k} w_{m,k}^{(j)} \\
&= \sum_{j=1}^{r} G_k^{(j,s>0)} w_{k|k-1}^{(j)} + \sum_{j=1}^{J_k-r} \left[G_k^{(r+j,s=0)} + \frac{\sum_{j=1}^{r} G_k^{(j,s=0)} w_{k|k-1}^{(j)}}{\sum_{j=1}^{J_k-r} w_{k|k-1}^{(r+j)}} \right] w_{k|k-1}^{(r+j)} \\
&= \sum_{j=1}^{r} (G_k^{(j,s>0)} + G_k^{(j,s=0)}) w_{k|k-1}^{(j)} + \sum_{j=1}^{J_k-r} G_k^{(r+j,s=0)} w_{k|k-1}^{(r+j)} \\
&= n_k
\end{aligned} \tag{3-39}$$

式中：n_k 和 $n_{m,k}$ 分别为修正前与修正后强度的势估计。

值得注意的是，当目标之间的距离很近或发生交叉时，不同目标对应的高斯分量可能会被合并，这一过程虽然可以提高运算效率，但会给后续的航迹维持造成困难，因为高斯分量之间的细微差别在合并后消失了，从而难以区分不同目标的航迹。针对这一问题，可

以在合并阶段附加一个限制条件，即参与合并的高斯分量中至多包含一个权重大于 η 的高斯分量。这一限制条件虽然增加了运算量，但由于保留了不同目标航迹之间的细微差别，因此有利于航迹维持。由于该限制条件仅当目标之间的距离很近或发生交叉时才起作用，因此增加的运算量一般可以忽略不计。

本节改进的 CPHD 滤波的流程图如图 3-6 所示。该算法保留了 CPHD 滤波的优点，在准确估计整体势分布的基础上能够有效区分目标，通过对权重进行再分配能够解决目标漏检带来的问题，在目标状态估计和航迹维持方面均优于标准 CPHD 滤波。

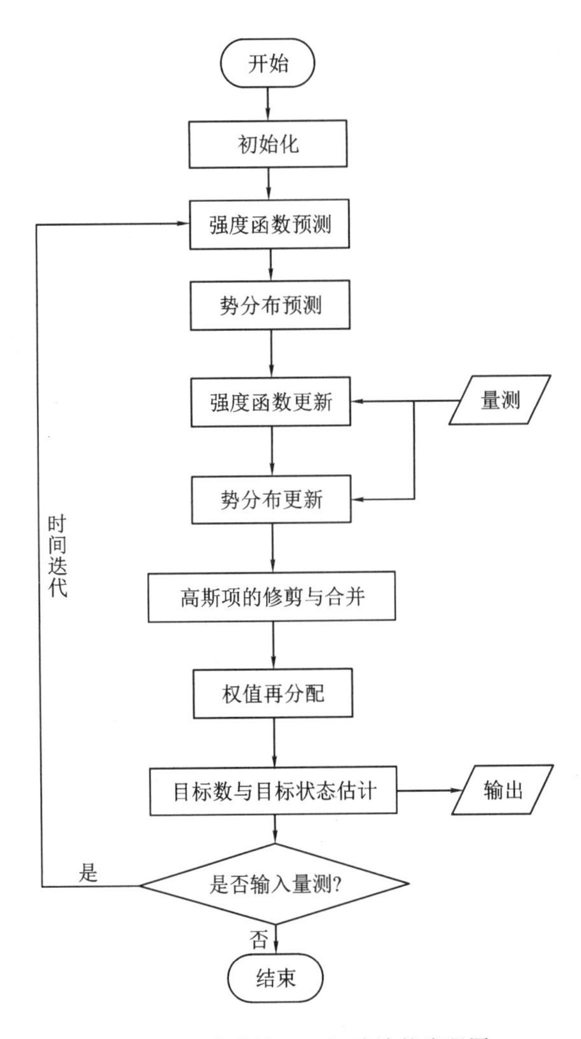

图 3-6　改进的 CPHD 滤波的流程图

3.3.3　仿真实验与分析

为了验证本节算法的有效性，实验中比较了改进 CPHD 滤波与标准 CPHD 滤波的跟踪性能。跟踪场景与 3.2 节相同。目标出现阈值 ψ_b 和目标消失阈值 ξ_d 均为 0.5，检测门限 $\eta=0.9$。实验结果如图 3－7～图 3－9 所示。

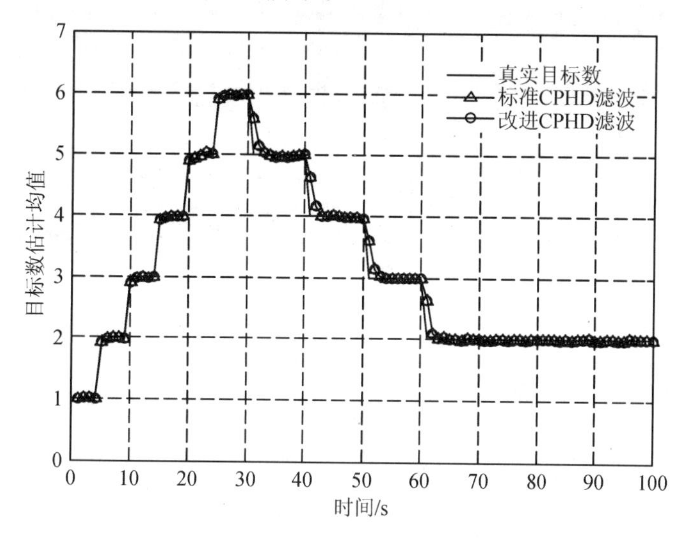

图 3－7　目标数估计均值

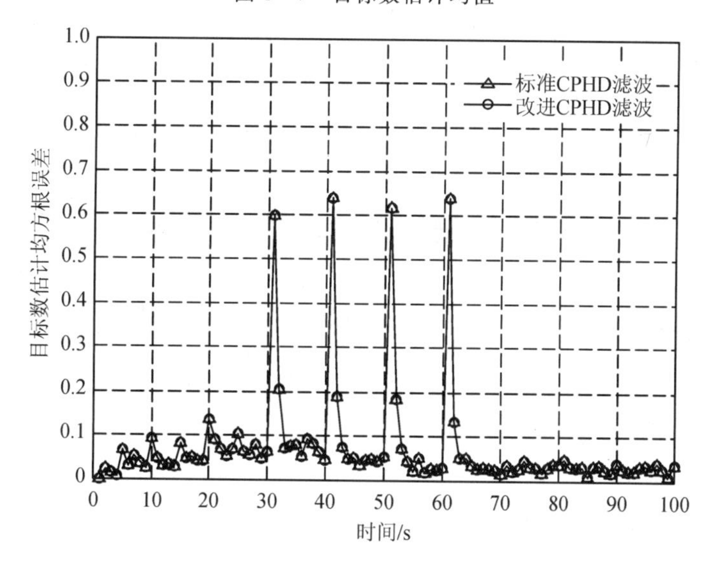

图 3－8　目标数估计均方根误差

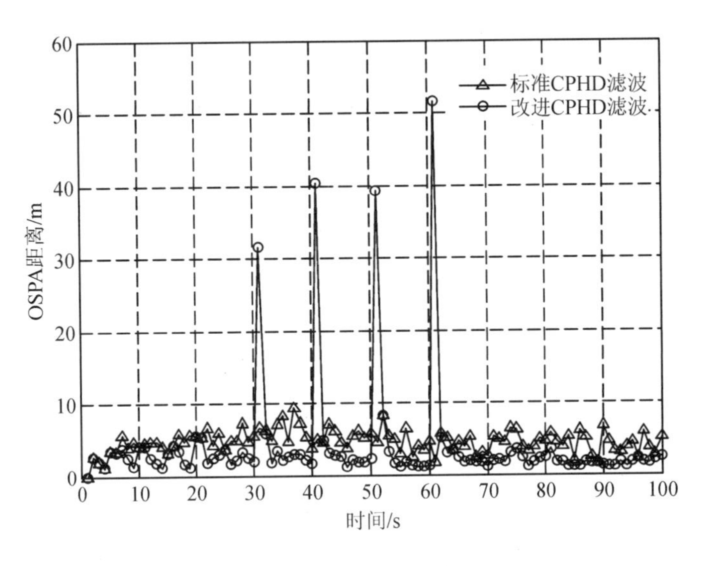

图 3-9　OSPA 距离

图 3-7 给出了目标数的估计均值，图 3-8 给出了目标数估计的均方根误差，图3-9 给出了两种算法的 OSPA 距离比较。从图 3-7 和图 3-8 可以看出，改进算法并不会影响势估计，其整体目标数估计仍然是准确的，这一点在之前已证明。从图 3-9 可以看出，除去在目标真正消失的时刻，在其余时间时改进算法具有更小的 OSPA 距离。这是因为当目标发生漏检时，漏检目标的权值下降不会被夸大，因而具有更好的航迹维持能力。然而，当目标真正消失时，消失目标的航迹也会不可避免地多维持一段时间。因此，实际应用时应具体问题具体分析，当目标的出现和消失过于频繁时，采用改进算法未必会有好的效果。

3.4　改进的 MeMBer 滤波

CBMeMBer 滤波虽然可以有效解决势过估的问题，但同时也会带来量测新息弱化的问题，针对该问题，本节介绍一种改进的 MeMBer 滤波[81]。

3.4.1　量测新息弱化问题

考虑一个简单的例子，假设杂波强度 $\kappa_k(z)\approx 0$，目标之间相距较远，且已知目标与量测之间的关联情况。假设 z 是目标 s 的量测，即

$$\langle p_{k|k-1}^{(i)}, \psi_{k,z}\rangle \approx 0 \text{ , } i\in[1, M_{k|k-1}], i\neq s \tag{3-40}$$

则式(2-51)可重写为

$$r_{U,k}^{*}(z) \approx \frac{\dfrac{r_{k|k-1}^{(s)}(1-r_{k|k-1}^{(s)})\langle p_{k|k-1}^{(s)}, \psi_{k,z}\rangle}{(1-r_{k|k-1}^{(s)}\langle p_{k|k-1}^{(s)}, p_{D,k}\rangle)^2}}{\dfrac{r_{k|k-1}^{(s)}\langle p_{k|k-1}^{(s)}, \psi_{k,z}\rangle}{1-r_{k|k-1}^{(s)}\langle p_{k|k-1}^{(s)}, p_{D,k}\rangle}} = \frac{1-r_{k|k-1}^{(s)}}{(1-r_{k|k-1}^{(s)}\langle p_{k|k-1}^{(s)}, p_{D,k}\rangle)} \tag{3-41}$$

由式(2-38)可得

$$r_{U,k}^{*}(z) = 1 - r_{L,k}^{(s)} \tag{3-42}$$

由式(3-42)可以看出，CBMeMBer 滤波在计算量测更新多伯努利 RFS 时需要用到漏检目标的信息，当漏检目标的存在概率接近于 1 时，即使其量测位于预测状态附近，量测更新的存在概率也几乎为 0，即量测新息被弱化了。

另一方面，上述问题会增大目标漏检对势分布估计的影响。假设对应于目标 s 的 $r_{L,k}^{(s)}$ 和 $r_{U,k}^{*}(z)$ 均大于修剪门限，则 $k+1$ 时刻预测的存在概率 $r_{k+1|k}^{*(s)}$ 可写为两部分的求和形式，即

$$r_{k+1|k}^{*(s)} = r_{U,k+1|k}^{*}(z) + r_{L,k+1|k}^{(s)} \tag{3-43}$$

在量测更新阶段，令 $r_{k+1|k}^{(i)} = r_{U,k+1|k}^{*}(z)$，$r_{k+1|k}^{(j)} = r_{L,k+1|k}^{(s)}$，则有

$$r_{k+1|k}^{*(s)} = r_{k+1|k}^{(i)} + r_{k+1|k}^{(j)} \tag{3-44}$$

由于这两部分权重对应于同一个目标，因此有

$$P_D = \langle p_{k|k-1}^{(i)}, p_{D,k}\rangle \approx \langle p_{k|k-1}^{(j)}, p_{D,k}\rangle \tag{3-45}$$

根据式(2-38)可得

$$\begin{aligned} r_{L,k+1}^{(i)} + r_{L,k+1}^{(j)} &= r_{k|k-1}^{(i)}\frac{1-P_D}{1-r_{k|k-1}^{(i)}P_D} + r_{k|k-1}^{(j)}\frac{1-P_D}{1-r_{k|k-1}^{(j)}P_D} \\ &\leqslant r_{k|k-1}^{(i)}\frac{1-P_D}{1-r_{k|k-1}^{(i)}P_D - r_{k|k-1}^{(j)}P_D} + r_{k|k-1}^{(j)}\frac{1-P_D}{1-r_{k|k-1}^{(i)}P_D - r_{k|k-1}^{(j)}P_D} \\ &= (r_{k+1|k}^{(i)} + r_{k+1|k}^{(j)})\frac{1-P_D}{1-(r_{k+1|k}^{(i)} + r_{k+1|k}^{(j)})P_D} \\ &= r_{L,k+1}^{*(s)} \end{aligned} \tag{3-46}$$

由式(3-46)可以看出，由于同一目标对应航迹假设的预测权重被分成了两部分，其量

测更新权重之和小于真实值，因此，当目标发生漏检时，对应权重的减小量会被放大，导致目标丢失。

CBMeMBer 滤波通过改变 $r_{U,k}^{*}(z)$，使其最大值随 $r_{L,k}^{(i)}$ 而变化，以解决目标数过估问题，但这并未从本质上解决问题，即漏检部分的存在概率 $r_{L,k}^{(i)}$ 中仍然没有包含量测信息。因此，当预测状态附近存在量测，且 $r_{k|k-1}^{(i)}$ 较大时，$r_{L,k}^{(i)}$ 会获得较大的值，而修正后的 $r_{U,k}^{*}(z)$ 则会获得较小的值，此时量测新息的作用被弱化了。

3.4.2 存在概率修正的 MeMBer 滤波

针对上述问题，本节介绍一种存在概率修正的 MeMBer(IMeMBer)滤波，该算法不再对 $r_{U,k}(z)$进行修正，而是通过在 $r_{L,k}^{(i)}$ 的计算式中引入量测信息，使得当预测状态附近存在量测时，$r_{L,k}^{(i)}$ 不再获得较大的值，从而解决目标数过估问题。令 $g_{k,\text{Missed}}^{(i)}(z|\boldsymbol{x}_{k|k-1}^{(i)})$表示目标漏检概率，式(2-38)可改写为

$$r_{L,k}^{(i)}=r_{k|k-1}^{(i)}\frac{1-\langle p_{k|k-1}^{(i)}, p_{D,k}\rangle}{1-r_{k|k-1}^{(i)}\langle p_{k|k-1}^{(i)}, p_{D,k}\rangle}g_{k,\text{Missed}}^{(i)}(z \mid \boldsymbol{x}_{k|k-1}^{(i)}) \tag{3-47}$$

假设目标之间相距较远，目标 i 附近的量测只可能来自目标 i，不可能来自其他目标，则目标被检测到的概率可近似表示为

$$g_{k,\text{Detected}}^{(i)}(z|\boldsymbol{x}_{k|k-1}^{(i)})\approx\frac{\sum_{z\in Z_k}\langle p_{k|k-1}^{(i)}, \psi_{k,z}\rangle}{\kappa_k(z)+\sum_{z\in Z_k}\langle p_{k|k-1}^{(i)}, \psi_{k,z}\rangle} \tag{3-48}$$

因此，目标漏检概率为

$$\begin{aligned}g_{k,\text{Missed}}^{(i)}(z|\boldsymbol{x}_{k|k-1}^{(i)})&=1-g_{k,\text{Detected}}^{(i)}(z|\boldsymbol{x}_{k|k-1}^{(i)})\\&\approx\frac{\kappa_k(z)}{\kappa_k(z)+\sum_{z\in Z_k}\langle p_{k|k-1}^{(i)}, \psi_{k,z}\rangle}\end{aligned} \tag{3-49}$$

由式(3-47)可以看出，当预测状态附近存在量测时，其漏检部分的存在概率 $r_{L,k}^{(i)}$ 不会再获得较大的值，目标数过估问题得以解决。值得注意的是，式(3-48)成立的条件是目标之间必须具有一定的分离度，否则目标 i 附近即使存在量测，该目标也可能被漏检，因为这些量测可能来自于其他目标。因此，需要在量测更新前增加一个判断步骤。IMeMBer 滤波的流程图如图 3-10 所示。

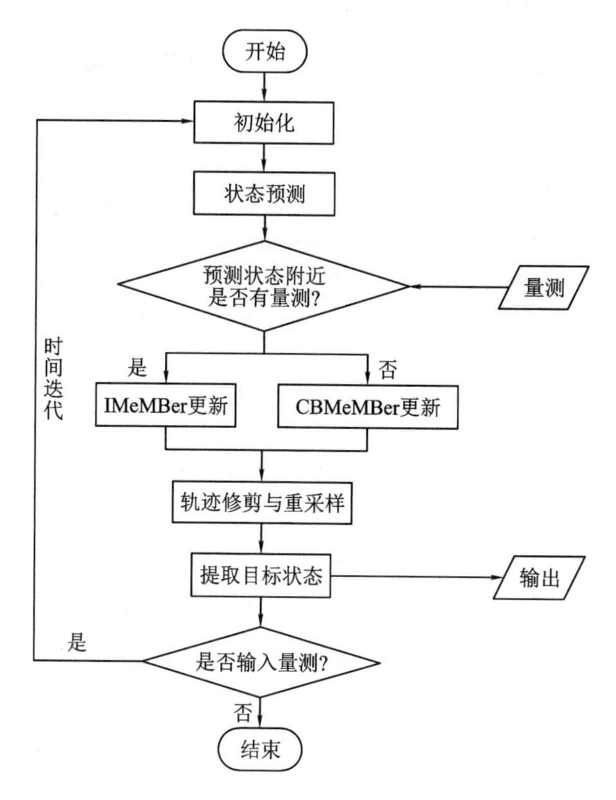

图 3-10　IMeMBer 滤波的流程图

改进算法的 SMC 实现过程如下：

(1) 预测：

与 CBMeMBer 滤波相同。

(2) 判断：

假设 k 时刻的预测多伯努利 RFS 的概率密度为 $\pi_{k|k-1}=\{(r_{k|k-1}^{(i)}, p_{k|k-1}^{(i)})\}_{i=1}^{M_{k|k-1}}$，且 $p_{k|k-1}^{(i)}$ 可以表示为粒子加权求和形式，即

$$p_{k|k-1}^{(i)}(\boldsymbol{x})=\sum_{j=1}^{L_{k|k-1}^{(i)}} w_{k|k-1}^{(i,j)}\delta(\boldsymbol{x}-\boldsymbol{x}_{k|k-1}^{(i,j)}) \tag{3-50}$$

对于每一个存在概率大于门限(如 0.5)的 $p_{k|k-1}^{(i)}(\boldsymbol{x})$，计算其均值和协方差：

$$\boldsymbol{m}_{k|k-1}^{(i)}=\frac{1}{L_{k|k-1}^{(i)}}\sum_{j=1}^{L_{k|k-1}^{(i)}} \boldsymbol{x}_{k|k-1}^{(i,j)} \tag{3-51}$$

$$\boldsymbol{P}_{k|k-1}^{(i)}=\frac{1}{L_{k|k-1}^{(i)}}\sum_{j=1}^{L_{k|k-1}^{(i)}}(\boldsymbol{x}_{k|k-1}^{(i,j)}-\boldsymbol{m}_{k|k-1}^{(i)})(\boldsymbol{x}_{k|k-1}^{(i,j)}-\boldsymbol{m}_{k|k-1}^{(i)})^{\mathrm{T}} \tag{3-52}$$

如果存在至少一个$\boldsymbol{m}_{k|k-1}^{(j)}$，$i\neq j$，使得$|\boldsymbol{m}_{k|k-1}^{(i)}-\boldsymbol{m}_{k|k-1}^{(j)}|<|\boldsymbol{P}_{k|k-1}^{(i)}|^{1/2}+|\boldsymbol{P}_{k|k-1}^{(j)}|^{1/2}$成立，则采用 CBMeMBer 滤波中的更新步骤进行更新。否则转到下一步。

(3) 更新：

修正的更新多伯努利 RFS 的概率密度为

$$\pi_k=\{(r_{L,k}^{(i)},\ p_{L,k}^{(i)})\}_{i=1}^{M_{k|k-1}}\cup\{(r_{U,k}(\boldsymbol{z}),\ p_{U,k}(\cdot;\ \boldsymbol{z}))\}_{z\in Z_k} \tag{3-53}$$

式中：

$$r_{L,k}^{(i)}=r_{k|k-1}^{(i)}\frac{(1-\rho_{L,k}^{(i)})\kappa_k(\boldsymbol{z})}{(1-r_{k|k-1}^{(i)}\rho_{L,k}^{(i)})[\kappa_k(\boldsymbol{z})+\sum_{z\in Z_k}\rho_{U,k}^{(i)}(\boldsymbol{z})]} \tag{3-54}$$

$$p_{L,k}^{(i)}(\boldsymbol{x})=\sum_{j=1}^{L_{k|k-1}^{(i)}}\tilde{w}_{L,k}^{(i,j)}\delta(\boldsymbol{x}-\boldsymbol{x}_{k|k-1}^{(i,j)}) \tag{3-55}$$

$$r_{U,k}(\boldsymbol{z})=\frac{\sum_{i=1}^{M_{k|k-1}}\frac{r_{k|k-1}^{(i)}\rho_{U,k}^{(i)}(\boldsymbol{z})}{1-r_{k|k-1}^{(i)}\rho_{L,k}^{(i)}}}{\kappa_k(\boldsymbol{z})+\sum_{i=1}^{M_{k|k-1}}\frac{r_{k|k-1}^{(i)}\rho_{U,k}^{(i)}(\boldsymbol{z})}{1-r_{k|k-1}^{(i)}\rho_{L,k}^{(i)}}} \tag{3-56}$$

$$p_{U,k}(\boldsymbol{x};\boldsymbol{z})=\sum_{i=1}^{M_{k|k-1}}\sum_{j=1}^{L_{k|k-1}^{(i)}}w_{U,k}^{(i,j)}(\boldsymbol{z})\delta(\boldsymbol{x}-\boldsymbol{x}_{k|k-1}^{(i,j)}) \tag{3-57}$$

$$\rho_{L,k}^{(i)}=\sum_{j=1}^{L_{k|k-1}^{(i)}}w_{k|k-1}^{(i,j)}p_{D,k}(\boldsymbol{x}_{k|k-1}^{(i,j)}) \tag{3-58}$$

$$\tilde{w}_{L,k}^{(i,j)}=\frac{w_{L,k}^{(i,j)}}{\sum_{j=1}^{L_{k|k-1}^{(i)}}w_{L,k}^{(i,j)}} \tag{3-59}$$

$$w_{L,k}^{(i,j)}=w_{k|k-1}^{(i,j)}(1-p_{D,k}(\boldsymbol{x}_{k|k-1}^{(i,j)})) \tag{3-60}$$

$$\rho_{U,k}^{(i)}(\boldsymbol{z})=\sum_{j=1}^{L_{k|k-1}^{(i)}}w_{k|k-1}^{(i,j)}\psi_{k,z}(\boldsymbol{x}_{k|k-1}^{(i,j)}) \tag{3-61}$$

$$\tilde{w}_{U,k}^{(i,j)}(\boldsymbol{z})=\frac{w_{U,k}^{(i,j)}(\boldsymbol{z})}{\sum_{i=1}^{M_{k|k-1}}\sum_{j=1}^{L_{k|k-1}^{(i)}}w_{U,k}^{(i,j)}(\boldsymbol{z})} \tag{3-62}$$

$$w_{U,k}^{(i,j)}(z)=w_{k|k-1}^{(i,j)}\frac{r_{k|k-1}^{(i)}\psi_{k,z}(x_{k|k-1}^{(i,j)})}{1-r_{k|k-1}^{(i)}\rho_{L,k}^{(i)}} \tag{3-63}$$

重采样和状态提取步骤与 CBMeMBer 滤波相同。由式(3-56)可以看出，量测更新权重 $r_{U,k}(z)$不再与 $r_{L,k}^{(i)}$ 有关，当目标附近存在量测时，只有 $r_{U,k}(z)$起作用，$r_{L,k}^{(i)}$ 几乎可以忽略；而当目标附近没有量测时，只有 $r_{L,k}^{(i)}$ 起作用，$r_{U,k}(z)$几乎可以忽略。因此，同一目标对应的权重不会再被分成两个部分，目标漏检问题得以有效解决。

3.4.3 仿真实验与分析

为了验证本节算法的有效性，实验中比较了 IMeMBer 滤波与 CBMeMBer 滤波的跟踪性能。两种算法均采用高斯粒子实现，每个高斯项采用 500 个粒子近似。跟踪场景与 3.2 节相同。实验结果如图 3-11～图 3-13 所示。

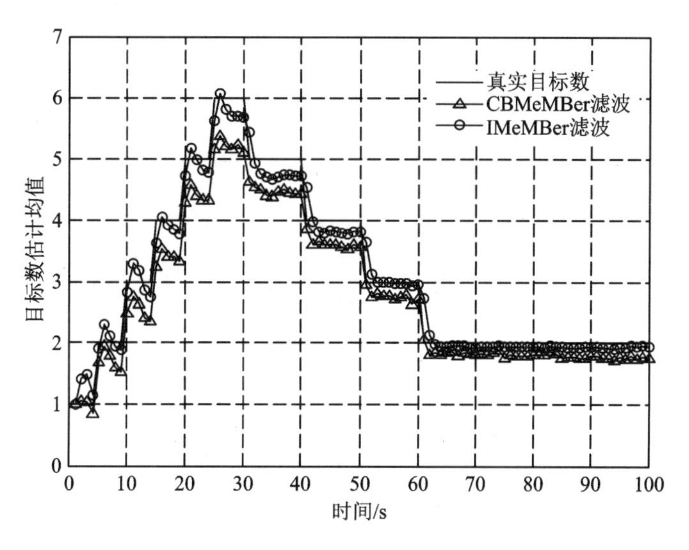

图 3-11　目标数估计均值

图 3-11 给出了目标数的平均估计结果，图 3-12 给出了目标数估计的均方根误差，图 3-13 给出了两种算法的 OSPA 距离比较。可以看出，改进的 IMeMBer 滤波器获得了更准确的目标数估计结果，具有较小的 OSPA 距离。这是因为改进算法在漏检目标的多伯努利 RFS 中引入了量测信息，有效解决了 CBMeMBer 滤波中的目标漏检问题。值得注意的是，当目标消失时，改进算法的 OSPA 距离大于 CBMeMBer 滤波。这是因为当目标发生漏检时，改进算法的目标数估计不会立刻减小，而是会经历一个缓慢变小的过程。这一特点固然有利于目标漏检时的航迹维持，但由于目标漏检和目标消失在短时间内无法区分，改

进算法需要耗费更多的时间去终止一段航迹。因此，对于目标出现和消失非常频繁的情况，改进算法并不十分有效。

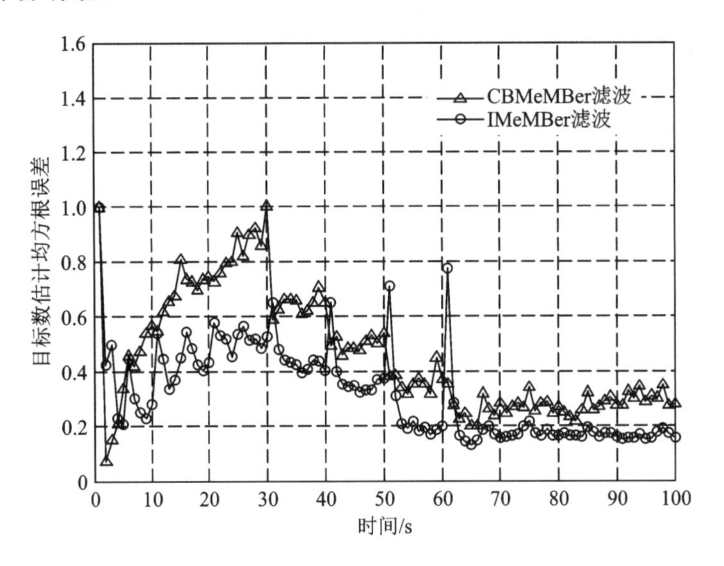

图 3-12　目标数估计均方根误差

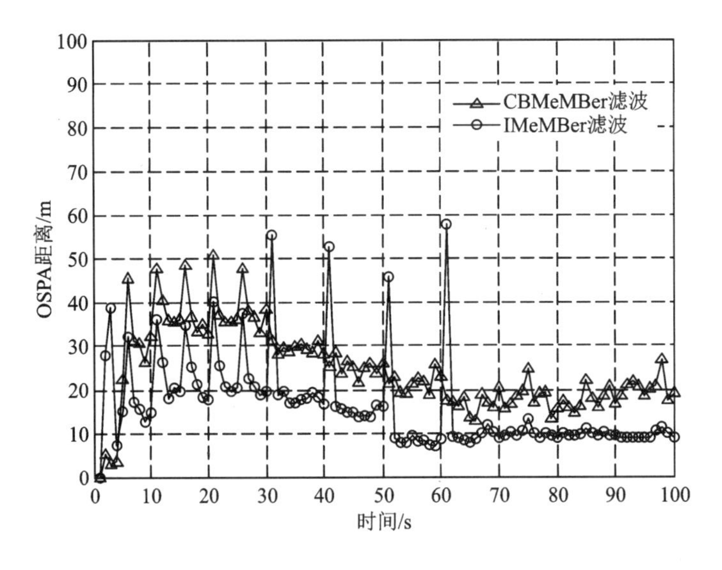

图 3-13　OSPA 距离

3.5 本章小结

本章针对标准 PHD 滤波、CPHD 滤波、MeMBer 滤波存在的一些问题，分别介绍了相应的改进算法。这些算法在一定程度上改善了多目标跟踪的性能，拓展了随机有限集滤波的应用范围。但其工程化应用却因随机有限集滤波的本质缺陷而受到限制。例如，随机有限集滤波无法提供目标航迹信息，以及需要提前设置与跟踪环境匹配的相关参数等。本书的第 5 章和第 7 章将详细讨论这些问题。

第 4 章 随机有限集机动目标跟踪方法

4.1 引 言

随着武器装备的快速发展，现代战斗机的机动性和敏捷性均有大幅提升，未来机动目标跟踪技术[144-146]将成为高科技战争中不可缺少的部分。将目标跟踪方法与 MM[147] 和 IMM[148] 相结合，是实现机动目标跟踪的常规方式，但其会受到模型数量和模型参数的影响。例如，较少的模型难以准确描述目标运动模型，较多的模型又会增加计算负担，不准确的模型转移概率也会增加跟踪误差等。值得注意的是，传统多目标跟踪方法输出的是某一关联事件对应的滤波结果，而随机有限集滤波输出的则是所有关联事件的融合滤波结果。因此，当模型不匹配时，后者与 MM 和 IMM 相结合能够更稳定地跟踪机动目标。本章针对随机有限集滤波在与 MM 和 IMM 结合过程中存在的一些问题，例如如何将模型索引加入到目标状态中，如何描述由模型变换引起的目标数变化，如何实现模型之间信息交互，以及因模型概率过小导致模型粒子退化等，提出了一系列解决方法，包括多模型粒子 CPHD 滤波、多模型粒子 CBMeMBer 滤波以及交互多模型粒子 PHD 滤波等。

4.2 多模型粒子 PHD 滤波

4.2.1 多模型粒子滤波

迄今为止，MM 算法被认为是解决机动目标跟踪问题最为有效的方法之一[66, 122, 149-151]，下面结合 MM 算法和随机有限集理论的优点研究多模型随机有限集滤波算法，以实现未知数目的多机动目标跟踪。

假设一个随机非线性混合系统如下：

$$\boldsymbol{x}_k = f(\boldsymbol{x}_{k-1}, m_k) + \boldsymbol{w}_{k-1}^{m_k} \tag{4-1}$$

$$\boldsymbol{z}_k = h(\boldsymbol{x}_k, m_k) + \boldsymbol{v}_k^{m_k} \tag{4-2}$$

式中：$\boldsymbol{x}_k$ 和$\boldsymbol{z}_k$ 分别为 k 时刻的状态和量测；$\boldsymbol{w}_{k-1}^{m_k}$ 和$\boldsymbol{v}_k^{m_k}$ 均为零均值高斯白噪声，且相互独立，协方差分别为$\boldsymbol{Q}_{k-1}^{m_k}$ 和$\boldsymbol{R}_k^{m_k}$；m_k 为系统在 k 时刻的模型索引。

模型之间的转移概率为

$$h_{ab} = P_m\{m_{k+1} = b \mid m_k = a\} \tag{4-3}$$

式中：$a, b \in \mathcal{M}$为模型索引，$\mathcal{M}=\{1, 2, \cdots, M\}$ 为模型状态转移空间，M 为模型数目，且满足$\sum_{b=1}^{M} h_{ab} = 1$。

多模型粒子滤波[152-153]的主要思想是基于贝叶斯理论，在多模型算法的基础上，采用含有模型信息的粒子群来近似目标状态的后验概率密度 $p(\boldsymbol{x}_k, m_k \mid Z_{1:k})$，即

$$p(\boldsymbol{x}_k, m_k \mid Z_{1:k}) = \sum_{i=1}^{N} w_k^{(i)} \delta(\boldsymbol{x} - \boldsymbol{x}_k^{(i)}) \delta(m - m_k^{(i)}) \tag{4-4}$$

式中：$w_k^{(i)}$ 为粒子权重，N 为粒子数。

多模型粒子滤波的过程可概括如下：

(1) 混合：

假设已知马尔可夫转移概率和 $k-1$ 时刻的更新概率密度 $p(\boldsymbol{x}_{k-1}, m_{k-1} \mid Z_{1:k-1})$，则 k 时刻各个模型的初始概率密度可表示为

$$p(\boldsymbol{x}_{k-1}, m_k = b \mid Z_{1:k-1}) = \sum_{a=1}^{M} h_{ab} p(\boldsymbol{x}_{k-1}, m_{k-1} = a \mid Z_{1:k-1}),\ b = 1, 2, \cdots, M \tag{4-5}$$

(2) 预测：

已知每个模型的初始概率密度，则各个模型的预测概率密度可表示为

$$p(\boldsymbol{x}_k, m_k \mid Z_{1:k-1}) = \int p(\boldsymbol{x}_k \mid \boldsymbol{x}_{k-1}, m_k) p(\boldsymbol{x}_{k-1}, m_k \mid Z_{1:k-1}) \mathrm{d}\boldsymbol{x}_{k-1} \tag{4-6}$$

式中：$p(\boldsymbol{x}_k \mid \boldsymbol{x}_{k-1}, m_k)$为模型 m_k 的状态转移函数。

(3) 更新：

当获得 k 时刻的量测时，则更新概率密度可表示为

$$p(\boldsymbol{x}_k, m_k \mid Z_{1:k}) = \frac{g_k(\boldsymbol{z}_k \mid \boldsymbol{x}_k, m_k) p(\boldsymbol{x}_k, m_k \mid Z_{1:k-1})}{p(\boldsymbol{z}_k \mid Z_{1:k-1})} \tag{4-7}$$

$$p(\boldsymbol{z}_k \mid Z_{1:k-1}) = \sum_{b=1}^{M} \int g_k(\boldsymbol{z}_k \mid \boldsymbol{x}_k, m_k) p(\boldsymbol{x}_k, m_k = b \mid Z_{1:k-1}) \mathrm{d}\boldsymbol{x}_k \tag{4-8}$$

式中：$g_k(\boldsymbol{z}_k \mid \boldsymbol{x}_k, m_k)$为似然函数。由于量测与模型之间相互独立，因此 $g_k(\boldsymbol{z}_k \mid \boldsymbol{x}_k, m_k) =$

$g_k(\boldsymbol{z}_k|\boldsymbol{x}_k)$。

4.2.2 MM-PHD 滤波

针对目标数变化的多机动目标跟踪问题，传统方法主要是采用 MM 算法与数据关联算法相结合，虽然可以实现对多机动目标的跟踪，但计算代价会随着量测数的增加呈“爆炸式”增长，不利于实际工程应用。此外，在复杂环境下，如目标之间距离较近或发生交叉时，很难正确关联目标与量测，导致目标漏跟或错跟。针对该问题，结合 PHD 滤波和 MM 算法的优点，文献[66]提出了一种 MM-PHD 滤波，实现了复杂环境下目标数变化的多机动目标跟踪。该算法具体如下：

假设 $k-1$ 时刻目标的更新强度为 $\nu_{k-1}(\boldsymbol{x}_{k-1}, m_{k-1}|Z_{1:k-1})$，且可由带权重的粒子集合 $\{\boldsymbol{x}_{k-1}^{(i)}, m_{k-1}^{(i)}\}_{i=1}^{L_{k-1}}$ 表示如下：

$$\nu_{k-1}(\boldsymbol{x}_{k-1}, m_{k-1}|Z_{1:k-1}) = \sum_{i=1}^{L_{k-1}} w_{k-1}^{(i)} \delta(\boldsymbol{x} - \boldsymbol{x}_{k-1}^{(i)}) \delta(m - m_{k-1}^{(i)}) \tag{4-9}$$

式中：m_{k-1} 为模型索引；L_{k-1} 为存活粒子数；$w_{k-1}^{(i)}$ 为粒子权重。

与传统的多模型粒子滤波不同，此处粒子的权重之和等于 $k-1$ 时刻的目标数期望值 $\hat{N}_{k-1}$，并不等于 1。同时，包含某一模型索引的粒子权重之和可近似反映出目标的模型概率。

MM-PHD 滤波过程如下：

(1) 预测：

MM-PHD 滤波在预测目标状态的同时需要对模型进行预测。假设 $\alpha_k(\cdot|m_{k-1})$ 和 $\beta_k(\cdot)$ 分别表示存活目标和新生目标的模型重要性密度函数，则 k 时刻粒子的模型索引可按下式进行采样：

$$m_{k|k-1}^{(i)} \sim \begin{cases} \alpha_k(\cdot|m_{k-1}), & i=1, \cdots, L_{k-1} \\ \beta_k(\cdot), & i=L_{k-1}+1, \cdots, L_{k-1}+J_k \end{cases} \tag{4-10}$$

模型预测强度可由带权重的粒子表示如下：

$$\nu_{k|k-1}(\boldsymbol{x}_{k-1}, m_k|Z_{1:k-1}) = \sum_{i=1}^{L_{k-1}+L_{\gamma,k}} \overline{w}_{k|k-1}^{(i)} \delta(\boldsymbol{x} - \boldsymbol{x}_{P,k|k-1}^{(i)}) \delta(m - m_{k|k-1}^{(i)}) \tag{4-11}$$

$$\overline{w}_{k|k-1}^{(i)} = \begin{cases} \dfrac{f_{k|k-1}(m_{k|k-1}^{(i)}|m_{k-1}^{(i)})}{\pi_k(m_{k|k-1}^{(i)}|m_{k-1}^{(i)})} w_{k-1}^{(i)}, & i=1, \cdots, L_{k-1} \\ \dfrac{\theta_k(m_{k|k-1}^{(i)})}{L_{\gamma,k}\beta_k(m_{k|k-1}^{(i)})}, & i=L_{k-1}+1, \cdots, L_{k-1}+L_{\gamma,k} \end{cases} \tag{4-12}$$

式中：$f_{k|k-1}(m_{k|k-1}^{(i)}|m_{k-1}^{(i)})$为存活粒子的模型转移概率，$\theta_k(m_{k|k-1}^{(i)})$为新生粒子的模型概率，$L_{\gamma,k}$ 为新生粒子数。

假设 $q_k(\cdot|\boldsymbol{x}_{k-1}, m_{k|k-1}, Z_k)$和 $b_k(\cdot|m_{k|k-1}, Z_k)$分别表示存活目标和新生目标状态的重要性密度函数，则 k 时刻的预测强度可表示为

$$\nu_{k|k-1}(\boldsymbol{x}_k, m_k|Z_{1:k-1})=\sum_{i=1}^{L_{k-1}+L_{\gamma,k}} w_{k|k-1}^{(i)}\delta(\boldsymbol{x}_k-\boldsymbol{x}_{k|k-1}^{(i)})\delta(m_k-m_{k|k-1}^{(i)}) \tag{4-13}$$

$$w_{k|k-1}^{(i)}=\begin{cases}\dfrac{\gamma_k(\boldsymbol{x}_{\gamma,k|k-1}^{(i)}|m_{k|k-1}^{(i)})}{b_k(\boldsymbol{x}_{\gamma,k|k-1}^{(i)}|m_{k|k-1}^{(i)}, Z_k)}\overline{w}_{k|k-1}^{(i)}, & i=L_{k-1}+1, \cdots, L_{k-1}+L_{\gamma,k}\\ \dfrac{p_{S,k|k-1}(\boldsymbol{x}_{k|k-1}^{(i)})f_{k|k-1}(\boldsymbol{x}_{P,k|k-1}^{(i)}|\boldsymbol{x}_{k-1}^{(i)}, m_{k|k-1}^{(i)})}{q_k(\boldsymbol{x}_{P,k|k-1}^{(i)}|\boldsymbol{x}_{k-1}^{(i)}, m_{k|k-1}^{(i)}, Z_k)}\overline{w}_{k|k-1}^{(i)}, & i=1, \cdots, L_{k-1}\end{cases} \tag{4-14}$$

式中：$f_{k|k-1}(\cdot|\cdot)$为存活目标的状态转移函数；$\gamma_k(\cdot)$为新生目标在该模型下的强度；$p_{S,k|k-1}(\cdot)$为粒子存活概率。

(2) 更新：

若已知 k 时刻的量测集 Z_k，则粒子权重可按下式进行更新：

$$w_k^{(i)}=\left[1-p_{D,k}(\boldsymbol{x}_k^{(i)})+\sum_{z\in Z_k}\frac{\psi_{k,z}(\boldsymbol{x}_k^{(i)}, m_k^{(i)})}{\kappa_k(\boldsymbol{z})+\sum_{i=1}^{L_{k|k-1}}\psi_{k,z}(\boldsymbol{x}_k^{(i)}, m_k^{(i)})w_{k|k-1}^{(i)}}\right]w_{k|k-1}^{(i)} \tag{4-15}$$

$$\psi_{k,z}(\boldsymbol{x}_k^{(i)})=p_{D,k}(\boldsymbol{x}_k^{(i)})g_k(\boldsymbol{z}|\boldsymbol{x}_k^{(i)}, m_k^{(i)}) \tag{4-16}$$

式中：$p_{D,k}(\cdot)$为检测概率，$g_k(\cdot|\cdot)$为似然函数，$\kappa_k(\cdot)$为杂波强度。

(3) 重采样：

未归一化的粒子权重之和并不等于 1，而是等于目标数的期望值，即

$$\hat{N}_k=\sum_{i=1}^{L_{k|k-1}} w_k^{(i)} \tag{4-17}$$

在重采样时，要对粒子权重按目标数期望进行归一化，保证重采样后的粒子权重之和仍为 $\hat{N}_k$。设重采样后的粒子集合为$\{w_k^{(i)}, \boldsymbol{x}_k^{(i)}, m_k^{(i)}\}_{i=1}^{L_k}$，则 k 时刻的更新强度可表示为

$$\nu_k(\boldsymbol{x}_k, m_k|Z_{1:k})=\sum_{i=1}^{L_{k|k-1}} w_k^{(i)}\delta(\boldsymbol{x}-\boldsymbol{x}_k^{(i)})\delta(m-m_k^{(i)}) \tag{4-18}$$

4.3　多模型粒子 CPHD 滤波

本节介绍一种多模型粒子 CPHD 滤波，该算法针对目标数变化的多机动目标跟踪问

题，通过将 MM 算法与粒子 CPHD 滤波相结合，可有效解决目标数估计不准确的问题，提高跟踪精度。

4.3.1　问题描述

在 MM-PHD 滤波中，由于 PHD 滤波传播的是多目标概率密度的一阶矩，舍弃了高阶统计信息，导致低信噪比下目标数估计不稳定。此外，PHD 滤波中的目标数采用泊松分布近似，由于泊松分布的均值和协方差是相等的，因此，当目标数较大时，PHD 滤波的目标数估计的协方差也会变大。然而，将 MM 算法与粒子 CPHD 滤波相结合，可有效解决杂波环境下多机动目标中的跟踪势估计不稳定问题。但由于 MM 算法需要通过马尔可夫转移矩阵描述多个运动模型之间的切换过程，因此为了描述结合过程中由模型切换引起的目标数变化，需要利用势分布构建一个用于描述不同模型之间目标数的转移过程的马尔可夫转移矩阵，以获得该模型下的势分布。

4.3.2　MM-CPHD 滤波

由于 CPHD 滤波放宽了目标数服从泊松分布的限制，且可以联合估计描述目标状态的强度和势分布，从而提高了算法对目标状态和目标数的估计精度。本节在 MM-PHD 滤波的基础上，介绍一种 MM-CPHD 滤波，以提高算法对目标数变化情况下多机动目标的跟踪精度。该算法的流程图如图 4－1 所示。

MM-CPHD 滤波的过程如下：

（1）预测：

多模型粒子 CPHD 滤波的预测过程中的预测强度与 MM-PHD 滤波的相似，在 $k-1$ 时刻，假设已知每个模型的目标更新强度 $\nu_{k-1}(\boldsymbol{x}_{k-1}, m_{k-1}|Z_{1:k-1})$ 和势分布 $\rho_{k-1}(n, m_{k-1})$，且 $\nu_{k-1}(\boldsymbol{x}_{k-1}, m_{k-1}|Z_{1:k-1})$ 可由带权重的粒子表示，其表达式与式(4－9)相同，则预测强度 $\nu_{k|k-1}(\boldsymbol{x}_k, m_k|Z_{1:k-1})$ 可根据式(4－10)～式(4－14)得到。

势分布的预测方程表示为

$$\rho_{k|k-1}(n, m_k)=\sum_{n'=0}^{\infty}\rho_{k-1|k-1}(n', m_{k-1})\boldsymbol{M}(n, n') \tag{4-19}$$

式中：$\boldsymbol{M}(n, n')$ 为一个马尔可夫转移矩阵，可表示为

$$\boldsymbol{M}(n, n')=\sum_{l=0}^{\min\{n, n'\}} p_{\text{birth}}(n-l)C_{n'}^{l}(p_{S,k})^{l}(1-p_{S,k})^{n'-l} \tag{4-20}$$

式中：$p_{S,k}$ 为目标的存活概率，$p_{\text{birth}}(n-l)$ 为 $k-1$ 时刻到 k 时刻新生 $n-l$ 个目标的概率。

（2）更新：

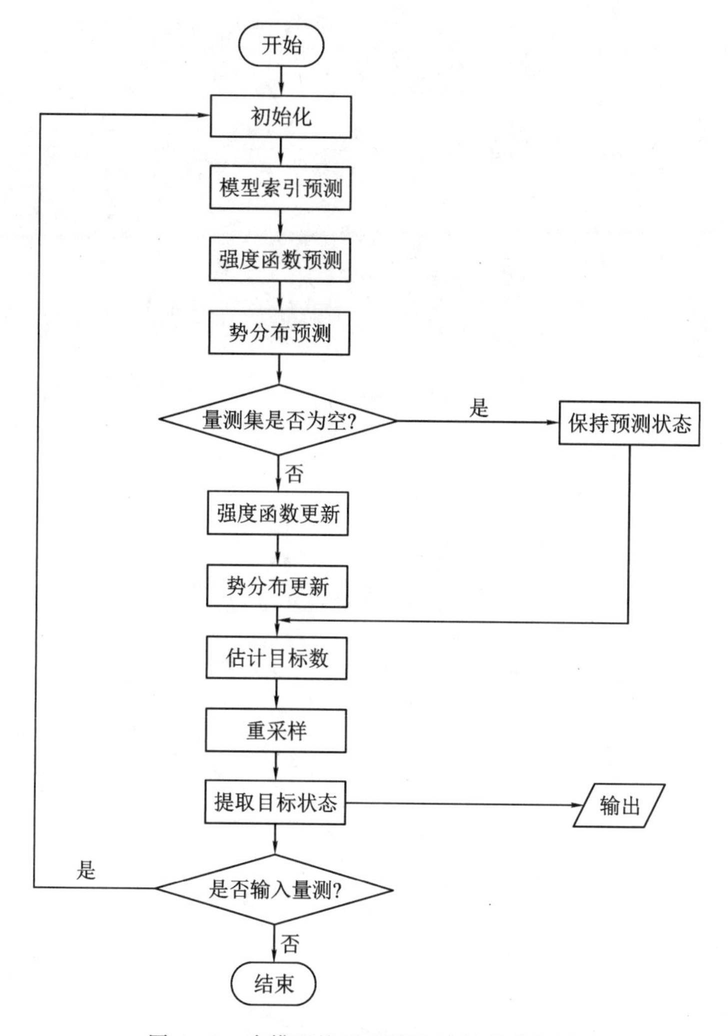

图 4-1　多模型粒子 CPHD 滤波的流程图

更新过程需要同时更新目标的强度函数和势分布。在 $k-1$ 时刻，假设已知目标的预测强度函数 $\nu_{k|k-1}(\boldsymbol{x}_k, m_k|Z_{1:k-1})$ 和势分布 $\rho_{k|k-1}(n, m_k)$，且 $\nu_{k|k-1}(\boldsymbol{x}_k, m_{k|k-1}|Z_{1:k-1})$ 可由粒子集 $\{w_{k|k-1}^{(i)}, \boldsymbol{x}_{k|k-1}^{(i)}, m_{k|k-1}^{(i)}\}_{i=1}^{L_{k|k-1}}$ 表示为

$$\nu_{k|k-1}(\boldsymbol{x}_k, m_k|Z_{1:k-1}) = \sum_{i=1}^{L_{k|k-1}} w_{k|k-1}^{(i)}\delta(\boldsymbol{x}-\boldsymbol{x}_{k|k-1}^{(i)})\delta(m-m_{k|k-1}^{(i)}) \tag{4-21}$$

式中：$L_{k|k-1}$ 为预测粒子数，且 $L_{k|k-1}=L_{k-1}+L_{\gamma,k}$，则当获得最新量测时，可根据 SMC-CPHD 的更新过程对每一个粒子的权重进行更新，粒子的模型信息不变。具体如下：

$$w_k^{(i)}=w_{k|k-1}^{(i)}(1-p_{D,k}(\boldsymbol{x}_k^{(i)}))\frac{\langle \Psi_k^1[\boldsymbol{w}_{k|k-1};Z_k],\rho_{k|k-1}\rangle}{\langle \Psi_k^0[\boldsymbol{w}_{k|k-1};Z_k],\rho_{k|k-1}\rangle}+$$

$$w_{k|k-1}^{(i)}\sum_{z\in Z_k}p_{D,k}(\boldsymbol{x}_k^{(i)})g_k(\boldsymbol{z}|\boldsymbol{x}_k^{(i)})\frac{\langle 1,\kappa_k\rangle}{\kappa_k(z)}\frac{\langle \Psi_k^1[\boldsymbol{w}_{k|k-1};Z_k\backslash\{\boldsymbol{z}\}],\rho_{k|k-1}\rangle}{\langle \Psi_k^0[\boldsymbol{w}_{k|k-1};Z_k],\rho_{k|k-1}\rangle} \tag{4-22}$$

式中：

$$\Psi_k^u[w,Z](n)=\sum_{j=0}^{\min(|Z|,n)}(|Z|-j)!\ \rho_{\kappa,k}(|Z|-j)P_{j+u}^n\frac{\langle \mathbf{1}_{L_{k|k-1}\times 1}-\boldsymbol{p}_{D,k}^{(1:L_{k|k-1})},w\rangle^{n-(j+u)}}{\langle 1,w\rangle^u}e_j(\Lambda_k(w,Z)) \tag{4-23}$$

$$\Lambda_k(w,Z)=\{\langle w,\psi_{k,z}^{(1:L_{k|k-1})}\rangle:\boldsymbol{z}\in Z\} \tag{4-24}$$

$$\boldsymbol{w}_{k|k-1}=[w_{k|k-1}^{(1)},\cdots,w_{k|k-1}^{(J_{k|k-1})}]^{\mathrm{T}} \tag{4-25}$$

$$\boldsymbol{p}_{D,k}^{(1:L_{k|k-1})}=[p_{D,k}(\boldsymbol{x}_k^{(1)}),\cdots,p_{D,k}(\boldsymbol{x}_k^{(L_{k|k-1})})]^{\mathrm{T}} \tag{4-26}$$

$$\boldsymbol{\psi}_{k,z}^{(1:L_{k|k-1})}=\frac{\langle 1,\kappa_k\rangle}{\kappa_k(\boldsymbol{z})}[g_k(\boldsymbol{z}|\boldsymbol{x}_k^{(1)})p_{D,k}(\boldsymbol{x}_k^{(1)}),\cdots,g_k(\boldsymbol{z}|\boldsymbol{x}_k^{(L_{k|k-1})})p_{D,k}(\boldsymbol{x}_k^{(L_{k|k-1})})]^{\mathrm{T}} \tag{4-27}$$

势分布的更新过程可表示为

$$\rho_k(n,m_k)=\frac{\Psi_k^0[\boldsymbol{w}_{k|k-1},Z_k](n)\rho_{k|k-1}(n,m_{k|k-1})}{\langle \Psi_k^0[\boldsymbol{w}_{k|k-1},Z_k](n),\rho_{k|k-1}(n,m_{k|k-1})\rangle} \tag{4-28}$$

(3) 重采样：

根据更新的势分布估计目标数

$$\hat{N}_k=\sum_{m_k=1}^{M}\sum_{j=1}^{\infty}j\rho_k(j,m_k) \tag{4-29}$$

重采样过程与4.2.2节中的重采样过程相同，且k时刻的更新强度与多模型粒子PHD滤波中的相同，可用式(4-18)表示。

4.3.3 仿真实验与分析

为了验证本节算法的有效性，实验中比较了MM-CPHD滤波和4.2节中MM-PHD滤波的跟踪性能。假设跟踪场景中有6个目标在二维空间做机动运动，目标所遵循的运动模型集由一个匀速直线运动模型和两个转弯模型组成，分别为：M1是匀速直线运动模型；M2是逆时针转弯模型，每个时间间隔内转9°；M3是顺时针转弯模型，每个时间间隔内转

9°。目标的机动模式变化过程如表 4－1 所示，目标运动轨迹如图 4－2 所示。

表 4－1　目标的机动模式变化过程

	目标 1	目标 2	目标 3	目标 4	目标 5	目标 6
1 s～10 s	M1	M1			M1	
11 s～20 s	M1	M3	M1		M3	
21 s～25 s	M2	M1	M1		M1	
26 s～30 s	M2	M1	M3		M1	
31 s～35 s	M1	M1	M3		M1	
36 s～50 s	M1	M1	M1		M1	
51 s～60 s	M3	M2			M2	
61 s～65 s		M2		M1		
66 s～70 s		M2		M1		M1
71 s～80 s				M1		M1
81 s～95 s				M1		M2
96 s～100 s						M1

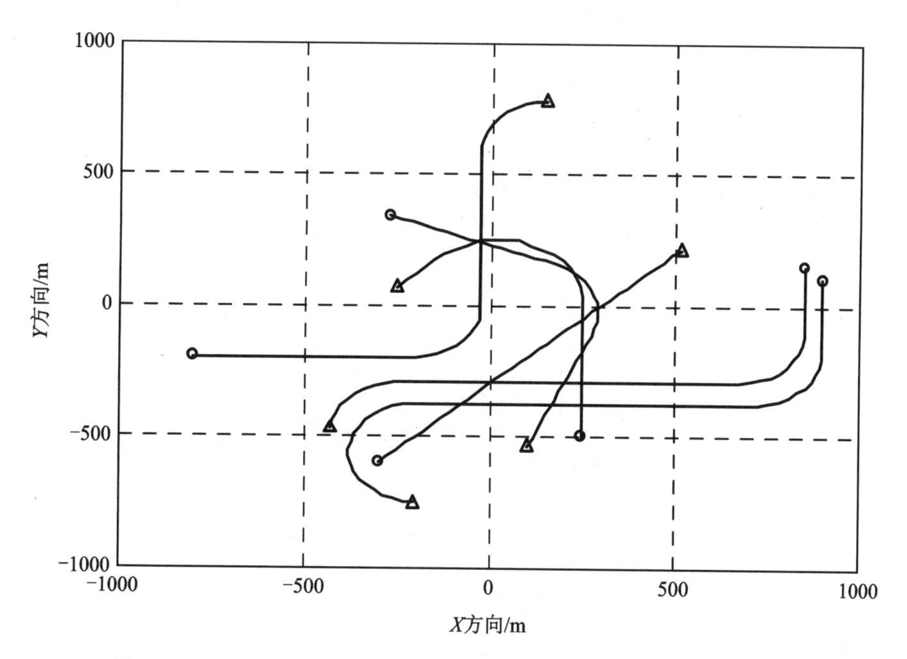

图 4－2　目标运动轨迹(o表示目标起始位置，△表示目标消失位置)

模型间的马尔可夫转移矩阵为

$$[h_{ab}]=\begin{bmatrix} 1-\dfrac{T}{\tau_1} & \dfrac{T}{2\tau_1} & \dfrac{T}{2\tau_1} \\ \dfrac{T}{2\tau_2} & 1-\dfrac{T}{\tau_2} & \dfrac{T}{2\tau_2} \\ \dfrac{T}{2\tau_2} & \dfrac{T}{2\tau_2} & 1-\dfrac{T}{\tau_2} \end{bmatrix} \tag{4-30}$$

式中：$T=1$ s 为采样间隔，$\tau_1=200$ s，$\tau_2=100$ s，三个模型的初始概率相等，均为 1/3。

匀速直线运动模型的状态转移方程为

$$\boldsymbol{x}_k^i=\begin{bmatrix} 1 & T & 0 & 0 \\ 0 & 1 & 0 & 0 \\ 0 & 0 & 1 & T \\ 0 & 0 & 0 & 1 \end{bmatrix}\boldsymbol{x}_{k-1}^i+\boldsymbol{w}_k^i \tag{4-31}$$

转弯模型的状态转移方程为

$$\boldsymbol{x}_k^i=\begin{bmatrix} 1 & \dfrac{\sin\omega T}{\omega} & 0 & -\dfrac{1-\cos\omega T}{\omega} \\ 0 & \cos\omega T & 0 & -\sin\omega T \\ 0 & \dfrac{1-\cos\omega T}{\omega} & 1 & \dfrac{\sin\omega T}{\omega} \\ 0 & \sin\omega T & 0 & \cos\omega T \end{bmatrix}\boldsymbol{x}_{k-1}^i+\boldsymbol{w}_k^i \tag{4-32}$$

式中：$\boldsymbol{x}_k^i=[x_k^i, \dot{x}_k^i, y_k^i, \dot{y}_k^i]$为目标 i 的状态向量；两个转弯模型的转弯角速率分别为 $\omega=\pm 9°/\text{s}$；$\boldsymbol{w}_k^i$ 为独立同分布的零均值高斯噪声，其协方差矩阵为

$$\boldsymbol{Q}=\begin{bmatrix} \dfrac{T^3}{3} & \dfrac{T^2}{2} & 0 & 0 \\ \dfrac{T^2}{2} & T & 0 & 0 \\ 0 & 0 & \dfrac{T^3}{3} & \dfrac{T^2}{2} \\ 0 & 0 & \dfrac{T^2}{2} & T \end{bmatrix}\sigma_w^2 \tag{4-33}$$

式中：$\sigma_w^2=1\times 10^{-4}\ \text{m}^2/\text{s}^2$ 为过程噪声方差。

新生目标 RFS 的强度为

$$\gamma_k(\boldsymbol{x}) = \sum_{i=1}^{6} w_\gamma^{(i)} \mathcal{N}(\boldsymbol{x}; \boldsymbol{m}_\gamma^{(i)}, \boldsymbol{P}_\gamma^{(i)}) \tag{4-34}$$

式中：$w_\gamma^{(i)}=0.02$；$\boldsymbol{m}_\gamma^{(1)}=(-800\ \text{m}, 0\ \text{m/s}, -200\ \text{m}, 0\ \text{m/s})$，$\boldsymbol{m}_\gamma^{(2)}=(900\ \text{m}, 0\ \text{m/s}, 100\ \text{m}, 0\ \text{m/s})$，$\boldsymbol{m}_\gamma^{(3)}=(-300\ \text{m}, 0\ \text{m/s}, 350\ \text{m}, 0\ \text{m/s})$，$\boldsymbol{m}_\gamma^{(4)}=(-300\ \text{m}, 0\ \text{m/s}, -600\ \text{m}, 0\ \text{m/s})$，$\boldsymbol{m}_\gamma^{(5)}=(850\ \text{m}, 0\ \text{m/s}, 150\ \text{m}, 0\ \text{m/s})$，$\boldsymbol{m}_\gamma^{(6)}=(250\ \text{m}, 0\ \text{m/s}, -500\ \text{m}, 0\ \text{m/s})$；$\boldsymbol{P}_\gamma^{(i)}=\text{diag}(40, 1, 40, 1)$。假设杂波量测的数目服从期望值为 5 的泊松分布，且在观测区域中均匀分布。目标的存活概率和检测概率分别为 $p_{S,k}=0.99$ 和 $p_{D,k}=0.98$。每一时刻，每个目标对应的粒子数正比于其存活概率，且最大和最小粒子数分别设为 $L_{\max}=1200$ 和 $L_{\min}=300$。修剪门限设为 $\eta=10^{-3}$，目标假设数上限设为 $N_{\max}=100$。目标出现和消失阈值分别设为 $\psi_b=0.5$ 和 $\xi_d=0.5$。采用 OSPA 距离和目标数估计的均方根误差指标评价算法性能，OSPA 距离的参数设为 $p=2$，$c=100$，进行 100 次独立的蒙特卡罗实验。实验结果如图4-3～图 4-5 所示。

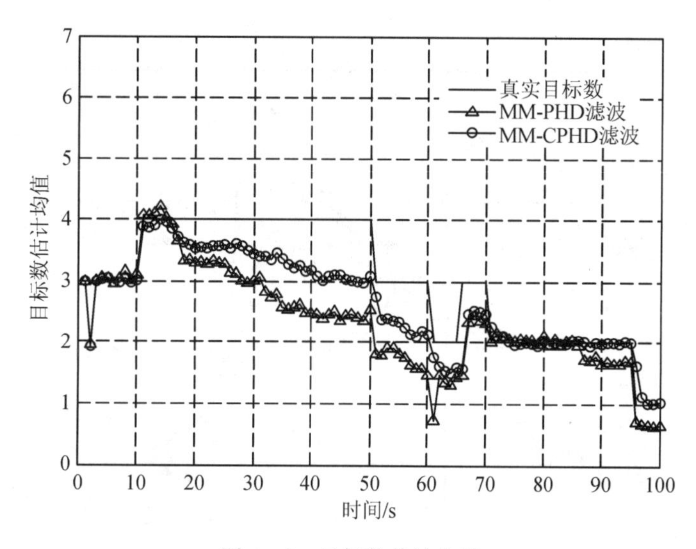

图 4-3　目标数估计均值

图 4-3 给出了目标数的估计均值，图 4-4 给出了目标数估计的均方根误差。可以看出，MM-CPHD 滤波相对于 MM-PHD 滤波具有较高的目标数估计精度，这是因为 MM-CPHD 滤波能够迭代估计目标的势分布，而 MM-PHD 滤波仅是通过单个泊松参数估计目标数的均值。

图 4-5 给出了两种算法的 OSPA 距离比较，可以看出，MM-CPHD 滤波的跟踪精度更高，这是由于 MM-CPHD 滤波采用势分布来估计目标数，比 MM-PHD 滤波目标数估计

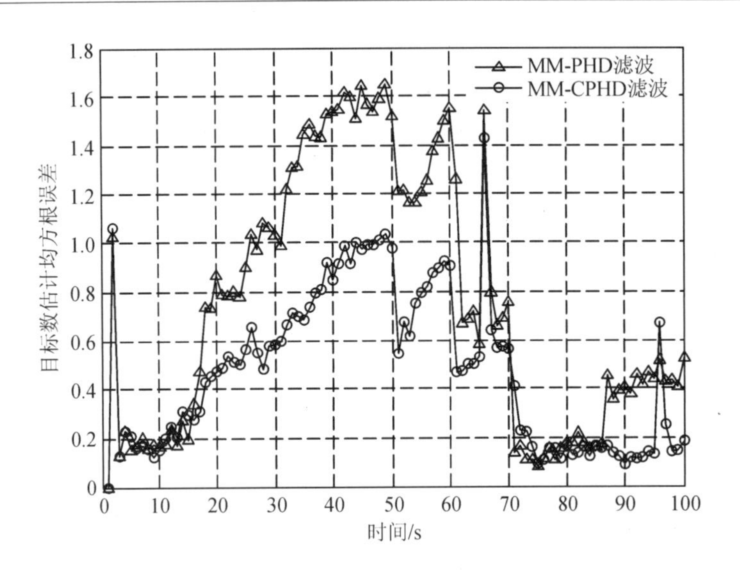

图 4-4　目标数估计均方根误差

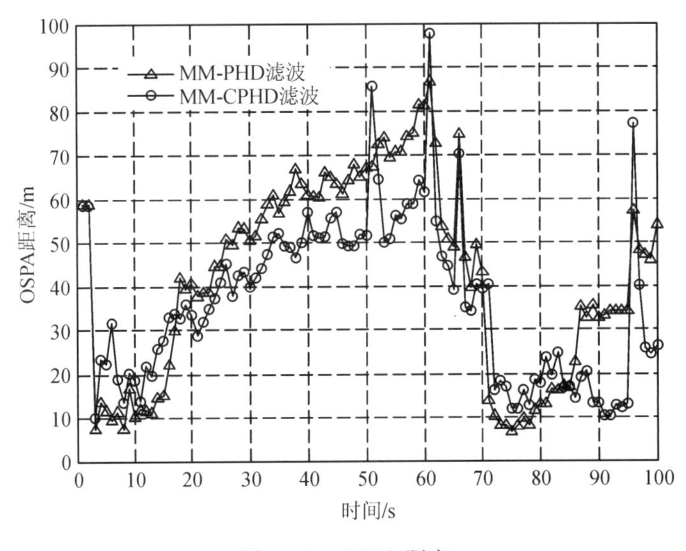

图 4-5　OSPA 距离

更为稳定，能够可靠地提取目标状态。值得注意的是，由于目标 3 在第 50 个时刻消失，从而导致 MM-CPHD 滤波的 OSPA 距离突然变大，出现尖峰。同理，第 60 个时刻出现的尖峰是由于目标 1 和目标 5 的消失引起的，第 95 个时刻出现的尖峰现象是由于目标 4 的消失引起的。因为在 CPHD 滤波中，虽然已考虑了漏检问题，但很难及时判断漏检目标是否是消失目标，所以当目标真正消失时，会导致 OSPA 突然变大。由于目标 6 的新生存在延时，从而导致 MM-PHD 滤波和 MM-CPHD 滤波的 OSPA 距离都突然变大。从理论上分析，由于 MM-CPHD 滤波同时估计了目标的状态分布和势分布，因此具有较高的状态估计和势估计精度，但其计算代价要高于 MM-PHD 滤波。

4.4　多模型粒子 CBMeMBer 滤波

本节介绍多模型粒子 CBMeMBer 滤波，该算法针对复杂环境下目标数变化的多机动目标跟踪问题，通过将 MM 算法与粒子 CBMeMBer 滤波相结合，实现多机动目标状态的估计。

4.4.1　问题描述

在 MM-PHD 滤波和 MM-CPHD 滤波中，由于 PHD 滤波和 CPHD 滤波递推传播的是概率密度的一阶矩和势分布，舍弃了部分信息，导致跟踪精度较低。此外，PHD 滤波和 CPHD 滤波都需要采用复杂的聚类算法提取目标状态，计算代价较大。而 CBMeMBer 滤波则是通过传播一个多伯努利 RFS 来近似后验概率密度，并且不需要进行聚类提取目标状态。因此，将 MM 算法与粒子 CBMeMBer 滤波相结合，可以提高杂波环境下的多机动目标跟踪精度。由于 MM 算法中包含多个运动模型，需要对每一个模型都进行滤波，并融合所有模型的估计结果，因此，在结合过程中，需要在预测阶段的多伯努利 RFS 中加入表示不同模型的预测状态的模型信息，然后在更新阶段对每一个模型进行更新，再通过融合所有模型的更新结果，获得该模型下的后验概率密度，进而得到更精确的目标状态估计。

4.4.2　MM-CBMeMBer 滤波

由于 CBMeMBer 滤波不需要对粒子进行聚类，且可以估计描述目标状态的概率密度，因此，本节将 MM 算法引入 CBMeMBer 滤波中，实现对未知目标数情况下的多机动目标跟踪。首先，根据多模型理论给出 MM-CBMeMBer 滤波；然后，采用粒子技术实现多目标跟踪。该算法的流程图如图 4－6 所示。

1. MM-CBMeMBer 滤波

MM-CBMeMBer 滤波在混合和融合阶段需要采用多个滤波器并行滤波，且假设目标按照模型集中的某种运动模式做机动运动，具体过程如下：

(1) 混合：

假设只在预测阶段考虑目标新生和消失情况，而在混合阶段不作考虑。此时，每个模

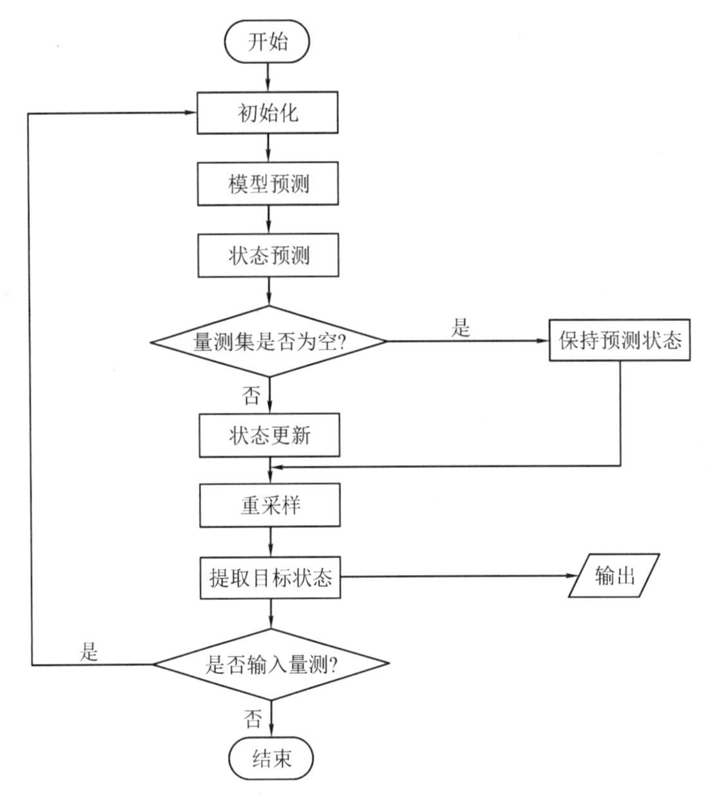

图 4-6 多模型粒子 CBMeMBer 滤波的流程图

型的初始概率密度都是由之前的所有模型滤波结果混合而成的。假设 $\tilde{\pi}_{k|k-1}(m_k=b)=\{(r_{k-1}^{(i)}, p_{k-1}^{(i)}, m_k^{(i)}=b)\}_{i=1}^{M_{k-1}(b)}$ 表示匹配某个模型 b 的初始概率密度，其中 $b\in\mathcal{M}$，$\mathcal{M}=\{1, 2, \cdots, M\}$为模型状态转移空间，$M$ 为运动模型数目，$M_{k-1}(b)$为匹配模型 b 的假设目标数，则由全概率公式可得

$$\tilde{\pi}_{k|k-1}(m_k=b)=\sum_{a=1}^{M}\pi_{k-1}(m_{k-1}=a)h_{ab} \tag{4-35}$$

式中：$\pi_{k-1}(m_{k-1}=a)$为模型的先验概率密度，且 $\pi_{k-1}(m_{k-1}=a)=\{(r_{k-1}^{(i)}, p_{k-1}^{(i)}, m_{k-1}^{(i)}=a)\}_{i=1}^{M_{k-1}(a)}$。

(2) 预测：

假设已知每个模型的随机有限集的初始概率密度，则预测模型的多伯努利 RFS 可表示为存活目标与新生目标多伯努利 RFS 的并集，其概率密度如下：

$$\pi_{k|k-1}(m_k=b)=\{(r_{P,k|k-1}^{(i)}, p_{P,k|k-1}^{(i)}, m_{P,k}^{(i)}=b)\}_{i=1}^{M_{k-1}(b)}\cup\{(r_{\Gamma,k}^{(i)}, p_{\Gamma,k}^{(i)}, m_{\Gamma,k}^{(i)}=b)\}_{i=1}^{M_{\Gamma,k}(b)} \tag{4-36}$$

$$r_{P,k|k-1}^{(i)}=r_{k-1}^{(i)}\langle p_{k-1}^{(i)}, p_{S,k}\rangle \tag{4-37}$$

$$p_{P,k|k-1}^{(i)}=\frac{\langle f_{k|k-1}(\boldsymbol{x}\mid\cdot), p_{k-1}^{(i)}p_{S,k}\rangle}{\langle p_{k-1}^{(i)}, p_{S,k}\rangle} \tag{4-38}$$

式中：$f_{k|k-1}(\cdot|\cdot)$ 为 k 时刻的状态转移函数，$p_{S,k}$ 为 k 时刻目标的存活概率，$\{(r_{\Gamma,k}^{(i)}, p_{\Gamma,k}^{(i)}, m_{\Gamma,k}^{(i)}=b)\}_{i=1}^{M_{\Gamma,k}(b)}$ 为 k 时刻匹配模型 b 的新生目标多伯努利 RFS 的概率密度。

(3) 更新：

假设在预测阶段，匹配任意模型 b 的概率密度表示为

$$\pi_{k|k-1}(m_k=b)=\{(r_{k|k-1}^{(i)}, p_{k|k-1}^{(i)}, m_k^{(i)}=b)\}_{i=1}^{M_{k|k-1}(b)} \tag{4-39}$$

则在 k 时刻需要对随机有限集的概率密度进行更新，其中目标的模型信息不变，即

$$\pi_k(m_k=b)\approx\{(r_{L,k}^{(i)}, p_{L,k}^{(i)}, m_{P,k}^{(i)}=b)\}_{i=1}^{M_{k|k-1}(b)}\cup\{(r_{U,k}^{*}(\boldsymbol{z}), p_{U,k}^{*}(\cdot;\boldsymbol{z}), m_{U,k}(\boldsymbol{z})=b\}_{\boldsymbol{z}\in Z_k} \tag{4-40}$$

$$r_{U,k}^{*}(\boldsymbol{z})=\frac{\displaystyle\sum_{i=1}^{M_{k|k-1}(b)}\frac{r_{k|k-1}^{(i)}\langle p_{k|k-1}^{(i)}, \psi_{k,z}\rangle}{1-r_{k|k-1}^{(i)}\langle p_{k|k-1}^{(i)}, p_{D,k}\rangle}}{\kappa_k(\boldsymbol{z})+\displaystyle\sum_{i=1}^{M_{k|k-1}(b)}\frac{r_{k|k-1}^{(i)}\langle p_{k|k-1}^{(i)}, \psi_{k,z}\rangle\psi_{k,z}}{1-r_{k|k-1}^{(i)}\langle p_{k|k-1}^{(i)}, p_{D,k}\rangle}} \tag{4-41}$$

$$p_{U,k}^{*}(\boldsymbol{x}, m;\boldsymbol{z})=\frac{\displaystyle\sum_{i=1}^{M_{k|k-1}(b)}\frac{r_{k|k-1}^{(i)}p_{k|k-1}^{(i)}(\boldsymbol{x})\psi_{k,z}(\boldsymbol{x}, m)}{1-r_{k|k-1}^{(i)}\langle p_{k|k-1}^{(i)}, p_{D,k}\rangle}}{\displaystyle\sum_{i=1}^{M_{k|k-1}(b)}\frac{r_{k|k-1}^{(i)}\langle p_{k|k-1}^{(i)}, \psi_{k,z}\rangle}{1-r_{k|k-1}^{(i)}\langle p_{k|k-1}^{(i)}, p_{D,k}\rangle}} \tag{4-42}$$

$$\psi_{k,z}(\boldsymbol{x}, m)=p_{D,k}(\boldsymbol{x})\cdot g_k(\boldsymbol{z}\mid\boldsymbol{x}, m)=p_{D,k}(\boldsymbol{x})\cdot g_k(\boldsymbol{z}\mid\boldsymbol{x}) \tag{4-43}$$

式中：$r_{L,k}^{(i)}$ 和 $p_{L,k}^{(i)}$ 的表达式分别见式(2-38)和式(2-39)；$g_k(\cdot|\cdot)$为 k 时刻的似然函数，与模型信息无关。

2. 粒子滤波实现过程

由于随机有限集的后验概率密度不存在闭合解析形式，故可采用粒子滤波实现 MM-CBMeMBer 滤波，即通过一组随机采样的粒子近似随机有限集的后验概率密度。需要注意的是，算法中采用的粒子既包含粒子的状态信息，也包含粒子的运动模型信息，模型参数用于指导算法选择正确的机动目标运动模型，从而实现对多机动目标的跟踪。具体实现过程如下：

(1) 预测：

假设已知$k-1$时刻多伯努利RFS的概率密度为$\pi_{k-1}=\{(r_{k-1}^{(i)}, p_{k-1}^{(i)}, m_{k-1}^{(i)})\}_{i=1}^{M_{k-1}}$，其中$m_{k-1}^{(i)}\in\mathcal{M}$，$M_{k-1}=\sum_{a=1}^{M}M_{k-1}(a)$，且概率密度$p_{k-1}^{(i)}(\boldsymbol{x}, m)$可以用粒子集$\{w_{k-1}^{(i,j)}, \boldsymbol{x}_{k-1}^{(i,j)}, m_{k-1}^{(i,j)}\}_{j=1}^{L_{k-1}^{(i)}}$加权表示，即

$$p_{k-1}^{(i)}(\boldsymbol{x}, m)=\sum_{j=1}^{L_{k-1}^{(i)}}w_{k-1}^{(i,j)}\delta(\boldsymbol{x}-\boldsymbol{x}_{k-1}^{(i,j)})\delta(m-m_{k-1}^{(i,j)}) \tag{4-44}$$

预测阶段包含模型预测和状态预测两部分。其中，模型预测可根据模型的转移函数$f_{k|k-1}(m_{P,k|k-1}^{(i,j)}|m_{P,k-1}^{(i,j)})$获得，模型采样粒子$\{m_{P,k|k-1}^{(i,j)}\}_{j=1}^{L_{k-1}^{(i)}}$可由模型的重要性密度函数$\alpha_k(\cdot|m_{P,k-1}^{(i)})$采样获得，新生目标的模型粒子$\{m_{\Gamma,k|k-1}^{(i,j)}\}_{j=1}^{L_{\Gamma,k|k-1}^{(i)}}$可根据重要性密度函数$\beta_k(\cdot)$获得，即

$$m_{P,k|k-1}^{(i,j)}\sim\alpha_k(\cdot|\,m_{P,k-1}^{(i)}),\quad i=1, 2, \cdots, M_{k-1};\ j=1, 2, \cdots, L_{k-1}^{(i)} \tag{4-45}$$

$$m_{\Gamma,k|k-1}^{(i,j)}\sim\beta_k(\cdot),\ i=1, 2, \cdots, M_{\Gamma,k-1};\ j=1, 2, \cdots, L_{\Gamma,k|k-1}^{(i)} \tag{4-46}$$

则预测模型的概率密度可表示为

$$\begin{aligned}p_{k|k-1}^{(i)}(\boldsymbol{x}, m)=&\sum_{j=1}^{L_{k-1}^{(i)}}\overline{w}_{P,k|k-1}^{(i,j)}\delta(\boldsymbol{x}-\boldsymbol{x}_{P,k-1}^{(i,j)})\delta(m-m_{P,k|k-1}^{(i,j)})+\\&\sum_{j=1}^{L_{\Gamma,k|k-1}^{(i)}}\overline{w}_{\Gamma,k|k-1}^{(i,j)}\delta(\boldsymbol{x}-\boldsymbol{x}_{\Gamma,k|k-1}^{(i,j)})\delta(m-m_{\Gamma,k|k-1}^{(i,j)})\end{aligned} \tag{4-47}$$

式中：

$$\overline{w}_{P,k|k-1}^{(i,j)}=\frac{f_{k|k-1}(m_{P,k|k-1}^{(i,j)}\mid m_{P,k-1}^{(i,j)})}{\alpha_k(m_{P,k|k-1}^{(i,j)}\mid m_{P,k-1}^{(i,j)})}w_{k-1}^{(i,j)},\ i=1, 2, \cdots, M_{k-1};\ j=1,2, \cdots, L_{P,k-1}^{(i)} \tag{4-48}$$

$$\overline{w}_{\Gamma,k|k-1}^{(i,j)}=\frac{\theta_k(m_{\Gamma,k|k-1}^{(i,j)})}{L_{\Gamma,k|k-1}^{(i)}\beta_k(m_{\Gamma,k|k-1}^{(i,j)})},\ i=1, 2, \cdots, M_{\Gamma,k-1};\ j=1, 2, \cdots, L_{\Gamma,k|k-1}^{(i)} \tag{4-49}$$

式中：$f_{k|k-1}(m_{P,k|k-1}^{(i,j)}|m_{P,k-1}^{(i,j)})$为存活目标的模型转移函数，$\theta_k(m_{\Gamma,k|k-1}^{(i,j)})$为新生目标模型的概率密度，$L_{P,k-1}^{(i)}$和$L_{\Gamma,k|k-1}^{(i)}$分别为存活目标和新生目标的采样粒子。

假设$q_k(\cdot|x_{P,k-1}^{(i,j)}, m_{P,k|k-1}^{(i,j)}, Z_k)$和$b_k(\cdot|m_{\Gamma,k|k-1}^{(i,j)}, Z_k)$分别表示存活目标和新生目标

状态的重要性密度函数，且预测概率密度可表示为

$$\pi_{k|k-1}=\{(r^{(i)}_{P,k|k-1},p^{(i)}_{P,k|k-1},m^{(i)}_{P,k|k-1})\}^{M_{k-1}}_{i=1}\cup\{(r^{(i)}_{\Gamma,k|k-1},p^{(i)}_{\Gamma,k|k-1},m^{(i)}_{\Gamma,k|k-1})\}^{M_{\Gamma,k|k-1}}_{i=1} \tag{4-50}$$

$$r^{(i)}_{P,k|k-1}=r^{(i)}_{k-1}\sum_{j=1}^{L^{(i)}_{k-1}}w^{(i,j)}_{k-1}\cdot p_{S,k}(\boldsymbol{x}^{(i,j)}_{P,k|k-1})\cdot\delta(\boldsymbol{x}-\boldsymbol{x}^{(i,j)}_{P,k|k-1})\delta(m-m^{(i,j)}_{P,k|k-1}) \tag{4-51}$$

$$p^{(i)}_{P,k|k-1}(\boldsymbol{x},m)=\sum_{j=1}^{L^{(i)}_{k-1}}w^{(i,j)}_{P,k|k-1}\delta(\boldsymbol{x}-\boldsymbol{x}^{(i,j)}_{P,k|k-1})\delta(m-m^{(i,j)}_{P,k|k-1}) \tag{4-52}$$

$$p^{(i)}_{\Gamma,k|k-1}(\boldsymbol{x},m)=\sum_{j=1}^{L^{(i)}_{\Gamma,k-1}}w^{(i,j)}_{\Gamma,k|k-1}\delta(\boldsymbol{x}-\boldsymbol{x}^{(i,j)}_{\Gamma,k|k-1})\delta(m-m^{(i,j)}_{\Gamma,k|k-1}) \tag{4-53}$$

$$w^{(i,j)}_{P,k|k-1}=\frac{p_{S,k}(\boldsymbol{x}^{(i,j)}_{P,k|k-1})f_{k|k-1}(\boldsymbol{x}^{(i,j)}_{P,k|k-1}|\boldsymbol{x}^{(s)}_{P,k-1},m^{(i,j)}_{P,k|k-1})}{q_k(\boldsymbol{x}^{(i,j)}_{P,k|k-1}|\boldsymbol{x}^{(s)}_{P,k-1},m^{(i,j)}_{P,k|k-1},Z_k)}\overline{w}^{(i,j)}_{P,k|k-1},$$

$$i=1,2,\cdots,M_{k-1};\ j=1,2,\cdots,L^{(i)}_{k-1} \tag{4-54}$$

$$w^{(i,j)}_{\Gamma,k|k-1}=\frac{p_{\Gamma,k}(\boldsymbol{x}^{(i,j)}_{\Gamma,k|k-1}|m^{(i,j)}_{\Gamma,k|k-1})}{b_k(\boldsymbol{x}^{(i,j)}_{\Gamma,k|k-1}|m^{(i,j)}_{\Gamma,k|k-1},Z_k)}\overline{w}^{(i,j)}_{\Gamma,k|k-1},$$

$$i=1,2,\cdots,M_{\Gamma,k-1};\ j=1,2,\cdots,L^{(i)}_{\Gamma,k|k-1} \tag{4-55}$$

$$M_{\Gamma,k|k-1}=\sum_{a=1}^{M}M_{\Gamma,k|k-1}(a) \tag{4-56}$$

式中：$r^{(i)}_{\Gamma,k|k-1}$ 为新生目标的模型参数。

多目标的预测概率密度可通过粒子的加权求和得到，即

$$p^{(i)}_{k|k-1}(\boldsymbol{x},m)=\sum_{j=1}^{L^{(i)}_{k-1}}w^{(i,j)}_{P,k|k-1}\delta(\boldsymbol{x}-\boldsymbol{x}^{(i,j)}_{P,k|k-1})\delta(m-m^{(i,j)}_{P,k|k-1})+$$
$$\sum_{j=1}^{L^{(i)}_{\Gamma,k|k-1}}w^{(i,j)}_{\Gamma,k|k-1}\delta(\boldsymbol{x}-\boldsymbol{x}^{(i,j)}_{\Gamma,k|k-1})\delta(m-m^{(i,j)}_{\Gamma,k|k-1}) \tag{4-57}$$

(2) 更新：

假设 k 时刻的随机有限集可表示为多伯努利形式 $\pi_{k|k-1}=\{(r^{(i)}_{k|k-1},p^{(i)}_{k|k-1},m^{(i)}_{k|k-1})\}^{M_{k|k-1}}_{i=1}$，$M_{k|k-1}=M_{k-1}+M_{\Gamma,k|k-1}=\sum_{a=1}^{M}(M_{k-1}(a)+M_{\Gamma,k|k-1}(a))$，且 $p^{(i)}_{k|k-1}(\boldsymbol{x},m)$ 可通过粒子的加权求和得到，即

$$p_{k|k-1}^{(i)}(\boldsymbol{x}, m)=\sum_{j=1}^{L_{k|k-1}^{(i)}} w_{k|k-1}^{(i,j)}\delta(\boldsymbol{x}-\boldsymbol{x}_{k|k-1}^{(i,j)})\delta(m-m_{k|k-1}^{(i,j)}) \tag{4-58}$$

则更新的概率密度也可表示为

$$\pi_k(m_{k-1})=\{(r_{L,k}^{(i)}, p_{L,k}^{(i)}, m_{L,k}^{(i)})\}_{i=1}^{M_{k|k-1}} \cup \{(r_{U,k}^{*}(\boldsymbol{z}), p_{U,k}^{*}(\cdot;\boldsymbol{z}), m_{U,k}(\boldsymbol{z})\}_{z\in Z_k} \tag{4-59}$$

$$r_{L,k}^{(i)}=r_{k|k-1}^{(i)}\frac{1-\rho_{L,k}^{(i)}}{1-r_{k|k-1}^{(i)}\rho_{L,k}^{(i)}} \tag{4-60}$$

$$p_{L,k}^{(i)}=\sum_{j=1}^{L_{k|k-1}^{(i)}} \tilde{w}_{L,k}^{(i,j)}\delta(\boldsymbol{x}-\boldsymbol{x}_{k|k-1}^{(i,j)})\delta(m-m_{k|k-1}^{(i,j)}) \tag{4-61}$$

$$r_{U,k}^{*}(\boldsymbol{z})=\frac{\displaystyle\sum_{i=1}^{M_{k|k-1}}\frac{r_{k|k-1}^{(i)}(1-r_{k|k-1}^{(i)})\rho_{U,k}^{(i)}(\boldsymbol{z})}{(1-r_{k|k-1}^{(i)}\rho_{L,k}^{(i)})^{2}}}{\displaystyle\kappa_k(\boldsymbol{z})+\sum_{i=1}^{M_{k|k-1}}\frac{r_{k|k-1}^{(i)}\rho_{U,k}^{(i)}(\boldsymbol{z})}{1-r_{k|k-1}^{(i)}\rho_{L,k}^{(i)}}} \tag{4-62}$$

$$p_{U,k}^{*}(\boldsymbol{x}, m;\boldsymbol{z})=\sum_{i=1}^{M_{k|k-1}}\sum_{j=1}^{L_{k|k-1}^{(i)}} \tilde{w}_{U,k}^{(i,j)}(\boldsymbol{z})\delta(\boldsymbol{x}-\boldsymbol{x}_{k|k-1}^{(i,j)})\delta(m-m_{k|k-1}^{(i,j)}) \tag{4-63}$$

$$\rho_{L,k}^{(i)}=\sum_{j=1}^{L_{k|k-1}^{(i)}} w_{k|k-1}^{(i,j)} p_{D,k}(\boldsymbol{x}_{k|k-1}^{(i,j)}) \tag{4-64}$$

$$\tilde{w}_{L,k}^{(i,j)}=\frac{w_{L,k}^{(i,j)}}{\displaystyle\sum_{j=1}^{L_{k|k-1}^{(i)}} w_{L,k}^{(i,j)}} \tag{4-65}$$

$$w_{L,k}^{(i,j)}=w_{k|k-1}^{(i,j)}(1-p_{D,k}(\boldsymbol{x}_{k|k-1}^{(i,j)})) \tag{4-66}$$

$$\rho_{U,k}^{(i)}(\boldsymbol{z})=\sum_{j=1}^{L_{k|k-1}^{(i)}} w_{k|k-1}^{(i,j)}\psi_{k,z}(\boldsymbol{x}_{k|k-1}^{(i,j)}, m_{k|k-1}^{(i,j)}) \tag{4-67}$$

$$\tilde{w}_{U,k}^{(i,j)}(\boldsymbol{z})=\frac{w_{U,k}^{(i,j)}(\boldsymbol{z})}{\displaystyle\sum_{i=1}^{M_{k|k-1}}\sum_{j=1}^{L_{k|k-1}^{(i)}} w_{U,k}^{(i,j)}(\boldsymbol{z})} \tag{4-68}$$

$$w_{U,k}^{(i,j)}(\boldsymbol{z})=w_{k|k-1}^{(i,j)}\frac{r_{k|k-1}^{(i)}\psi_{k,z}(\boldsymbol{x}_{k|k-1}^{(i,j)}, m_{k|k-1}^{(i,j)})}{1-r_{k|k-1}^{(i)}} \tag{4-69}$$

$$\psi_{k,z}(\boldsymbol{x}_{k|k-1}^{(i,j)}, m_{k|k-1}^{(i,j)})=g_k(\boldsymbol{z}\mid\boldsymbol{x}_{k|k-1}^{(i,j)}, m_{k|k-1}^{(i,j)})p_{D,k}(\boldsymbol{x}_{k|k-1}^{(i,j)}) \tag{4-70}$$

式中：$g_k(z|x_{k|k-1}^{(i,j)},m_{k|k-1}^{(i,j)})$为似然函数，且满足$g_k(z|x_{k|k-1}^{(i,j)},m_{k|k-1}^{(i,j)})=g_k(z|x_{k|k-1}^{(i,j)})$，这是因为量测与模型无关。

(3) 重采样：

为了避免粒子退化，需要重采样粒子集$\{\tilde{w}_k^{(i,j)},x_k^{(i,j)},m_k^{(i,j)}\}_{j=1}^{L_{k|k-1}^{(i)}}$，以获得新的粒子集$\{w_k^{(i,j)},x_k^{(i,j)},m_k^{(i,j)}\}_{j=1}^{L_k^{(i)}}$。在重采样过程中，权重较大的粒子被复制，权重较小的粒子被删除，具体重采样过程类似于粒子实现的CBMeMBer滤波[71]中的重采样过程。

值得注意的是，由于在预测阶段存在新生目标，更新阶段中的后验假设目标数会增加，导致粒子数大幅增加，因此，滤波过程中需要对粒子数做适当删减。例如，可设定一个阈值η(如$\eta=10^{-3}$)，在迭代更新阶段中，如果假设目标的存在概率低于该阈值，则修剪该假设目标包含的所有粒子。对于保留的假设目标，与SMC-PHD/CPHD滤波类似，需要根据期望目标数重新分配粒子。

(4) 状态估计：

k时刻的更新概率密度可由粒子的加权求和得到，即

$$p_k^{(i)}(x,m)=\sum_{j=1}^{L_k^{(i)}}w_k^{(i,j)}\delta(x-x_k^{(i,j)})\delta(m-m_k^{(i,j)}) \tag{4-71}$$

目标数估计为

$$\hat{N}_k=\sum_{i=1}^{M_{k|k-1}}r_{L,k}^{(i)}+\sum_{z\in Z_k}r_{U,k}(z) \tag{4-72}$$

目标状态估计为最大的$\hat{N}_k$个存在概率$r^{(i)}$所对应$p^{(i)}$的均值。

4.4.3 仿真实验与分析

为了验证本节算法的有效性，实验中比较了MM-CBMeMBer滤波和4.2节中MM-PHD滤波的跟踪性能，跟踪场景与4.3节相同。

新生目标多伯努利RFS的概率密度为$\pi_\Gamma=\{(r_\Gamma,p_\Gamma^{(i)})\}_{i=1}^{6}$，其中，$r_\Gamma=0.02$，且

$$p_\Gamma^{(i)}(x)=\mathcal{N}(x;m_\Gamma^{(i)},P_\Gamma^{(i)}),\ i=1,2,\cdots,6 \tag{4-73}$$

式中：$m_\Gamma^1=(-800\ \text{m},0\ \text{m/s},-200\ \text{m},0\ \text{m/s})$，$m_\Gamma^2=(900\ \text{m},0\ \text{m/s},100\ \text{m},0\ \text{m/s})$，$m_\Gamma^3=(-300\ \text{m},0\ \text{m/s},350\ \text{m},0\ \text{m/s})$，$m_\Gamma^4=(-300\ \text{m},0\ \text{m/s},-600\ \text{m},0\ \text{m/s})$，$m_\Gamma^5=(850\ \text{m},0\ \text{m/s},150\ \text{m},0\ \text{m/s})$，$m_\Gamma^6=(250\ \text{m},0\ \text{m/s},-500\ \text{m},0\ \text{m/s})$，$P_\Gamma^{(i)}=\text{diag}(40,1,40,1)$。其他参数设置与4.3节相同，同样进行100次独立的蒙特卡罗实验，实验结果如图4-7～图4-9

所示。

图 4-7 和图 4-8 分别给出了两种算法的目标数估计均值和均方根误差。可以看出，MM-CBMeMBer 滤波相对于 MM-PHD 滤波具有较高的目标数估计精度，这是因为 MM-CBMeMBer 滤波估计了目标数的分布，而 MM-PHD 滤波仅是通过单个泊松参数估计目标数的均值。

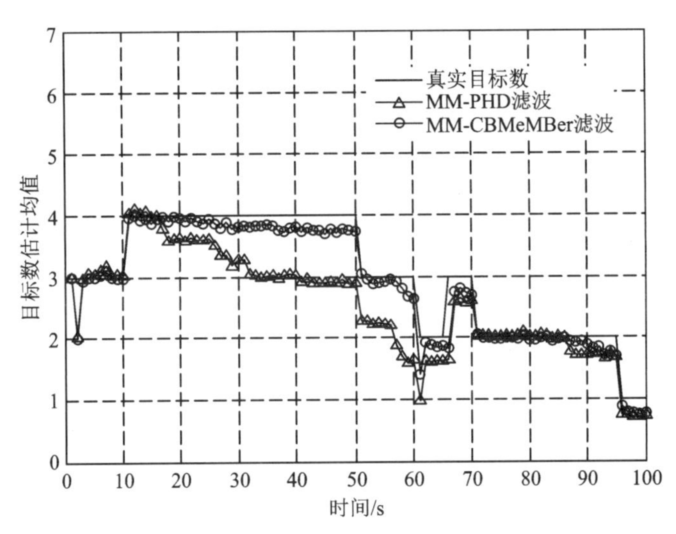

图 4-7 目标数估计均值

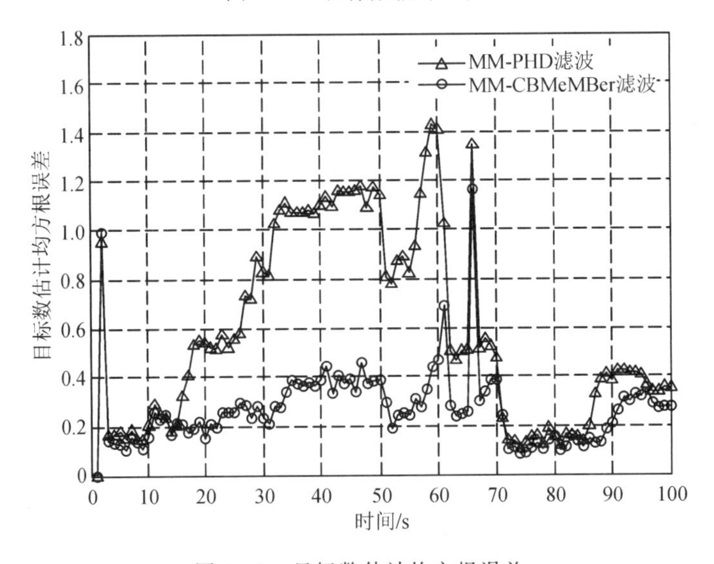

图 4-8 目标数估计均方根误差

图 4－9 给出了两种算法的 OSPA 距离比较。可以看出，MM-CBMeMBer 滤波的跟踪精度高于 MM-PHD 滤波的跟踪精度，这是因为粒子多伯努利滤波相比于粒子 PHD 滤波能够更可靠地提取目标状态，只需要通过计算对应的每个目标的后验概率密度的均值来获取目标状态，避免了通过复杂的粒子聚类运算提取目标的状态。此外，在粒子聚类过程中，可能会因为目标数的错误估计而导致目标的状态被错误地提取，进而导致 OSPA 距离增大。

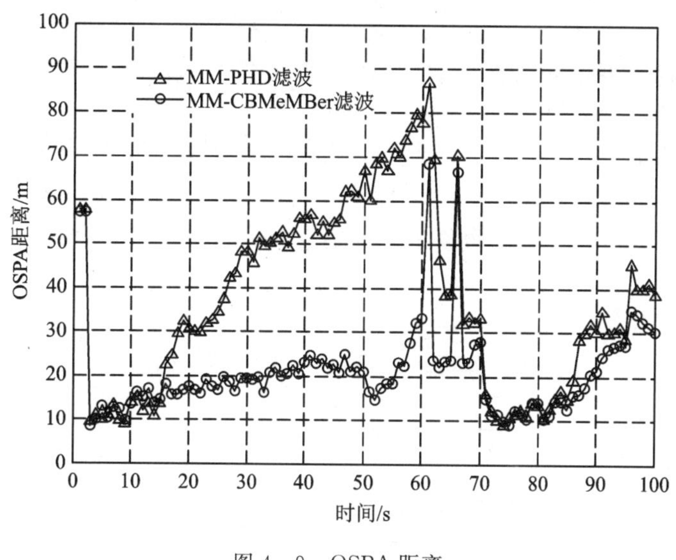

图 4－9 OSPA 距离

4.5 交互多模型粒子 PHD 滤波

本节介绍一种交互多模型 Rao-Blackwellized 粒子 PHD 滤波，该算法无需对噪声做任何先验假设，仅通过重采样实现对存活粒子的输入交互，可有效解决模型概率过小时的粒子退化问题。在此基础上，采用 Rao-Blackwellized 的思想[154]，通过进一步提高采样效率，可有效改善混合马尔可夫系统下的跟踪性能。

4.5.1 问题描述

在多机动目标跟踪中，由于当前时刻的模型与上一时刻的模型之间是相关的，因此需要考虑基于不同模型的滤波器之间的信息交互。IMM 算法可以通过模型转移概率在多个模型之间进行软切换，实现滤波器之间的信息交互。又由于机动目标的状态空间模型一般是非线性的，因此可采用粒子滤波对目标状态进行预测和更新。最后为了解决杂波环境下的多机动目标跟踪问题，将上述算法与 PHD 滤波结合，可有效改善目标跟踪性能。在 IMM 算法与粒子 PHD 滤波结合的过程中，由于在模型交互中是对模型索引进行采样，因此，当模型概率过小时，会产生模型粒子退化现象。为了解决该问题，可用粒子拟合目标状态在该模型下的强度，然后通过重采样实现对模型存活粒子的输入交互。在此基础上，为了进一步提高采样效率，改善混合马尔可夫系统下的跟踪性能，可采用 Rao-Blackwellized 的思想[154]。

4.5.2　IMM-RBP-PHD 滤波

本节介绍的交互多模型 Rao-Blackwellized 粒子 PHD 滤波(即 IMM-RBP-PHD 滤波)采用粒子拟合目标状态在该模型下的强度，并通过重采样实现对存活粒子的输入交互，最后用 Rao-Blackwellized 粒子滤波提高采样效率。该算法的流程图如图 4-10 所示。

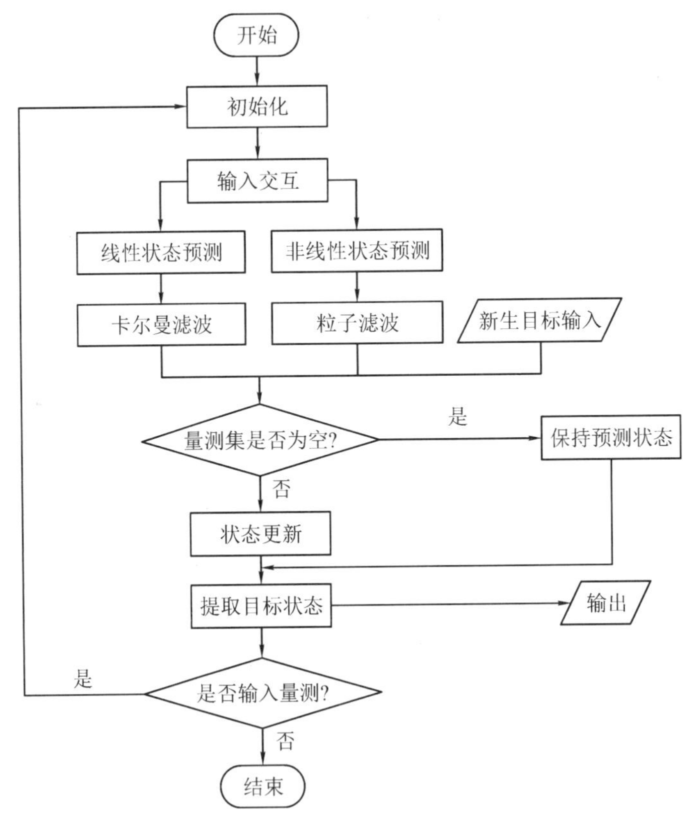

图 4-10　交互多模型 Rao-Blackwellized 粒子 PHD 滤波的流程图

1. IMM-PHD 滤波

根据最优贝叶斯估计原理，k 时刻模型 m_k 的概率密度可表示为[155]

$$
\begin{aligned}
p_{m_k|Z_{k-1}}(m) &= \int_{\mathbb{R}^n} p_{x_{k-1},m_k|Z_{1:k-1}}(\boldsymbol{x},m)\mathrm{d}\boldsymbol{x} \\
&= \int_{\mathbb{R}^n} \sum_{m\in\mathcal{M}} h_{ab}(\boldsymbol{x}) p_{x_{k-1},m_{k-1}|Z_{1:k-1}}(\boldsymbol{x},m)\mathrm{d}\boldsymbol{x}
\end{aligned} \tag{4-74}
$$

式中：$\mathbb{R}^n$ 为状态空间，$\mathcal{M}=\{1, 2, \cdots, M\}$为模型集合，$h_{ab}(\cdot)$为模型转移概率。

由全概率公式可得

$$
p_{x_{k-1}|m_k,Z_{k-1}}(\boldsymbol{x}\mid m) = \frac{1}{p_{m_k|Z_{1:k-1}}(m)} \sum_{p\in\mathbb{N}} h_{ab}(\boldsymbol{x}) p_{x_{k-1},m_{k-1}|Z_{1:k-1}}(\boldsymbol{x},m) \tag{4-75}
$$

由于未对噪声做任何先验假设，因此无法直接获得 $p_{x_{k-1},m_{k-1}|Z_{1:k-1}}(\boldsymbol{x},m)$的解析形式，可以采用一组带权重的粒子$\{\boldsymbol{x}_{k-1}^{(i)}, m_{k-1}^{(i)}\}_{i=1}^{L_{k-1}}$ 对其进行拟合，即

$$
p_{x_{k-1},m_{k-1}|Z_{1:k-1}}(\boldsymbol{x},m) = \sum_{i=1}^{L_{k-1}} w_{k-1}^{(i)} \delta(\boldsymbol{x}-\boldsymbol{x}_{k-1}^{(i)})\delta(m-m_{k-1}^{(i)}) \tag{4-76}
$$

式中：L_{k-1} 表示粒子数，$w_{k-1}^{(i)}$ 表示粒子的权重。

将式(4-76)代入式(4-74)和式(4-75)中，可得

$$
\begin{aligned}
p_{m_k|Z_{1:k-1}}(q) &= \int_{\mathbb{R}^n} \sum_{m\in\mathcal{M}} \left[h_{ab}(\boldsymbol{x}) \sum_{i=1}^{L_{k-1}} w_{k-1}^{(i)} \delta(\boldsymbol{x}-\boldsymbol{x}_{k-1}^{(i)})\delta(m-m_{k-1}^{(i)})\right]\mathrm{d}\boldsymbol{x} \\
&= \sum_{m\in\mathcal{M}} \sum_{i=1}^{L_{k-1}} h_{ab}(\boldsymbol{x}_{k-1}^{(i)}) w_{k-1}^{(i)} \delta(m-m_{k-1}^{(i)})
\end{aligned} \tag{4-77}
$$

$$
p_{x_{k-1}|m_k,Z_{1:k-1}}(\boldsymbol{x}\mid m) = \frac{1}{p_{m_k|Z_{k-1}}(m)} \sum_{m\in\mathcal{M}} \sum_{i=1}^{L_{k-1}} h_{ab}(\boldsymbol{x}_{k-1}^{(i)}) w_{k-1}^{(i)} \delta(\boldsymbol{x}-\boldsymbol{x}_{k-1}^{(i)})\delta(m-m_{k-1}^{(i)}) \tag{4-78}
$$

由于 $m_{k-1}\in\mathcal{M}$，可将 PHD 滤波中的后验强度改写成如下形式：

$$
\nu_{k-1}(\boldsymbol{x},m) = \sum_{m\in\mathcal{M}} \sum_{i=1}^{L_{k-1}} w_{k-1}^{(i)} \delta(\boldsymbol{x}-\boldsymbol{x}_{k-1}^{(i)})\delta(m-m_{k-1}^{(i)}) \tag{4-79}
$$

归一化的后验强度为

$$
\nu_{k-1}^{*}(\boldsymbol{x},m) = \frac{\nu_{k-1}(\boldsymbol{x},m)}{\hat{N}_{k-1}}
$$

$$= \sum_{m \in \mathcal{M}} \sum_{i=1}^{L_{k-1}} w_{k-1}^{*(i)} \delta(\boldsymbol{x} - \boldsymbol{x}_{k-1}^{(i)}) \delta(m - m_{k-1}^{(i)}) \tag{4-80}$$

式中：$\hat{N}_{k-1}$ 为目标数估计，$w_{k-1}^{*(i)}$ 为归一化后的权重，即

$$w_{k-1}^{*(i)} = \frac{w_{k-1}^{(i)}}{\sum_{i=1}^{L_{k-1}} w_{k-1}^{(i)}}, \ i=1, 2, \cdots, L_{k-1} \tag{4-81}$$

与式(4-77)和式(4-78)类似，归一化后的强度近似满足贝叶斯递推公式，即

$$\nu_{k-1}^{*}(m) = \sum_{m \in \mathcal{M}} \sum_{i=1}^{L_{k-1}} h_{ab}(\boldsymbol{x}_{k-1}^{(i)}) w_{k-1}^{*(i)} \delta(m - m_{k-1}^{(i)}) \tag{4-82}$$

$$\nu_{k-1}^{*}(\boldsymbol{x} | m) = \frac{\sum_{m \in \mathcal{M}} \sum_{i=1}^{L_{k-1}} h_{ab}(\boldsymbol{x}_{k-1}^{(i)}) w_{k-1}^{*(i)} \delta(\boldsymbol{x} - \boldsymbol{x}_{k-1}^{(i)}) \delta(m - m_{k-1}^{(i)})}{\nu_{k-1}^{*}(m)} \tag{4-83}$$

由式(4-83)可以看出，采用粒子对不同模型的强度进行拟合，即可实现输入交互。为保证粒子的多样性，量测更新后并不立即进行重采样，而是将其放在输入交互阶段进行。对式(4-83)进行重采样可得粒子集合$\{\boldsymbol{x}_{k-1}^{(i)}, m_{k-1}^{(i)}\}_{i=1}^{L_{k-1,m}}$，为保证对不同模型的强度的拟合程度基本一致，不同模型的粒子数 $L_{k-1,m}$ 取为固定值，即 $L_{k-1,m} = L_{k-1}/M$ ，$m \in \mathcal{M}$，M 为模型数，则重采样后的存活粒子集合可表示为

$$\{\boldsymbol{x}_{0,k-1}^{(i)}, m_{0,k-1}^{(i)}\}_{i=1}^{L_{k-1}} = \{\boldsymbol{x}_{k-1}^{(i)}, m_{k-1}^{(i)}\}_{i=1}^{L_{k-1,1}} \cup \cdots \cup \{\boldsymbol{x}_{k-1}^{(i)}, m_{k-1}^{(i)}\}_{i=1}^{L_{k-1,M}} \tag{4-84}$$

输入交互后的存活目标强度为

$$\nu_{0,k-1}^{*}(\boldsymbol{x} | m) = \sum_{m \in \mathcal{M}} \nu_{k-1}^{*}(\boldsymbol{x} | m) \nu_{k-1}^{*}(m)$$
$$= \sum_{i=1}^{L_{k-1}} w_{0,k-1}^{(i)} \delta(\boldsymbol{x} - \boldsymbol{x}_{0,k-1}^{(i)}) \delta(m - m_{0,k-1}^{(i)}) \tag{4-85}$$

由于新生目标不存在模型转移问题，因此只需要对存活目标进行输入交互，之后的预测和更新过程与4.2节MM-PHD的完全一样，此处不再赘述。

2. IMM-RBP-PHD 滤波

在多机动目标跟踪系统中，状态转移函数包含了线性和非线性函数。因此，该系统是线性和非线性的混合马尔可夫系统。对于这类系统，Vihola 提出了一种 Rao-Blackwellized 粒子(RBP)滤波，通过降低采样空间的维度来提高采样效率，进而改善跟踪性能[154]。本节将该思想引入 IMM 粒子滤波中，进一步改善跟踪性能。

假设各个目标的动态系统同时存在线性和非线性的状态，且噪声是加性的，则滤波模

型可以表示为一个特殊形式[154]，即

$$\boldsymbol{x}_k^{(n)} = f_{k-1}(\boldsymbol{x}_{k-1}^{(n)}) + \boldsymbol{A}_{k-1}^{(n)}\boldsymbol{x}_{k-1}^{(l)} + \boldsymbol{B}_{k-1}^{(n)}\boldsymbol{w}_{k-1}^{(n)} \tag{4-86}$$

$$\boldsymbol{x}_k^{(l)} = \boldsymbol{A}_{k-1}^{(l)}\boldsymbol{x}_{k-1}^{(l)} + \boldsymbol{B}_{k-1}^{(l)}\boldsymbol{w}_{k-1}^{(l)} \tag{4-87}$$

$$\boldsymbol{z}_k = h_k(\boldsymbol{x}_k^{(n)}) + \boldsymbol{v}_k \tag{4-88}$$

式中：$\boldsymbol{x}_k^{(n)}$ 和$\boldsymbol{x}_k^{(l)}$ 分别为目标在 k 时刻的非线性和线性状态，且$\boldsymbol{x}_k = [\boldsymbol{x}_k^{(n)}, \boldsymbol{x}_k^{l}]^{\mathrm{T}}$；$\boldsymbol{w}_k$ 为过程噪声，$\boldsymbol{v}_k$ 为量测噪声，二者相互独立，且满足如下关系：

$$\boldsymbol{w}_k = \begin{bmatrix} \boldsymbol{w}_k^{(n)} \\ \boldsymbol{w}_k^{(l)} \end{bmatrix} \sim \mathcal{N}\left(\boldsymbol{w}; \boldsymbol{0}, \begin{pmatrix} \boldsymbol{Q}_k^{n} & \boldsymbol{S}_k \\ \boldsymbol{S}_k^{\mathrm{T}} & \boldsymbol{Q}_k^{l} \end{pmatrix}\right) \tag{4-89}$$

$$\boldsymbol{v}_k \sim N(\boldsymbol{v}; \boldsymbol{0}, \boldsymbol{R}_k) \tag{4-90}$$

假设$\boldsymbol{x}_0^{(l)} \sim \mathcal{N}(\boldsymbol{x}; \boldsymbol{x}_{0|-1}^{(l)}, \boldsymbol{P}_{0|-1}^{(l)})$，且$\boldsymbol{x}_0^{(n)}$ 的分布已知，则式(4-86)～式(4-88)所描述的模型可以写为

$$\boldsymbol{x}_k^{l} = \boldsymbol{A}_{k-1}^{(l)}\boldsymbol{x}_{k-1}^{(l)} + \boldsymbol{B}_{k-1}^{(l)}\boldsymbol{w}_{k-1}^{(l)} \tag{4-91}$$

$$\boldsymbol{y}_k = \boldsymbol{A}_{k-1}^{(n)}\boldsymbol{x}_{k-1}^{(l)} + \boldsymbol{B}_{k-1}^{(n)}\boldsymbol{w}_{k-1}^{(n)} \tag{4-92}$$

式中：$\boldsymbol{y}_k = \boldsymbol{x}_k^{(n)} - f_{k-1}(\boldsymbol{x}_{k-1}^{(n)})$。

如果把$\boldsymbol{y}_k$ 和$\boldsymbol{x}_k^{l}$ 分别看作量测和状态，则式(4-91)和式(4-92)所描述的系统是线性高斯的，可以利用卡尔曼滤波对$\boldsymbol{x}_k^{(l)}$ 进行最优估计。

对于非线性状态$\boldsymbol{x}_k^{(n)}$，则利用粒子滤波进行估计。由式(4-86)可以看出，k 时刻预测的粒子服从高斯分布，即

$$p(\boldsymbol{x}_k^{(n)} | \boldsymbol{x}_{k-1}^{(n)}, m_{k|k-1}) = \mathcal{N}(\boldsymbol{x}; f_{k-1}(\boldsymbol{x}_{k-1}^{(n)} | m_{k|k-1}) + \boldsymbol{A}_{k-1}^{(n)}\hat{\boldsymbol{x}}_{k-1|k-2}^{(l)}, \boldsymbol{R}_k^{(n)}) \tag{4-93}$$

$$\boldsymbol{R}_k^{(n)} = \boldsymbol{A}_{k-1}^{(n)}\boldsymbol{P}_{k-1|k-2}^{(l)}(\boldsymbol{A}_{k-1}^{(n)})^{\mathrm{T}} + \boldsymbol{B}_{k-1}^{(n)}\boldsymbol{Q}_{k-1}^{(n)}(\boldsymbol{B}_{k-1}^{(n)})^{\mathrm{T}} \tag{4-94}$$

式中：$\hat{\boldsymbol{x}}_{k-1|k-2}^{(l)}$ 和$\boldsymbol{P}_{k-1|k-2}^{(l)}$ 分别为线性状态的一步预测值及其协方差。

IMM-RBP-PHD 滤波的交互步骤与之前所述的 IMM-PHD 滤波完全相同。假设交互后的存活目标强度表示如下：

$$\nu_{0,k-1}^{*}(\boldsymbol{x} | m) = \sum_{i=1}^{L_{k-1}} w_{0,k-1}^{(i)}\delta(\boldsymbol{x} - \boldsymbol{x}_{0,k-1}^{(i)})\delta(m - m_{0,k-1}^{(i)}) \tag{4-95}$$

式中：$\boldsymbol{x}_{0,k-1}^{(i)} = [\boldsymbol{x}_{0,k-1}^{(n,i)}, \hat{\boldsymbol{x}}_{0,k-1|k-2}^{(l,i)}]^{\mathrm{T}}$ 为目标状态，包含了非线性和线性的部分。

非线性部分的预测粒子可由式(4-93)采样得到，即

$$\{\boldsymbol{x}_{k|k-1}^{(n,i)}\}_{i=1}^{L_{k-1}} \sim \mathcal{N}(\boldsymbol{x}; f_{k-1}(\boldsymbol{x}_{0,k-1}^{(n,i)} | m_{k|k-1}^{(i)}) + \boldsymbol{A}_{k-1}^{(n)}\hat{\boldsymbol{x}}_{0,k-1|k-2}^{(l,i)}, \boldsymbol{R}_k^{(n,i)}) \tag{4-96}$$

线性部分的预测粒子可通过卡尔曼滤波获得，即

$$G_{k-1}^{(i)}=P_{k-1|k-2}^{(l,i)}(A_{k-1}^{(n)})^{\mathrm{T}}[A_{k-1}^{(n)}P_{k-1|k-2}^{(l,i)}(A_{k-1}^{(n)})^{\mathrm{T}}+B_{k-1}^{(n)}Q_{k-1}^{(n)}(B_{k-1}^{(n)})^{\mathrm{T}}]^{-1} \tag{4-97}$$

$$\hat{x}_{k|k-1}^{(l,i)}=A_{k-1}^{(l)}[\hat{x}_{0,k-1|k-2}^{(l,i)}+G_{k-1}^{(i)}(x_{k|k-1}^{(n,i)}-f_{k-1}(x_{0,k-1}^{(n,i)}\mid m_{k|k-1}^{(i)})-A_{k-1}^{(n)}\hat{x}_{0,k-1|k-2}^{(l,i)})] \tag{4-98}$$

$$P_{k|k-1}^{(l,i)}=A_{k-1}^{(l)}(P_{k-1|k-2}^{(l,i)}-G_{k-1}^{(i)}A_{k-1}^{(n)}P_{k-1|k-2}^{(l,i)})(A_{k-1}^{(l)})^{\mathrm{T}}+B_{k-1}^{(l)}Q_{k-1}^{(l)}(B_{k-1}^{(l)})^{\mathrm{T}} \tag{4-99}$$

预测强度表示如下：

$$\nu_{k|k-1}(x_k,m_k|Z_{1:k-1})=\sum_{i=1}^{L_{k-1}+L_{\gamma,k}}w_{k|k-1}^{(i)}\delta(x_k-x_{0,k|k-1}^{(i)})\delta(m_k-m_{k|k-1}^{(i)}) \tag{4-100}$$

$$w_{k|k-1}^{(i)}=\begin{cases}\dfrac{p_{S,k|k-1}(x_{0,k|k-1}^{(i)})f_{k|k-1}(x_{0,k|k-1}^{(i)}|x_{0,k-1}^{(i)},m_{k|k-1}^{(i)})}{q_k(x_{0,k|k-1}^{(i)}|x_{0,k-1}^{(i)},m_{k|k-1}^{(i)},Z_k)}w_{0,k-1}^{(i)}, & i=1,\cdots,L_{k-1};\\[2ex] \dfrac{\gamma_k(x_{\gamma,k|k-1}^{(n,i)}\mid m_{k|k-1}^{(i)})\theta_k(m_{k|k-1}^{(i)})}{b_k(x_{\gamma,k|k-1}^{(n,i)}\mid m_{k|k-1}^{(i)},Z_k)\beta_k(m_{k|k-1}^{(i)})L_{\gamma,k}}, & i=L_{k-1}+1,\cdots,L_{k-1}+L_{\gamma,k}\end{cases} \tag{4-101}$$

式中：$\gamma_k(x_{\gamma,k|k-1}^{(n,i)}|m_{k|k-1}^{(i)})$和$b_k(x_{\gamma,k|k-1}^{(n,i)}|m_{k|k-1}^{(i)},Z_k)$分别为非线性状态的新生强度和重要性密度函数，它们相应的线性状态可通过卡尔曼滤波获得。

IMM-RBP-PHD滤波的更新步骤与IMM-PHD滤波完全相同。值得注意的是，本节介绍的算法虽然降低了采样空间的维度，但运算量并不会相应地降低。实际上，由于每个粒子都包含了一步卡尔曼滤波，运算量还略有增加。因此，实际中应视具体情况，选择合适的算法以达到运算量和跟踪性能之间的折中。

4.5.3 仿真实验与分析

为了验证本节算法的有效性，实验中比较了IMM-RBP-PHD滤波和4.2节中MM-PHD滤波的跟踪性能，跟踪场景与4.3节相同。

新生目标RFS的强度为

$$\gamma_k(x)=\sum_{i=1}^{6}w_\gamma^{(i)}\mathcal{N}(x;m_\gamma^{(i)},P_\gamma^{(i)}),\ i=1,2,\cdots,6 \tag{4-102}$$

式中：$w_\gamma^{(i)}=0.02$；$m_\gamma^1=(-800\ \mathrm{m},0\ \mathrm{m/s},-200\ \mathrm{m},0\ \mathrm{m/s})$，$m_\gamma^2=(900\ \mathrm{m},0\ \mathrm{m/s},100\ \mathrm{m},0\ \mathrm{m/s})$，$m_\gamma^3=(-300\ \mathrm{m},0\ \mathrm{m/s},350\ \mathrm{m},0\ \mathrm{m/s})$，$m_\gamma^4=(-300\ \mathrm{m},0\ \mathrm{m/s},-600\ \mathrm{m},0\ \mathrm{m/s})$，$m_\gamma^5=(850\ \mathrm{m},0\ \mathrm{m/s},150\ \mathrm{m},0\ \mathrm{m/s})$，$m_\gamma^6=(250\ \mathrm{m},0\ \mathrm{m/s},-500\ \mathrm{m},0\ \mathrm{m/s})$；$P_\gamma^{(i)}=\mathrm{diag}(40,1,40,1)$。初始模型索引$r_0=1$，其他参数设置与4.3节相同。进行100次独立的蒙特卡罗实验，实验结果如图4-11～图4-13所示。

图4-11和图4-12分别给出了两种算法的目标数估计均值和均方根误差。可以看出，相

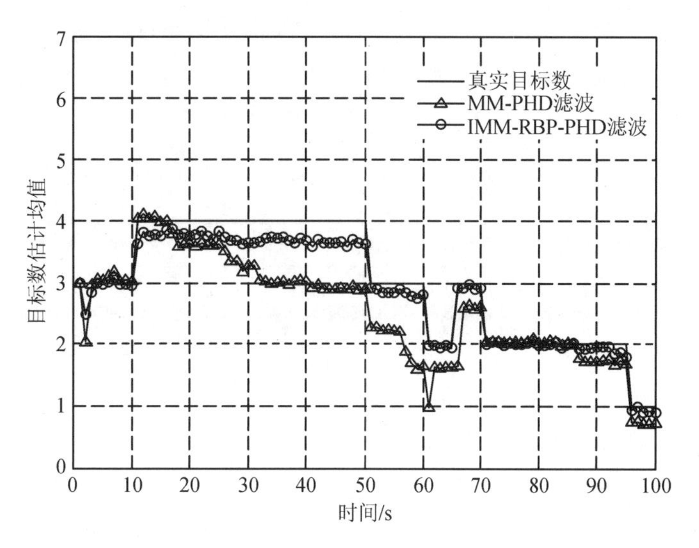

图 4－11　目标数估计均值

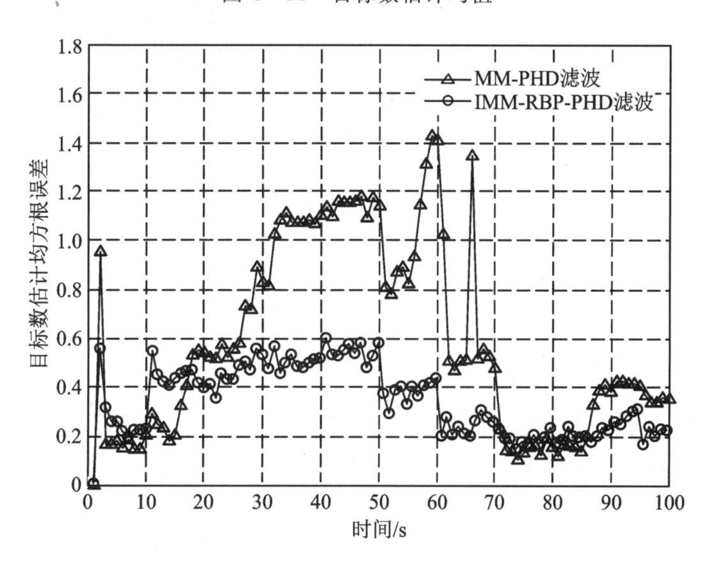

图 4－12　目标数估计均方根误差

比于 MM-PHD 滤波，IMM-RBP-PHD 滤波的目标数估计更为准确。这是因为 IMM-RBP-PHD 滤波在预测阶段加入了输入交互步骤，改善了估计性能，同时引入 Rao-Blackwellized 粒子滤波的思想，提高了采样效率。

图 4－13 所示为两种算法的 OSPA 距离比较。可以看出，IMM-RBP-PHD 滤波的 OSPA 距离小于 MM-PHD 滤波的 OSPA 距离，这是因为MM-PHD 滤波仅通过对模型索

引采样进行模型切换，当某个模型的概率接近于零时，该模型粒子数会急剧减少，而当模型概率再次增大时，容易导致目标消失。另外，由于仿真实验中 τ_1 和 τ_2 的取值相对较大，这一问题更加凸显。IMM-RBP-PHD 滤波由于采用了固定数目的粒子拟合目标状态在该模型下的强度，通过重采样实现对存活粒子的输入交互，所以能够有效解决上述问题。

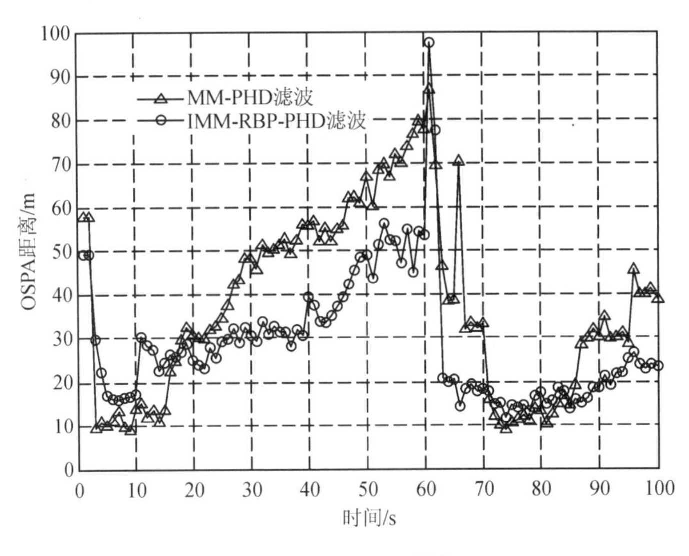

图 4－13　OSPA 距离

4.6 本章小结

本章重点讨论了四种最具代表性的多机动目标跟踪方法。MM-PHD 滤波是基于随机有限集理论的机动目标跟踪中最常用的算法之一。在此基础上，进一步将机动目标跟踪模型与随机有限集理论相结合，介绍了 MM-CPHD 滤波、MM-CBMeMBer 滤波和 IMM-RBP-PHD 滤波。这些算法不仅提高了目标数的估计精度，而且将模型之间的交互信息引入随机有限集理论中，提高了跟踪性能。本章研究表明，随机有限集理论可以有效地与 MM 和 IMM 算法相结合。针对机动目标模型的研究，现有的多模型算法需要在已知模型集的条件下跟踪机动目标。如果模型集与真实目标运动模型不匹配或者真实目标运动模型集过大，则很难得到正确的跟踪结果。因此，后续可针对模型集的设计和模型集的切换方式等进行深入研究，如通过模型之间的相关性，自适应地调整模型集，使模型集随外界条件和量测实时变化，从而实现模型集与真实目标运动模型集相匹配。

第5章 随机有限集滤波中的航迹关联与维持方法

5.1 引 言

随机有限集滤波输出的是由离散、无序的目标状态估计组成的集合，由于无法获知每个时刻的状态估计与实际目标之间的关系，因此无法形成目标的连续跟踪轨迹。然而，在很多检测场景下，给出目标运动轨迹、实现目标辨识是非常重要的，因此需要对随机有限集滤波输出的状态估计进行分析和处理，即航迹关联与维持。相比于传统多目标跟踪方法中的数据关联，随机有限集滤波的航迹关联与维持只需要关联不同时刻间的目标状态估计就可以输出目标航迹，在很大程度上避免了由关联引起的计算复杂度问题。现有随机有限集滤波中的航迹关联与维持方法主要分为两类：粒子标识法[157, 166]和估计与航迹关联法[65, 165, 167]。前者将粒子在位置域进行分类，给相同类中的粒子分配相同的标识；后者直接对滤波结果进行航迹处理，即寻找当前时刻的估计状态与前一时刻估计状态的一步预测值之间的一种最优关联。这些方法由于未能充分利用目标状态估计信息，因此在目标相互靠近或做交叉运动时，容易出现航迹关联错误的问题。针对上述问题，本章介绍了两种航迹关联与维持方法，这些方法充分利用了多个时刻的目标信息，如目标位置、速度、运动方向等，在处理上述问题时取得了良好的效果。

5.2 经典航迹关联与维持方法

在早期的文献中已经提出一些针对随机有限集滤波的航迹关联与维持方法[164-168]，本节以PHD滤波为例，仅介绍其中较为经典的粒子标识法(Particle Labeling)和估计与航迹关联法(Estimation-to-Track)。

5.2.1 粒子标识法

粒子标识法的主要思想是：在每次粒子 PHD 滤波过程中，将粒子在位置域进行分类，给同一类中的粒子分配相同的标识；在重采样过程中，给重采样得到的粒子分配与其父粒子相同的标识；重采样后，再对粒子进行聚类，将同一类中具有相同标识且占主体的粒子与上一时刻的类相关联；最后，将具有相同标识的目标关联起来，即可获得每个目标的完整航迹。粒子标识法的具体执行步骤[157]如下：

(1) 预测：

对 $i=1, 2, \cdots, N_{k-1}$，给每个粒子分配预测标识，即

$$L_k^{(P)}(\tilde{\boldsymbol{x}}_k^{(i)})=L_{k-1}(\boldsymbol{x}_{k-1}^{(i)}) \tag{5-1}$$

定义预测分类为

$$\{P_k^{(P,1)}, P_k^{(P,2)}, \cdots, P_k^{(P,\hat{T}_{k-1})}\}=\{P_{k-1}^{(1)}, P_{k-1}^{(2)}, \cdots, P_{k-1}^{(\hat{T}_{k-1})}\} \tag{5-2}$$

对 $i=1, 2, \cdots, M$，给每个新生粒子分配标识，即

$$L_k^P(\tilde{\boldsymbol{x}}_k^{(i)})=L_k^{\mathrm{NEW}} \tag{5-3}$$

定义新生粒子分类为 $P_k^{(P, L_k^{\mathrm{NEW}})}$。

(2) 更新：

定义更新后的分类为

$$\{P_k^{(U,1)}, P_k^{(U,2)}, \cdots, P_k^{(U,\hat{T}_{k-1}+1)}\}=\{P_k^{(P,1)}, P_k^{(P,2)}, \cdots, P_k^{(P,\hat{T}_{k-1})}\}\cup P_k^{(P,L_k^{\mathrm{NEW}})} \tag{5-4}$$

(3) 重采样：

如果 $\boldsymbol{x}_k^{(j)}\in \mathrm{Child}(\tilde{\boldsymbol{x}}_k^{(i)})$，则分配标识 $L_k^R(\boldsymbol{x}_k^{(j)})=L_k^U(\tilde{\boldsymbol{x}}_{k-1}^{(i)})$，重采样后分类由 $\{P_k^{(R,1)}, \cdots, P_k^{(R,\hat{T}_{k-1}+1)}\}$确定。

(4) 状态估计：

通过聚类确定目标状态和协方差$\{(\bar{\boldsymbol{x}}_k^{(1)}, \boldsymbol{S}_k^{(1)}), \cdots, (\bar{\boldsymbol{x}}_k^{(\hat{T}_k)}, \boldsymbol{S}_k^{(\hat{T}_k)})\}$，如果状态估计$\bar{\boldsymbol{x}}_k^{(i)}$和$\bar{\boldsymbol{x}}_k^{(j)}$满足

$$\exp\{-\frac{1}{2}(\boldsymbol{H}\bar{\boldsymbol{x}}_k^{(i)}-\boldsymbol{H}\bar{\boldsymbol{x}}_k^{(j)})^{\mathrm{T}}(\boldsymbol{H}^{\mathrm{T}}\boldsymbol{S}_k^{(i)}\boldsymbol{H})(\boldsymbol{H}\bar{\boldsymbol{x}}_k^{(i)}-\boldsymbol{H}\bar{\boldsymbol{x}}_k^{(j)})\}<\gamma \tag{5-5}$$

则表明目标之间距离太近，此时，可根据速度信息进行重新聚类。其中，$\boldsymbol{H}$ 为量测方程 $h(\cdot)$一阶泰勒级数展开的系数，γ 为设定的阈值。给分类分配标识$\{L_k^{(1)}, L_k^{(2)}, \cdots, L_k^{(\hat{T}_k)}\}$，

得到估计后的分类$\{P_k^{(1)}, P_k^{(2)}, \cdots, P_k^{(\hat{T}_k)}\}$。

(5) 关联：

此时已经获得两个分类集合$\{P_k^{(R,1)}, P_k^{(R,2)}, \cdots, P_k^{(R,\hat{T}_{k-1}+1)}\}$和$\{P_k^{(1)}, P_k^{(2)}, \cdots, P_k^{(\hat{T}_k)}\}$，前一个集合与前一时刻的分类及新生目标粒子分类相对应，后一个集合表示当前时刻的分类。

对于$g=1, 2, \cdots, \hat{T}_{k-1}$，$h=1, 2, \cdots, \hat{T}_k$，定义两个矩阵$\boldsymbol{A}$和$\boldsymbol{B}$，其中的元素分别满足

$$A_{g,h} = \#\{i: \boldsymbol{x}_k^{(i)} \in P_k^{(R,g)} \cap P_k^{(h)}\} \tag{5-6}$$

$$B_{g,h} = \#\{i: \mathrm{Child}(\boldsymbol{x}_k^{(i)}) \in P_k^{(R,g)} \cap P_k^{(h)}\} \tag{5-7}$$

式中：符号“#”表示集合中粒子的数目。矩阵$\boldsymbol{A}$说明在当前时刻，每个分类中有多少粒子与前一时刻的分类相对应。矩阵$\boldsymbol{B}$说明在当前时刻，每个分类中有多少重采样的粒子与前一时刻的分类相对应。

如果分类比较准确，则对应每个目标的粒子数都应该满足

$$\sum_{g=1}^{\hat{T}_{k-1}} A_{g,\beta} \approx N, \quad \sum_{h=1}^{\hat{T}_k} A_{h,\alpha} \approx N \tag{5-8}$$

理想情况下，如果$k-1$时刻的目标g与k时刻的目标h相关联，则$A_{g,h} \approx N$。但由于存在目标新生与消失、杂波干扰或错误分类等情况，使得$A_{g,h}$与N之间有一定的偏差。设定一个门限值ε_1，如果对于前一时刻的目标g存在$\sum_{h=1}^{\hat{T}_k} A_{g,h} \leqslant \varepsilon_1 N$，则认为目标$g$消失。对于新生目标，设定门限值$\varepsilon_2$，如果在第二个集合的某个分类中表示新生目标的粒子数目超过$\varepsilon_2 N$，则表明有新生目标出现。

在某些情况下，新生目标周围的粒子是从已经存在的目标粒子中采样得到的，则前一时刻的目标g在k时刻可能会分为两类，即可能有衍生目标出现。此时，矩阵$\boldsymbol{A}$中这两个目标的粒子数是否相同，则需要根据矩阵$\boldsymbol{B}$来判断。矩阵$\boldsymbol{B}$用于确定有多少粒子需要被重采样，如果能准确跟踪存活目标，则从存活目标中重采样的粒子数要高于从新生目标中重采样的粒子数。

定义一个有效矩阵$\mathbf{V}$，如果$A_{g,h} \geqslant \varepsilon_1 N$，则$V_{g,h}=1$；否则，$V_{g,h}=0$。

航迹关联估计如下：

(1) 如果$\sum_h V_{g,h}=0$，则删除目标标识$L_{k,g}$。

(2) 如果 $\sum_{h} V_{g,h}=1$，则目标 g 与 h 关联。

(3) 如果 $\sum_{h} V_{g,h}>1$，则取 $h=\arg\max B_{g,h}$，将目标 g 与 h 关联。

5.2.2 估计与航迹关联法

估计与航迹关联法的本质是将相邻时间的位置或速度联系起来，保持每个目标标识的连续性。估计与航迹关联法与粒子标识法的不同之处主要在于关联步骤，下面仅介绍其关联步骤。

对于 $j=1, 2, \cdots, \hat{T}_{k-1}$，前一时刻估计状态的一步预测为

$$\bar{\boldsymbol{x}}_{k|k-1}^{(j)}=f_k(\bar{\boldsymbol{x}}_{k-1}^{(j)}) \tag{5-9}$$

对于 $i=1, 2, \cdots, \hat{T}_k$，根据式(5-10)建立估计状态的有效门限，即

$$V_k^{(i,j)}(\gamma)=\{(\bar{\boldsymbol{x}}_k^{(i)}-\bar{\boldsymbol{x}}_{k|k-1}^{(j)})^{\mathrm{T}}(\boldsymbol{S}_k^{(i)})^{-1}(\bar{\boldsymbol{x}}_k^{(i)}-\bar{\boldsymbol{x}}_{k|k-1}^{(j)})\leqslant\gamma\} \tag{5-10}$$

计算$\{\bar{\boldsymbol{x}}_{k|k-1}^{(1)}, \bar{\boldsymbol{x}}_{k|k-1}^{(2)}, \cdots, \bar{\boldsymbol{x}}_{k|k-1}^{(\hat{T}_{k-1})}\}$和$\{\bar{\boldsymbol{x}}_k^{(1)}, \bar{\boldsymbol{x}}_k^{(2)}, \cdots, \bar{\boldsymbol{x}}_k^{(\hat{T}_k)}\}$之间一对一的有效关联集 β_k，并寻找一种最优关联 $b_k\in\beta_k$，满足

$$b_k=\underset{b\in\beta_k}{\operatorname{argmax}}\sum_{b}\exp\{-\frac{1}{2}(\bar{\boldsymbol{x}}_k^{(i)}-\bar{\boldsymbol{x}}_{k|k-1}^{(j)})^{\mathrm{T}}(\boldsymbol{S}_k^{(i)})^{-1}(\bar{\boldsymbol{x}}_k^{(i)}-\bar{\boldsymbol{x}}_{k|k-1}^{(j)}) \tag{5-11}$$

此后，对于没有关联的估计状态$\{\bar{\boldsymbol{x}}_k^{(n_1)}, \bar{\boldsymbol{x}}_k^{(n_2)}, \cdots, \bar{\boldsymbol{x}}_k^{(n_k)}\}$分配新的标识$\{L_k^{(n_1)}, L_k^{(n_2)}, \cdots, L_k^{(n_k)}\}$。

估计与航迹关联法主要有以下优点[169]：

(1) 可滤除杂波干扰。

(2) 估计的状态中包含不可观测的状态维，如速度、方向等。当目标之间的距离较近时，可以根据目标的速度信息进行航迹关联。在必要情况下，还可以考虑目标的运动方向信息，以提高航迹关联的准确度。

虽然粒子标识法和估计与航迹关联法都可以实现多目标跟踪的航迹关联，但如果在滤波过程中存在杂波干扰，前者仍能够保持较长的跟踪时间，关联效果要优于估计与航迹关联法。粒子标识法的主要缺陷是容易导致两个不同的目标可能被标识为相同的标记，导致航迹关联错误。而估计与航迹关联法采用协方差矩阵确定关联门限，可能会导致目标航迹发生偏离或与其他目标发生错误关联，尤其是在目标交叉时更为明显。

5.3 基于模糊聚类的航迹维持算法

基于模糊聚类的航迹维持算法的主要思想是：充分利用多个时刻的信息，由不同时刻

估计的目标状态对当前时刻的目标状态进行一步预测，并根据惯性进行加权，最后利用模糊聚类求得当前时刻估计的目标状态属于每条航迹的隶属度，从而得到最终的航迹。与传统的估计与航迹关联法不同，该算法在更新每条航迹信息时，不仅仅是简单地对相邻时刻之间的对数似然比进行求和，而是通过加权聚类等操作综合考虑多个时刻的信息，有效解决了传统估计与航迹关联法不能充分利用多个时刻信息的问题。

5.3.1　问题描述

假设 k 时刻的 $\hat{T}_k$ 个状态估计集合为 $\{\hat{\boldsymbol{x}}_k^j\}_{j=1}^{\hat{T}_k}$，则估计与航迹关联法根据下式更新每条航迹假设的对数似然比(LLR)[65]，即

$$\mathrm{LLR}_{k,i}^{(j)}=\mathrm{LLR}_{k-1,i}+\log(\mathcal{N}(\boldsymbol{m}_k^{(j)};\hat{\boldsymbol{m}}_{k|k-1}^{(i)},\boldsymbol{P}_k^{(j)}+\hat{\boldsymbol{P}}_{k|k-1}^{(i)}))\tag{5-12}$$

由于估计与航迹关联法在更新每种航迹假设的对数似然比时只考虑了相邻时刻之间的信息，因此只要其中的一到两个时刻发生错误，则可能导致整条航迹的关联错误。如图5-1所示，考虑两个目标发生交叉的情况，目标 A 与目标 B 在 k 时刻关联错误，即 $\mathrm{LLR}_{k,A}^{(A)}<\mathrm{LLR}_{k,A}^{(B)}$，$\mathrm{LLR}_{k,B}^{(A)}>\mathrm{LLR}_{k,B}^{(B)}$，形成的航迹假设树如图 5-2 所示。简单起见，图5-2 中不考虑目标漏检的情况，并且采用具体的数字表示两个时刻之间对数似然比的大小。可以看出，由于在 $k-1$ 时刻到 k 时刻发生了关联错误，即使之后的关联

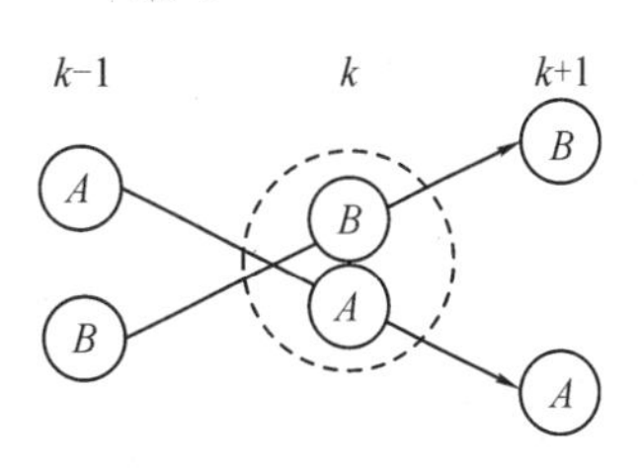

图 5-1　两目标交叉情况

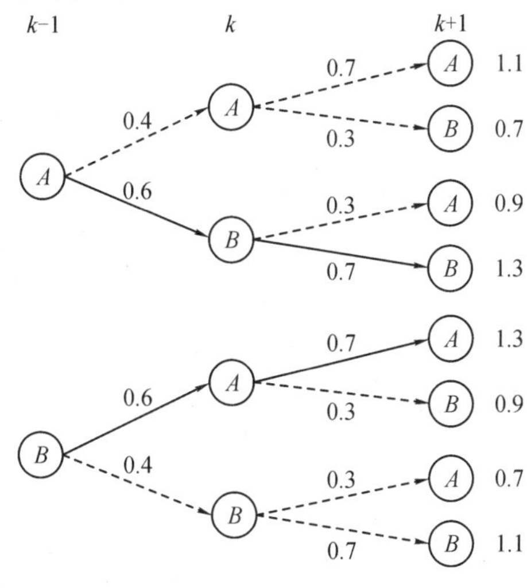

图 5-2　航迹假设树

全部正确，也可能导致整条航迹的关联错误。

5.3.2　基于模糊聚类的航迹维持算法

针对上节所述问题，本节介绍一种基于模糊聚类的航迹维持算法[161]，该算法充分利用多个时刻的信息，根据不同时刻估计的目标状态对当前时刻的目标状态进行 n 步预测，并根据惯性进行加权，最后利用模糊聚类求得当前估计属于每条航迹的隶属度，从而得到最终的航迹。

假设 $k-1$ 时刻的 $\hat{T}_{k-1}$ 个状态估计集合为 $\{\hat{\boldsymbol{x}}_{k-1}^{(i)}\}_{i=1}^{\hat{T}_{k-1}}$，若给每个状态估计 $\hat{\boldsymbol{x}}_{k-1}^{(i)}$ 分配一个标记 $l_{k-1}^{(i)}$，则 k 时刻的预测标记集合 $L_{k|k-1}$ 由 $k-1$ 时刻的标记集合 L_{k-1} 和 k 时刻的新生标记集合 $L_{\gamma,k}$ 组成，即

$$L_{k|k-1}=L_{k-1}\cup L_{\gamma,k} \tag{5-13}$$

式中：$L_{k-1}=\{l_{k-1}^{(1)}, l_{k-1}^{(2)}, \cdots, l_{k-1}^{(\hat{T}_{k-1})}\}$，$\hat{T}_{k-1}$ 为 $k-1$ 时刻的目标数估计。

为了充分利用多个时刻的信息，考虑到 k 时刻的标记可能来自之前 N 个时刻的所有标记集合，将式(5-13)展开为

$$\begin{aligned}L_{k|k-N:k-1}&=L_{k-N:k-1}\cup L_{\gamma,k}\\&=L_{k-N}\cup L_{k-N+1}\cup\cdots\cup L_{k-1}\cup L_{\gamma,k}\end{aligned} \tag{5-14}$$

式中：$L_{k-n}=\{l_{k-n}^{(1)}, l_{k-n}^{(2)}, \cdots, l_{k-n}^{(\hat{T}_{k-n})}\}$，$\hat{T}_{k-n}$ 为 $k-n$ 时刻的目标数估计，$n=1, 2, \cdots, N$，N 为时间衰减窗的窗长，可按下式计算，即

$$N=\left[\frac{\ln 2}{\lambda T}\right] \tag{5-15}$$

式中：[·]为取整运算，T 为采样周期，λ 为时间衰减因子。λ 的选取与目标运动方式有关，如果目标做强机动，则 λ 的值较大；如果目标做弱机动，则 λ 的值较小。

给集合 L_{k-n} 中的每个标记赋予一个权重，该权重与两个参量有关：一个是标记时刻与当前时刻的时间差；另一个是标记时刻所对应的强度，即

$$W(l_{k-n}^{(i)})=\mathrm{e}^{-n\lambda T}p_{S,k-n}(\hat{\boldsymbol{x}}_{k-n}^{(i)})\nu_{k-n}(\hat{\boldsymbol{x}}_{k-n}^{(i)})\quad, i=1, 2, \cdots, \hat{T}_{k-n}; n=1, 2, \cdots, N \tag{5-16}$$

式中：$\nu_{k-n}(\hat{\boldsymbol{x}}_{k-n}^{(i)})$ 为 $k-n$ 时刻状态估计 $\hat{\boldsymbol{x}}_{k-n}^{(i)}$ 的强度，$p_{S,k-n}(\hat{\boldsymbol{x}}_{k-n}^{(i)})$ 为目标的存活概率，由式(5-15)可以看出，时间衰减系数 $\mathrm{e}^{-n\lambda T}\in[0.5, 1]$。

对 $k-n$ 时刻的每个状态估计 $\hat{\boldsymbol{x}}_{k-n}^{(i)}$ 按式(5-17)进行 n 步预测，即

$$\hat{\boldsymbol{x}}_{k|k-n}^{(i)} = f_n(\hat{\boldsymbol{x}}_{k-n}^{(i)}) \tag{5-17}$$

式中：$f_n(\cdot)$表示 n 步状态转移函数。

可得 k 时刻的预测估计$\hat{\boldsymbol{x}}_{k|k-n}^{(i)}$，其标记为 $l_{k-n}^{(i)}$，相应的权重为 $W(l_{k-n}^{(i)})$。再以 k 时刻的状态估计$\hat{\boldsymbol{x}}_k^{(j)}$ 作为聚类中心，对所有预测状态$\hat{\boldsymbol{x}}_{k|k-n}^{(i)}$($i=1, 2, \cdots, \hat{T}_{k-n}$；$n=1, 2, \cdots, N$)进行聚类，得到 $k-n$ 时刻的第 i 个预测状态$\hat{\boldsymbol{x}}_{k|k-n}^{(i)}$ 属于$\hat{\boldsymbol{x}}_k^{(j)}$ 的模糊隶属度 $u_{ij}^{(n)}$。假设 k 时刻的状态估计$\hat{\boldsymbol{x}}_k^{(j)}$ 的存活标记集合记为 $L_{k,S}^{(j)}=L_{k-N:k-1}=\{l_{k,1}^{(j)}, l_{k,2}^{(j)}, \cdots, l_{k,S}^{(j)}\}$，$S$ 为集合 $L_{k-N:k-1}$ 的长度，则其中每个元素的权重可按下式计算：

$$W(l_{k,s}^{(j)}) = \frac{\sum_{n=1}^{N}\sum_{i=1}^{\hat{T}_{k-n}} u_{ij}^{(n)} W(l_{k-n}^{(i)})}{\sum_{n=1}^{N} W(l_{k-n}^{(i)})}，若\ l_{k-n}^{(i)} = l_{k,s}^{(j)},\ s=1, 2, \cdots, S \tag{5-18}$$

为了便于关联，增加一组虚假标记 $L_k^P(\tilde{\boldsymbol{x}}_k^{(i)})=L_{k-1}(\boldsymbol{x}_{k-1}^{(i)})$，并且令 $W(l_{k,0}^{(j)})$等于新生目标强度，则该关联问题转化为一个二维分配问题，即通过选取合适的 $\rho(k, j, s)$，最小化式(5-19)中的全局代价函数：

$$C(k \mid \rho(k, j, s)) = -\sum_{j=1}^{\hat{T}_k}\sum_{s=0}^{S}\rho(k, j, s)W(l_{k,s}^{(j)}) \tag{5-19}$$

式中：$\rho(k, j, s)$为一个二值变量，即

$$\rho(k, j, s) = \begin{cases} 1, & 若第\ s\ 个标记分配给\hat{\boldsymbol{x}}_k^j \\ 0, & 其他 \end{cases} \tag{5-20}$$

且满足条件：

$$\begin{cases} \sum_{s=0}^{S}\rho(k, j, s) = 1, & j=1, 2, \cdots, \hat{T}_k \\ \sum_{j=1}^{\hat{T}_k}\rho(k, j, s) = 1, & s=1, 2, \cdots, S \end{cases} \tag{5-21}$$

该二维分配问题可通过拍卖算法求解[168]，如果存在 $\rho(k, j, s)=1$，则起始一条新航迹，并给估计状态$\hat{\boldsymbol{x}}_k^{(j)}$ 分配一个新标记，最后将具有相同标记的估计状态连接起来便可得到一条完整的航迹。

该算法的原理框图如图 5-3 所示，其优势可通过图 5-4 中的例子进行说明。假设 k 时刻的估计状态为$\hat{\boldsymbol{x}}_k^{(1)}$ 和$\hat{\boldsymbol{x}}_k^{(2)}$，$k-n$ 时刻的预测状态如图 5-4 中白圈所示，$n=1, 2, 3,$

它们均有一个标记 $l_{k-n}^{(i)}$ 以及相应的权重 $W(l_{k-n}^{(i)})$，分别以 $\hat{\boldsymbol{x}}_{k}^{(1)}$ 和 $\hat{\boldsymbol{x}}_{k}^{(2)}$ 为聚类中心进行聚类，可将它们大致分为两类，如图 5-4 中虚线框所示。如果不考虑类与类之间的重叠，则 $\hat{\boldsymbol{x}}_{k}^{(1)}$ 的标记由 $\hat{\boldsymbol{x}}_{k|k-1}^{(2)}$、$\hat{\boldsymbol{x}}_{k|k-2}^{(1)}$ 和 $\hat{\boldsymbol{x}}_{k|k-3}^{(1)}$ 的标记及其相应的权重共同决定，即使 $\hat{\boldsymbol{x}}_{k}^{(j)}$ 与 $\hat{\boldsymbol{x}}_{k|k-1}^{(i)}$ 错误关联，只要 $\hat{\boldsymbol{x}}_{k}^{(j)}$ 与 $\hat{\boldsymbol{x}}_{k|k-2}^{(i)}$、$\hat{\boldsymbol{x}}_{k|k-3}^{(i)}$ 正确关联，仍然可能得到正确的航迹。由于该算法充分利用了历史信息，因此与传统算法相比，具有更强的鲁棒性。

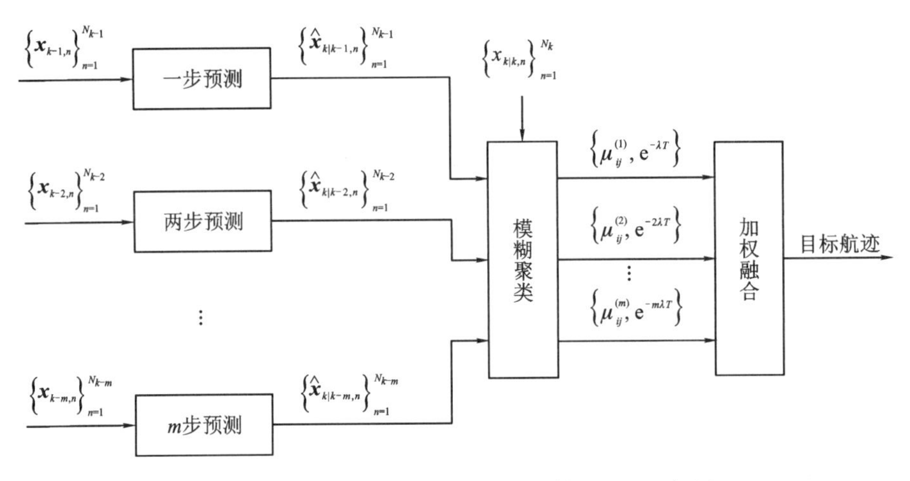

图 5-3　基于模糊聚类的航迹维持算法的原理框图

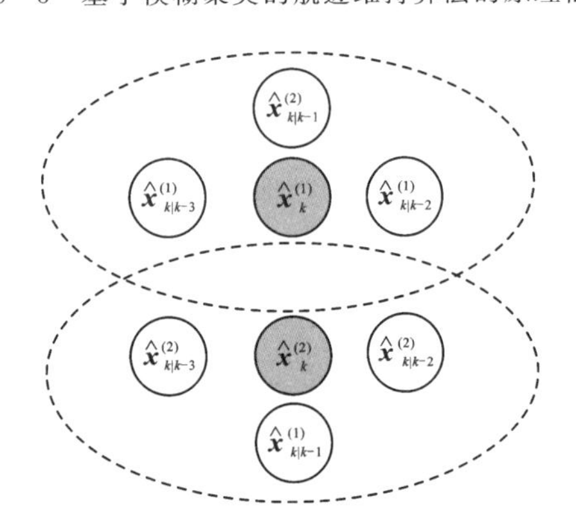

图 5-4　说明示例图

该算法需要以 k 时刻的状态估计 $\hat{\boldsymbol{x}}_{k}^{(j)}$ 作为聚类中心，对所有预测状态进行聚类。聚类过程可以描述为一个优化过程，相应的代价函数为

$$E=\sum_{n=1}^{N}\sum_{i=1}^{\hat{T}_{k-n}}\sum_{j=1}^{\hat{T}_{k}}u_{ij}^{(n)}\cdot d(\hat{\boldsymbol{x}}_{k|k-n}^{(i)},\hat{\boldsymbol{x}}_{k}^{(j)})\tag{5-22}$$

式中：$d(\hat{\boldsymbol{x}}_{k|k-n}^{(i)}, \hat{\boldsymbol{x}}_k^{(j)})$为$\hat{\boldsymbol{x}}_{k|k-n}^{(i)}$与聚类中心$\hat{\boldsymbol{x}}_k^{(j)}$之间的欧氏距离，并且$u_{ij}^{(n)}$服从如下约束：

$$\sum_{j=1}^{\hat{T}_k} u_{ij}^{(n)} = 1, \quad u_{ij}^{(n)} \in [0, 1] \tag{5-23}$$

根据信息论，为了最小无偏地描述数据点和类中心的隶属度，可以采用最大熵原理使熵最大化，即

$$H = H(u_{ij}^{(n)}) = -\sum_{n=1}^{N}\sum_{i=1}^{\hat{T}_{k-n}}\sum_{j=1}^{\hat{T}_k} u_{ij}^{(n)} \ln u_{ij}^{(n)} \tag{5-24}$$

在式(5-22)和式(5-23)的约束下，最大化式(5-24)。应用拉格朗日乘子法，目标函数可以定义为

$$J = -\sum_{n=1}^{N}\sum_{i=1}^{\hat{T}_{k-n}}\sum_{j=1}^{\hat{T}_k} u_{ij}^{(n)} \ln u_{ij}^{(n)} - \sum_{n=1}^{N}\sum_{i=1}^{\hat{T}_{k-n}} \alpha_i \sum_{j=1}^{\hat{T}_k} u_{ij}^{(n)} \cdot d(\hat{\boldsymbol{x}}_{k|k-n}^{(i)}, \hat{\boldsymbol{x}}_k^{(j)}) + \sum_{n=1}^{N}\sum_{i=1}^{\hat{T}_{k-n}} \lambda_i \left(\sum_{j=1}^{\hat{T}_k} u_{ij}^{(n)} - 1\right) \tag{5-25}$$

最大化式(5-25)所示的目标函数，可得$k-n$时刻的第i个预测状态$\hat{\boldsymbol{x}}_{k|k-n}^{(i)}$与聚类中心$\hat{\boldsymbol{x}}_k^{(j)}$的隶属度为

$$u_{ij}^{(n)} = \frac{\exp(-\alpha_i^{(n)} d(\hat{\boldsymbol{x}}_{k|k-n}^{(i)}, \hat{\boldsymbol{x}}_k^{(j)}))}{\sum_{j=1}^{\hat{T}_k} \exp(-\alpha_i^{(n)} d(\hat{\boldsymbol{x}}_{k|k-n}^{(i)}, \hat{\boldsymbol{x}}_k^{(j)}))} \tag{5-26}$$

式中：$\alpha_i^{(n)}$为差异因子，通过变化$\alpha_i^{(n)}$可以调整$\hat{\boldsymbol{x}}_{k|k-n}^{(i)}$与最近聚类中心及其他类中心的隶属度值。

为了得到最优的差异因子$\alpha_{i,\mathrm{opt}}^{(n)}$，在式(5-22)中对参数$\alpha_i^{(n)}$求一阶偏导，可得

$$\frac{\partial E}{\partial \alpha_i^{(n)}} = \sum_{n=1}^{N}\sum_{i=1}^{\hat{T}_{k-n}} \frac{d(\hat{\boldsymbol{x}}_{k|k-n}^{(i)}, \hat{\boldsymbol{x}}_k^{(j)})}{Y^2} \exp\left(-\alpha_i^{(n)} d(\hat{\boldsymbol{x}}_{k|k-n}^{(i)}, \hat{\boldsymbol{x}}_k^{(j)})\right) \left[-d(\hat{\boldsymbol{x}}_{k|k-n}^{(i)}, \hat{\boldsymbol{x}}_k^{(j)}) Y + \sum_{j=1}^{\hat{T}_k} d(\hat{\boldsymbol{x}}_{k|k-n}^{(i)}, \hat{\boldsymbol{x}}_k^{(j)}) \exp\left(-\alpha_i^{(n)} d(\hat{\boldsymbol{x}}_{k|k-n}^{(i)}, \hat{\boldsymbol{x}}_k^{(j)})\right)\right] \tag{5-27}$$

式中：$Y = \sum_{j=1}^{\hat{T}_k} \exp\left(-\alpha_i^{(n)} d(\hat{\boldsymbol{x}}_{k|k-n}^{(i)}, \hat{\boldsymbol{x}}_k^{(j)})\right)$。

假设$d_{i,\min}^{(n)}$是$\hat{\boldsymbol{x}}_{k|k-n}^{(i)}$与其距离最近的聚类中心的欧氏距离，则在满足下式时，可得最优的$\alpha_{i,\mathrm{opt}}^{(n)}$，即

$$\exp(-\alpha_{i,\mathrm{opt}}^{(n)} d_{i,\min}^{(n)}) = \varepsilon \tag{5-28}$$

式中：ε 为一个小的正常数。

在式(5-28)的约束下，E 可以达到饱和，此时最优值为

$$\alpha_{i,\mathrm{opt}}^{(n)} = -\frac{\ln(\varepsilon)}{d_{i,\min}^{(n)}} \tag{5-29}$$

将 $\alpha_{i,\mathrm{opt}}^{(n)}$ 代入式(5-26)，可得到 $k-n$ 时刻的第 i 个预测状态 $\hat{\boldsymbol{x}}_{k|k-n}^{(i)}$ 与聚类中心 $\hat{\boldsymbol{x}}_{k}^{(j)}$ 的隶属度 $u_{ij}^{(n)}$，再将其代入式(5-18)，可求得标记 $l_{k,s}^{(j)}$ 的权重 $W(l_{k,s}^{(j)})$，进而实现航迹关联。

5.3.3 仿真实验与分析

为了验证本节算法的有效性，实验中比较了基于模糊聚类的航迹维持算法与 5.2 节中估计与航迹关联算法的航迹维持性能。假设跟踪场景中有 5 个目标在二维空间做匀速直线运动，目标运动轨迹如图 5-5 所示。

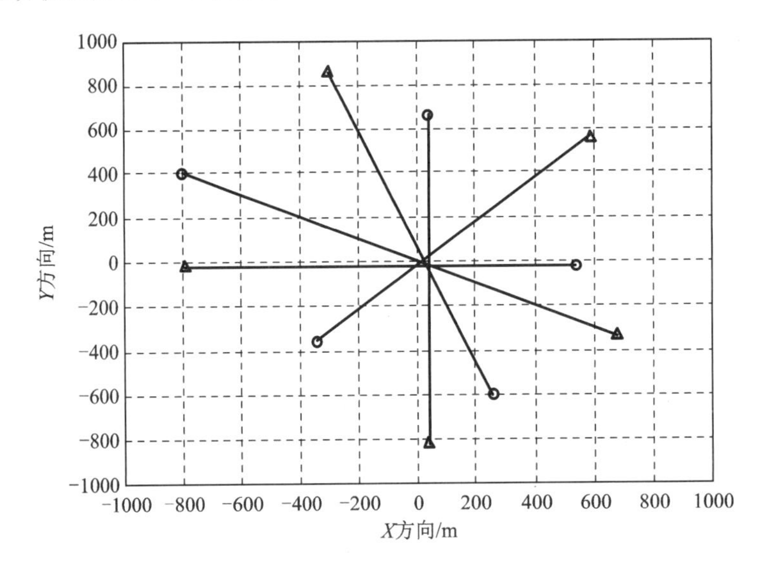

图 5-5 目标运动轨迹(○表示目标起始位置，△表示目标消失位置)

新生目标 RFS 的强度为

$$\gamma_k(\boldsymbol{x}) = \sum_{i=1}^{5} w_{\gamma}^{(i)} \mathcal{N}(\boldsymbol{x}; \boldsymbol{m}_{\gamma}^{(i)}, \boldsymbol{P}_{\gamma}^{(i)}) \tag{5-30}$$

式中：$w_{\gamma}^{(i)}=0.1$；$\boldsymbol{m}_{\gamma}^{(1)}=(-800\,\mathrm{m}, 0\,\mathrm{m/s}, 400\,\mathrm{m}, 0\,\mathrm{m/s})$，$\boldsymbol{m}_{\gamma}^{(2)}=(-340\,\mathrm{m}, 0\,\mathrm{m/s}, -360\,\mathrm{m}, 0\,\mathrm{m/s})$，$\boldsymbol{m}_{\gamma}^{(3)}=(40\,\mathrm{m}, 0\,\mathrm{m/s}, 660\,\mathrm{m}, 0\,\mathrm{m/s})$，$\boldsymbol{m}_{\gamma}^{(4)}=(540\,\mathrm{m}, 0\,\mathrm{m/s}, -20\,\mathrm{m}, 0\,\mathrm{m/s})$，$\boldsymbol{m}_{\gamma}^{(5)}=(260, 0\,\mathrm{m/s}, -600\,\mathrm{m}, 0\,\mathrm{m/s})$，$\boldsymbol{P}_{\gamma}^{(i)}=\mathrm{diag}(40, 1, 40, 1)$。假设杂波数服从均值为 5 的泊

松分布，且在观测空间中均匀分布，目标的存活概率和检测概率分别为 $p_{S,k}=0.98$ 和 $p_{D,k}=0.99$，进行 200 次独立的蒙特卡罗实验，实验结果如图 5－6 和图 5－7 所示。

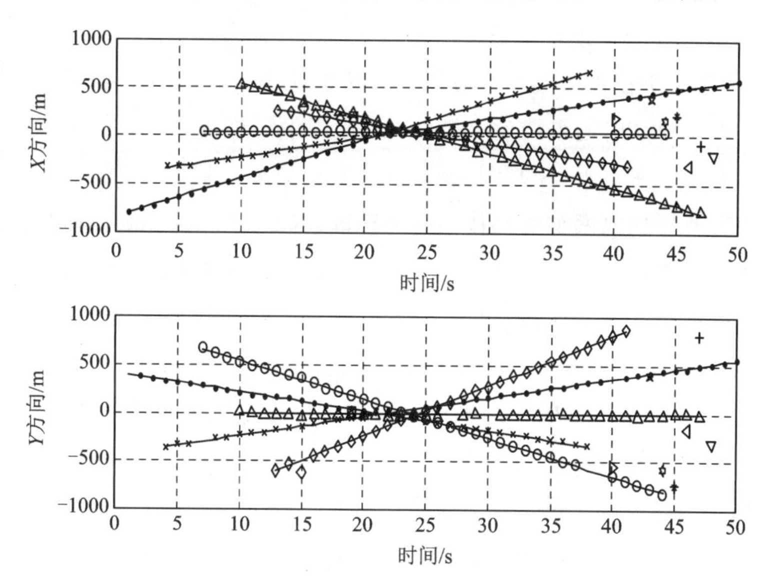

图 5－6　估计与航迹关联算法的航迹维持性能

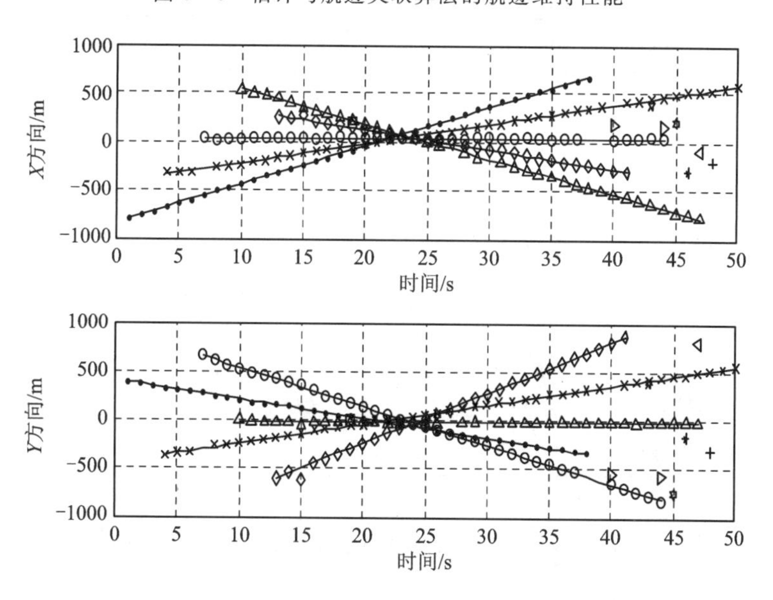

图 5－7　基于模糊聚类的航迹维持算法的航迹维持性能

图 5－6 所示为估计与航迹关联法的航迹维持性能。可以看出，标记为“•”的目标和标

记为“×”的目标在相交之后，其航迹发生了互换。这是因为该算法在更新每种航迹假设的对数似然比时只考虑了相邻时刻之间的信息，而在相交点附近的目标状态难以区分，此时一旦发生关联错误则可能导致整条航迹的错误。

图 5－7 所示为基于模糊聚类的航迹维持算法的航迹维持性能。可以看出，这种情况下的所有目标均关联正确，航迹维持效果较好。这是因为该算法充分利用了多个时刻的信息，虽然不同目标在相交点处的状态难以区分，但相交点前 n 个时刻的目标状态则相对容易区分，这些目标状态通过加权聚类等操作参与最终的判决，因此该算法鲁棒性更强。

通过统计不同量测噪声标准差 σ_ν 和不同检测概率 $p_{D,k}$ 情况下每条航迹的平均标记个数，可进一步验证算法的航迹维持性能。理想情况下，每条航迹只有一个标记，若发生图 5－6 所示情况，由于有两条航迹具有两个标记，三条航迹具有一个标记，则平均标记数为 1.4。因此，通过统计每条航迹的平均标记个数即可反映出航迹维持性能的优劣，平均标记数越接近于 1，航迹维持性能越好。实验结果如表 5－1 和表 5－2 所示，可以看出，随着观测噪声强度的增加和检测概率的降低，航迹维持效果均有所下降，但基于模糊聚类的航迹维持算法普遍优于传统的估计与航迹关联法。

表 5－1　检测概率 $p_{D,k}$＝0.95 时的算法性能对比

	σ_ν＝0.1 m	σ_ν＝0.4 m	σ_ν＝0.7 m	σ_ν＝1 m	平均单步运行时间/s
估计与航迹关联算法	1.4275	1.4889	1.5222	1.7684	0.2876
基于模糊聚类的航迹维持算法	1.0508	1.0754	1.1444	1.3368	0.7654

表 5－2　量测噪声标准差 σ_ν＝0.5 m 时的算法性能对比

	$p_{D,k}$＝0.99	$p_{D,k}$＝0.95	$p_{D,k}$＝0.9	$p_{D,k}$＝0.85	平均单步运行时间/s
估计与航迹关联算法	1.3081	1.4925	1.6049	1.8736	0.3183
基于模糊聚类的航迹维持算法	1.0417	1.1208	1.1951	1.3840	0.9011

5.4　基于交叉熵的航迹维持算法

基于交叉熵的航迹维持算法的思想是：首先，采用粒子 PHD 滤波估计目标状态，将估计结果作为顶点，建立带权重的有向连接图；然后，采用全局优化的交叉熵方法计算最优的可行性关联事件，实现多个目标的航迹维持。其中，在计算连接图的邻接矩阵关联权重时，该算法充分考虑了目标的位置和速度信息，并引入目标的运动方向信息修正目标关联权重，有效解决了目标相距较近或交叉时产生的错误关联问题。

5.4.1　交叉熵

交叉熵(Cross Entropy，CE)方法是一种求解目标函数的全局最优方法，它可以避免马尔科夫链蒙特卡罗(Markov Chain Monte Carlo，MCMC)算法[170-172]容易陷入局部最优的不足，该方法最早用于对稀有事件的概率估计[173]，后来扩展到求解最优化问题。近年来，交叉熵方法被广泛用于许多组合优化问题求解，如最大割(Max-Cut)问题、通信网络可靠性优化问题、行车路径和旅行商等优化问题[174-176]。本节分为两部分，第一部分介绍交叉熵方法，第二部分介绍如何采用交叉熵方法解决多目标跟踪中的航迹关联问题。

1. 交叉熵方法

假定 χ 是某目标状态的一个有限集，$S(\cdot)$是 χ 的一个性能函数，现需要求该函数的最大值 γ^*，即

$$\gamma^* = \max_{x\in\chi} S(\boldsymbol{x}) \tag{5-31}$$

定义一个参数概率密度函数 $f(\boldsymbol{x};\boldsymbol{v})$，$\boldsymbol{x}\in\chi$，并构造一个参数向量序列$\boldsymbol{v}_1$，$\boldsymbol{v}_2$，…，$\boldsymbol{v}_k$，使得 $f(\boldsymbol{x};\boldsymbol{v}_k)$随着迭代采样时间 k 的增加而逼近全局最优 $\boldsymbol{x}$。该过程是通过对事件的采样实现的，即对 $f(\boldsymbol{x};\boldsymbol{v}_k)$采样，并利用最佳样本构造 k 时刻的分布参数向量$\hat{\boldsymbol{v}}_k$，即

$$\hat{\boldsymbol{v}}_k = \arg\max \ln f(\tilde{\boldsymbol{x}}_1, \tilde{\boldsymbol{x}}_2, \cdots, \tilde{\boldsymbol{x}}_{N_\rho}; \boldsymbol{v}) \tag{5-32}$$

式中：$\tilde{\boldsymbol{x}}_1$，$\tilde{\boldsymbol{x}}_2$，…，$\tilde{\boldsymbol{x}}_{N_\rho}$ 为 N_ρ 个最佳样本，$f(\tilde{\boldsymbol{x}}_1, \tilde{\boldsymbol{x}}_2, \cdots, \tilde{\boldsymbol{x}}_{N_\rho}; \boldsymbol{v})$为这些样本的联合概率密度函数。通过迭代上述的采样过程可以近似求出全局最优 $\boldsymbol{x}$。为了避免早期$\boldsymbol{v}_k$ 的一些分量恶化，可以采用式(5-33)平滑估计参数向量，即

$$L_\gamma = \{L_\gamma^{(i)}\}_{i=1}^{J_\gamma} = \{l_{k-1}^{(i,1)}, l_{k-1}^{(i,2)}, \cdots, l_{k-1}^{(i,N_\gamma)}\}_{i=1}^{J_\gamma} \tag{5-33}$$

交叉熵方法的具体步骤如下：

(1) 定义$\hat{\boldsymbol{v}}_0 = \boldsymbol{u}$。

(2) $k\geqslant 1$ 时，采样 $f(\boldsymbol{x};\boldsymbol{v}_{k-1})$，产生样本$\boldsymbol{x}_1$，$\boldsymbol{x}_2$，…，$\boldsymbol{x}_N$，并根据性能函数计算出 N_ρ 个最佳样本。

(3) 根据式(5-32)计算参数向量的最佳似然估计$\hat{\boldsymbol{v}}_k$。

(4) 根据式(5-33)平滑估计。

(5) 如果满足迭代停止条件，则停止迭代；否则，$k=k+1$，返回步骤(2)。

2. 基于交叉熵方法的多目标航迹关联

假设目标的状态转移方程和量测方程分别为

$$\boldsymbol{x}_{i,k+1}=\boldsymbol{F}\boldsymbol{x}_{i,k}+\boldsymbol{G}\boldsymbol{w}_{i,k} \tag{5-34}$$

$$\boldsymbol{z}_{i,k}=\begin{cases}h(\boldsymbol{x}_{i,k})+\boldsymbol{v}_k, & r_j=i\\ \boldsymbol{u}_k, & r_j=0\end{cases} \tag{5-35}$$

式中：$\boldsymbol{x}_{i,k}=[x_{i,k}, v_{x_{i,k}}, y_{i,k}, v_{y_{i,k}}]^{\mathrm{T}}$ 表示 k 时刻目标 i 的状态，$(x_{i,k}, y_{i,k})$和$(v_{x_{i,k}}, v_{y_{i,k}})$分别表示目标的位置和速度向量；$\boldsymbol{F}$ 和 $\boldsymbol{G}$ 分别为状态转移矩阵和输入矩阵；$\boldsymbol{z}_{i,k}$ 表示量测，$j=1, 2, \cdots, M_k$，M_k 为 k 时刻的量测数；目标的过程噪声 $\boldsymbol{w}_{i,k}$ 和量测噪声 $\boldsymbol{v}_k$ 相互独立，且均为零均值的高斯白噪声，对应的协方差分别为 $\boldsymbol{Q}$ 和 $\boldsymbol{R}$；$\boldsymbol{u}_k$ 为量测空间中的杂波量测，服从均匀分布；$r_j=i$ 表示量测 j 来源于目标 i，$r_j=0$ 表示量测 j 来源于杂波。

若 k 时刻的量测集合为 $\boldsymbol{z}_{1,k}, \boldsymbol{z}_{2,k}, \cdots, \boldsymbol{z}_{M_k,k}$，$T$ 时刻之前的所有量测集合为 $Z_{1:T}=\{Z_1, Z_2, \cdots, Z_T\}$，假设 Ω 表示对 $Z_{1:T}$ 的所有可行性事件划分的集合，则对于可行性事件 $\omega\in\Omega$，满足以下条件：

(1) $\omega=\{\tau_0, \tau_1, \cdots, \tau_i, \cdots, \tau_C\}$，其中，$\tau_0$ 为虚警，τ_i 为目标 i 的航迹，C 为总的目标数。

(2) $\bigcup_{i=0}^{C}\tau_i=Z_{1:T}$，且 $\tau_i\cap\tau_j=\varnothing$，$i\neq j$。

(3) $|\tau_i\cap Z_k|\leqslant 1$，$i=1, 2, \cdots, C$；$k=1, 2, \cdots, T$。

(4) $|\tau_i|>1$，$i=1, 2, \cdots, C$。

求解目标航迹的关联问题等价于在 Ω 中寻找一个最优可行性事件 ω。如果 ω 确定，则目标的真实航迹 $\tau_1, \tau_2, \cdots, \tau_C\in\omega$ 和虚警 $\tau_0\in\omega$ 就可以完全确定。因此，目标的航迹关联问题可以转化为在给定的量测集 $Z_{1:T}$ 中求解最优可行性事件 ω 的问题[177-178]，即

$$\omega^*=\underset{\omega\in\Omega}{\arg\max}P\{\omega\mid Z_{1:T}\} \tag{5-36}$$

$$P\{\omega\mid Z_{1:T}\}=\frac{1}{C_0}\prod_{\tau\in\omega\backslash\{\tau_0\}}\prod_{i=2}^{|\tau|}\mathcal{N}(\tau(i);\hat{z}_{i,k}(\tau), B_{i,k}(\tau))\times$$

$$\prod_{k=1}^{T}p_{\mathrm{N},k}^{n_k}(1-p_{\mathrm{N},k})^{m_k-1-n_k}p_{\mathrm{D},k}^{d_k}(1-p_{\mathrm{D},k})^{m_k-d_k}p_{\mathrm{B},k}^{a_k}p_{\mathrm{F},k}^{f_k} \tag{5-37}$$

式中：C_0 为一个常数，$\tau(i)$表示量测 i 与航迹 τ 关联，$\hat{z}_{i,k}(\tau)$和 $B_{i,k}(\tau)$分别为 k 时刻的目标预测量测和新息协方差。m_k 为 k 时刻的目标数，a_k 为 k 时刻的新生目标数，n_k 为 k 时刻的终止目标数，d_k 为 k 时刻检测到的目标数，f_k 为 k 时刻的虚警目标数，$p_{\mathrm{N},k}$ 为终

止概率，$p_{D,k}$ 为检测概率，$p_{B,k}$ 为新生概率，$p_{F,k}$ 为虚警概率。

5.4.2　基于交叉熵的航迹维持算法

本节介绍的算法主要包含粒子 PHD(即 PF-PHD)滤波阶段和航迹关联阶段，具体过程如下所述。

1. PF-PHD 滤波

(1) 预测：

对存活目标的建议分布 $q_k(\cdot|\boldsymbol{x}_{k-1}^{(i)}, Z_k)$和新生目标的建议分布 $p_k(\cdot|Z_k)$分别进行采样，设 $k-1$ 时刻有 L_{k-1} 个粒子，k 时刻新生目标的蒙特卡罗采样粒子数为 J_k，则目标的采样粒子及其预测权重分别为

$$\boldsymbol{x}_{k|k-1}^{(i)} \sim \begin{cases} q_k(\boldsymbol{x}_k|\boldsymbol{x}_{k-1}^{(i)}, Z_k), & i=1, 2, \cdots, L_{k-1} \\ p_k(\boldsymbol{x}_k|Z_k), & i=L_{k-1}+1, L_{k-1}+2, \cdots, L_{k-1}+J_k \end{cases} \tag{5-38}$$

$$w_{k|k-1}^{(i)} = \begin{cases} \dfrac{\phi(\boldsymbol{x}_k^{(i)}, \boldsymbol{x}_{k-1}^{(i)})}{q_k(\boldsymbol{x}_k^{(i)}|\boldsymbol{x}_{k-1}^{(i)}, Z_k)} w_{k-1}^{(i)}, & i=1, 2, \cdots, L_{k-1} \\ \dfrac{1}{J_k} \dfrac{\gamma_k(\boldsymbol{x}_k^{(i)})}{p_k(\boldsymbol{x}_k^{(i)}|Z_k)}, & i=L_{k-1}+1, L_{k-1}+2, \cdots, L_{k-1}+J_k \end{cases} \tag{5-39}$$

(2) 更新：

对于 $i=1, 2, \cdots, L_{k-1}+J_k$，更新粒子权重为

$$w_k^{(i)} = \left[(1-p_{D,k}(\boldsymbol{x}_k^{(i)})) + \sum_{z\in Z_k} \frac{p_{D,k}(\boldsymbol{x}_k^{(i)}) g_k(\boldsymbol{z}|\boldsymbol{x}_k^{(i)})}{\lambda_k c_k(\boldsymbol{z}) + \sum_{z\in Z_k} p_{D,k}(\boldsymbol{x}_k^{(i)}) g_k(\boldsymbol{z}|\boldsymbol{x}_k^{(i)}) w_{k|k-1}^{(i)}}\right] w_{k|k-1}^{(i)} \tag{5-40}$$

(3) 目标数估计：

$$\hat{N}_k = \mathrm{int}\left(\sum_{i=1}^{L_{k-1}+J_k} w_k^{(i)}\right) \tag{5-41}$$

式中：int(·)表示四舍五入取整。

(4) 重采样：

剔除权重较小的粒子，并复制权重较大的粒子。

(5) 目标状态提取：

根据估计目标数 $\hat{N}_k$ 将重采样后的粒子进行聚类，聚类中心为目标状态的估计值，即

$\hat{X}_k=\{\hat{\boldsymbol{x}}_{j,k}\}_{j=1}^{\hat{N}_k}$。

2. 航迹关联

经过 PF-PHD 滤波后，输出结果为 $\hat{X}_k=\{\hat{\boldsymbol{x}}_{j,k}\}_{j=1}^{\hat{N}_k}$，下面根据图谱理论[170-172]构建带权重的有向连接图。定义带权重的有向图为 $G=(V,E,W)$，其中，V 表示图的顶点集合，此处为 PF-PHD 滤波的输出结果，即 $V=\hat{X}_{1:T}$；E 表示图的边的集合，可描述为 $E=\{(\hat{\boldsymbol{x}}_{i,k},\hat{\boldsymbol{x}}_{j,k+1})|\hat{\boldsymbol{x}}_{i,k},\hat{\boldsymbol{x}}_{j,k+1}\in\hat{X},\ \|\hat{\boldsymbol{x}}_{i,p,k}-\hat{\boldsymbol{x}}_{j,p,k+1}\|\leqslant v_{\max}\}=\{e_{i,j}|i\in\hat{X}_k,j\in\hat{X}_{k+1}\}$，$\hat{\boldsymbol{x}}_{i,p,k}$ 和$\hat{\boldsymbol{x}}_{j,p,k+1}$ 分别表示 k 时刻和 $k+1$ 时刻目标状态中的位置分量；W 为边的权重，该算法中描述为 $W=\{w_{i,j}|e_{i,j}\in E,\ i\in\hat{X}_k,j\in\hat{X}_{k+1}\}$，$w_{i,j}$ 表示图连接边 $e_{i,j}$ 的权重。为了解决目标交叉运动时的航迹关联问题，考虑了多个时刻目标的运动方向，定义权重为

$$w_{i,j}=\exp\left(\frac{-\|\boldsymbol{F}\cdot\hat{\boldsymbol{x}}_{i,k}-\hat{\boldsymbol{x}}_{j,k+1}\|_2}{\sigma_1}\right)\cdot\exp\left(\frac{-\|\bar{\theta}_{k-l,k}(i,i)-\theta_{k,k+1}(i,j)\|_2}{\sigma_2}\right) \tag{5-42}$$

式中：$\|\cdot\|_2$ 表示向量的 2 范数；l 表示量测帧数；$\boldsymbol{F}\cdot\hat{\boldsymbol{x}}_{i,k}$ 表示目标的估计状态$\hat{\boldsymbol{x}}_{i,k}$ 在 k 时刻的一步预测值；$\bar{\theta}_{k-l,k}(i,i)$表示 k 时刻的目标 i 与前 l 个时刻的航迹 i 之间的平均方向角；$\theta_{k,k+1}(i,j)$ 表示 $k+1$ 时刻的目标 i 与 k 时刻的航迹 j 之间的方向角；$\exp\left(\frac{-\|\bar{\theta}_{k-l,k}(i,i)-\theta_{k,k+1}(i,j)\|_2}{\sigma_2}\right)$表示当前时刻目标的运动方向与前 l 个时刻平均运动方向的关联程度，越接近于 1，说明该时刻的目标越有可能与航迹 i 关联；σ_1 和 σ_2 表示调节因子，可分别根据过程噪声和量测噪声的大小来确定。

图的邻接矩阵可表示为 $\boldsymbol{A}=\{a_{i,j}|i\in\hat{X}_k,j\in\hat{X}_{k+1}\}$，其中：

$$a_{i,j}=\begin{cases}w_{i,j}, & 若\ e_{i,j}\in E\\ 0, & 其他\end{cases} \tag{5-43}$$

由式(5-42)可以看出，在计算目标之间的关联权重时，基于交叉熵的航迹维持算法既考虑了目标的状态信息(位置和速度)，也考虑了目标的运动方向信息，因此可以更好地关联相距较近的目标或做交叉运动的目标。因为，当目标接近或交叉时，仅用目标的位置信息已经很难区分开目标。此外，如果目标都是以相同的速度运动，仅依靠目标的状态信息也难以区分开每个目标，而目标的运动方向信息可以较好地用于识别和区分各个目标，有效改善多目标跟踪时的航迹维持性能。

基于交叉熵的航迹维持算法的框图如图 5-8 所示，算法的具体步骤如下：

（1）初始化。假设起始时刻有 $\tilde{N}_0$ 个目标，且状态集合 $\tilde{X}_0=\{\tilde{\boldsymbol{x}}_{i,0}\}_{i=1}^{\tilde{N}_0}$ 为 PF-PHD 算法的滤波结果。

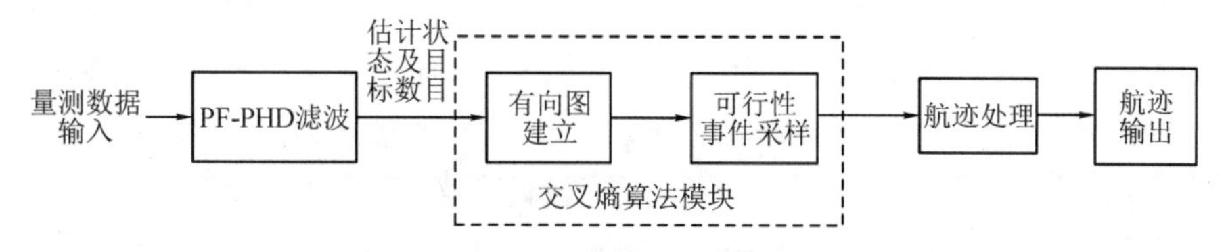

图 5-8　基于交叉熵的航迹维持算法的框图

（2）当 $k\geqslant 1$ 时，k 时刻目标的量测集合 $\hat{X}_k=\{\hat{\boldsymbol{x}}_{j,k}\}_{j=1}^{\hat{N}_k}$ 为 PF-PHD 算法在 k 时刻的滤波结果。

（3）建立带有权重的有向连接图，且根据式(5-43)求出邻接矩阵 $\boldsymbol{A}$。

（4）采用交叉熵方法进行航迹关联。

① 根据邻接矩阵 $\boldsymbol{A}$ 进行采样，即可行性事件采样，计算出 N_ρ 个最佳样本。

② 根据式(5-32)计算参数向量的最佳似然估计 $\hat{\boldsymbol{v}}_k$。

③ 根据式(5-33)进行平滑估计。

④ 如果满足停止迭代条件，则停止迭代；否则，$k=k+1$，返回①。

⑤ 航迹关联，并去除杂波点。如果 $\hat{N}_k>\hat{N}_{k-1}$，说明有目标新生或者存在杂波，需对已有目标进行航迹关联，对新生目标进行航迹起始，即建立新的航迹；如果 $\hat{N}_k<\hat{N}_{k-1}$，说明可能存在目标漏检或目标消失，如果连续两个时刻发生漏检，则认为该目标消失，并终止其航迹。

5.4.3　仿真实验与分析

为了验证本节算法的有效性，实验中比较了基于交叉熵的航迹维持算法和 5.2 节中粒子标识法、估计与航迹关联法的关联性能，跟踪场景与 5.3 节相同。本节采用正确关联率(NCR)和错误关联比(ICAR)[177-178]来衡量算法的关联性能，正确关联率和错误关联比分别定义为

$$\mathrm{NCA}(\omega)=\frac{|\mathrm{CA}(\omega)|}{|\mathrm{SA}(\omega^{*})|} \tag{5-44}$$

$$\mathrm{ICAR}(\omega)=\frac{|\mathrm{SA}(\omega)|-|\mathrm{CA}(\omega)|}{|\mathrm{CA}(\omega)|} \tag{5-45}$$

式中：$\mathrm{SA}(\omega)=\{(\tau,\ t_i^{\tau},\ t_{i+1}^{\tau});\ i=1,\ 2,\ \cdots,\ |\tau|-1,\ \tau\in\omega\}$ 表示可行性事件的所有关联集

合，$CA(\omega)=\{(\tau, t, s)\in SA(\omega); \tau(t)=\tau^*(t), \tau(s)=\tau^*(s), \tau^*\in\omega^*\}$表示正确关联的集合，$t_i^\tau$ 表示航迹 τ 上第 i 个量测的时间，$\tau(t)$表示 t 时刻量测与航迹 τ 关联，ω^* 表示不含杂波的关联事件。

实验结果如图 5-9 和图 5-10 所示，分别给出了不同杂波率和不同检测概率下，本节算法与粒子标识法、估计与航迹关联法的关联性能对比情况。可以看出，本节算法的正确关联率要高于粒子标识法、估计与航迹关联法，错误关联比要低于这两种算法。此外，还可

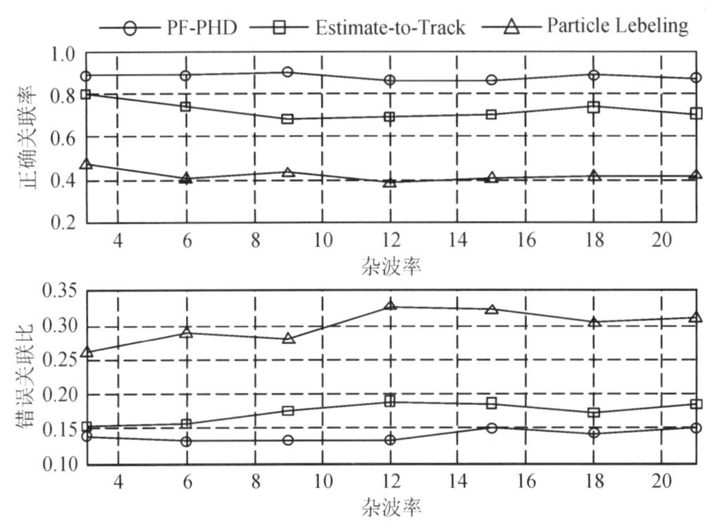

图 5-9　不同杂波率下的关联性能

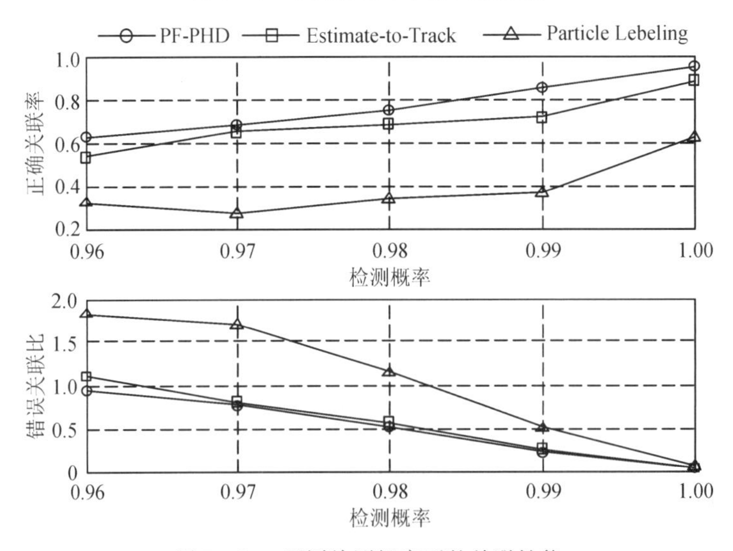

图 5-10　不同检测概率下的关联性能

以看出，杂波率对本节算法的影响较小，尽管增加了杂波率，该算法仍能正确估计目标的数目，对后续的关联情况影响较小，这表明该算法能够适应密集杂波环境下的目标跟踪。需要注意的是，检测概率对算法的影响比较明显，因为在检测概率较低的情况下，本节算法对目标数和状态的估计不够准确，对后续能否正确关联航迹产生影响。

图 5-11 为不同量测噪声下三种算法的关联性能对比，可以看出，虽然本节算法的多目标航迹关联性能随着量测噪声的增大而下降，但同样要优于另外两种算法，这表明本节算法具有较强的鲁棒性和抗干扰能力。

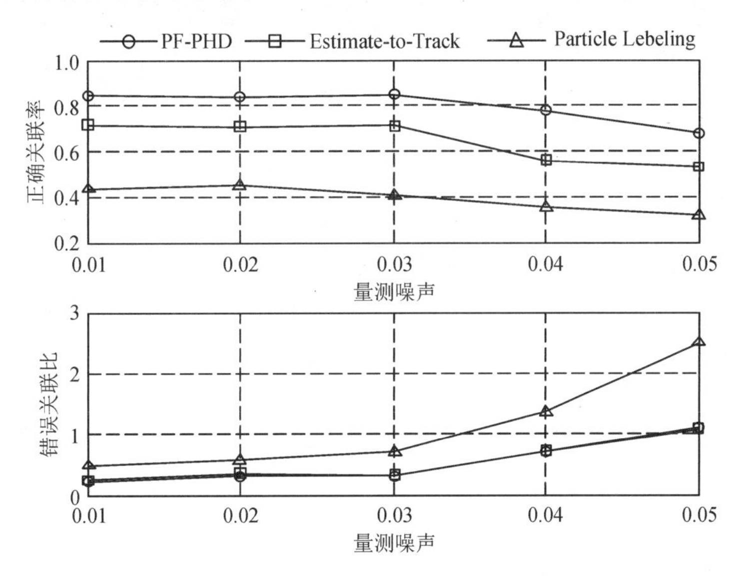

图 5-11　不同量测噪声下的关联性能

5.5　本章小结

本章针对随机集滤波的航迹维持问题，介绍了两种航迹维持算法：一是基于模糊聚类的航迹维持算法；二是基于交叉熵的航迹维持算法。基于模糊聚类的航迹维持算法不同于传统的估计与航迹关联算法，它在更新每条航迹信息时，不仅仅是简单地对相邻时刻之间的对数似然比进行求和，而是综合考虑多个时刻的信息，并采取加权聚类等操作，有效克服了传统估计与航迹关联法不能充分利用多个时刻信息的不足。该算法能够更好地维持目标航迹，即使当目标发生交叉时，也能取得较好的跟踪精度，具有较强的鲁棒性和良好的航迹维持性能。然而，该算法的某些参数设置缺乏理论指导，未来可针对如何设置参数、优化算法、减少计算时间，以及提高关联正确率等方面展开研究。基于交叉熵的航迹维持算法一方面将航迹关联问题转化为求解最优可行性事件的问题，然后利用交叉熵方法求解最优化的问题；另一方面，将目标的运动方向信息引入到算法中修正目标的关联权重，有效解决了目标靠近或交叉时易导致航迹错误关联的问题。

第 6 章　随机有限集多传感器融合跟踪方法

6.1 引　　言

第 2 章至第 5 章主要介绍了单传感器随机有限集滤波的相关理论与方法。然而，随着战场环境的日益复杂，单传感器多目标跟踪系统的跟踪精度和可靠性已经不能满足现代防御系统的需求。为此，人们开始尝试使用多传感器融合系统[184, 185, 206]处理多目标跟踪问题，试图通过增加量测信息来降低复杂环境对目标跟踪性能的影响。Mahler 基于 RFS 理论，提出了一系列多传感器融合跟踪方法，例如迭代修正 PHD(Iterated Corrector PHD, IC-PHD)滤波[48]、乘积形式的 PHD(Product Multi-sensor PHD, PM-PHD)滤波[202]，以及广义多传感器 PHD(General PHD)滤波[200, 207]等。本章重点针对现有方法中存在的若干问题，如因多传感器量测信息融合不充分引起的传感器更新顺序问题，因多传感器伪似然函数构建不准确引起的漏检和虚警问题，以及因多传感器势修正策略设计不完善引起的势估计问题等，介绍一系列改进方法，包括多传感器联合检测概率和联合漏检概率计算方法、多传感器量测子集权重计算方法，以及多传感器势估计再分配方法等。最后，介绍一种可并行处理目标状态估计和势估计的多层融合结构。

6.2 经典随机有限集多传感器融合跟踪方法

6.2.1 迭代修正概率假设密度滤波

迭代形式的 PHD(IC-PHD)滤波是一种近似的多传感器 PHD 滤波，它通过多次单传感器 PHD 滤波来实现多传感器目标跟踪，其在更新过程中，并不是同时利用所有传感器接收的量测信息进行滤波，而是按照一定的顺序，依次利用每个传感器的量测信息进行滤波。如图 6-1 所示，IC-PHD 滤波的算法流程包括一个 PHD 滤波的预测步骤和多个 PHD 滤波的更新步骤。IC-PHD 滤波的主要思想是：用第一个传感器的量测对当前时刻的预测强度进行更新，然后将第一个传感器的更新强度作为第二个传感器量测更新时的预测强度进行更新，如此迭代，直至最后一个传感器的量测参与更新，最终将最后一个传感器的更新强度作为跟踪结果。IC-PHD 滤波的这种更新方式，不但避免了不同传感器接收的量测之间的数据关联，降低了计算代价，还使得每一时刻的预测目标数和预测目标状态在经过多次单传感器 PHD 滤波之后，更接近真实目标数和目标状态。

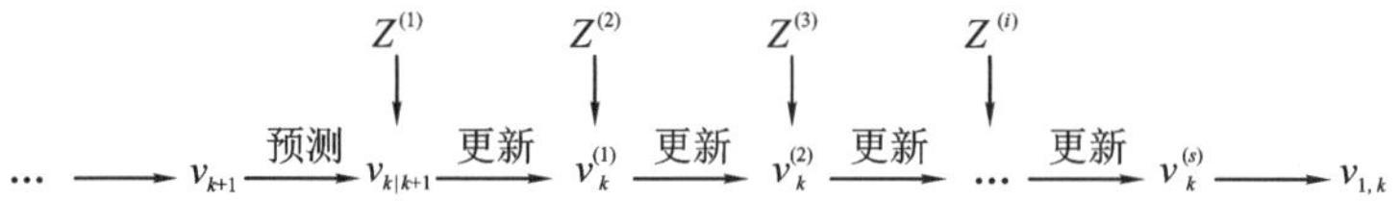

$$\cdots \longrightarrow \nu_{k+1} \xrightarrow{\text{预测}} \nu_{k|k+1} \xrightarrow[\;Z^{(1)}]{\text{更新}} \nu_k^{(1)} \xrightarrow[\;Z^{(2)}]{\text{更新}} \nu_k^{(2)} \xrightarrow[\;Z^{(3)}]{\text{更新}} \cdots \xrightarrow[\;Z^{(i)}]{\text{更新}} \nu_k^{(s)} \longrightarrow \nu_{1,k}$$

图 6-1　迭代修正多传感器概率假设密度滤波的更新过程

IC-PHD 滤波的预测方程与 PHD 滤波的预测方程相同，其更新方程为

$$\nu_{I,k}(\boldsymbol{x}) = K_{Z_k^{(1)},\cdots,Z_k^{(s)}} \cdot L_{Z_k^{(s)}}^{(s)}(\boldsymbol{x}) \cdot \cdots \cdot L_{Z_k^{(1)}}^{(1)}(\boldsymbol{x}) \cdot \nu_{k|k-1}(\boldsymbol{x}) \tag{6-1}$$

或

$$\nu_{I,k}^{(i)}(\boldsymbol{x}) = L_{Z_k^{(i)}}^{(i)}(\boldsymbol{x}) \cdot \nu_{I,k}^{(i-1)}(\boldsymbol{x}), \quad i=1, 2, \cdots, s \tag{6-2}$$

$$\nu_{I,k}(\boldsymbol{x}) \approx \nu_{I,k}^{(s)}(\boldsymbol{x}), \ \nu_{I,k}^{(0)}(\boldsymbol{x}) = \nu_{k|k-1}(\boldsymbol{x}) \tag{6-3}$$

式中：$L_{Z_k^{(i)}}^{(i)}(\boldsymbol{x})$为第 i 个传感器的伪似然函数。

6.2.2　广义多传感器概率假设密度滤波

广义多传感器概率假设密度(General PHD)滤波的更新公式为

$$\nu_k(\boldsymbol{x}) = \prod_{i=1}^{s}(1 - p_{D,k}^{(i)}(\boldsymbol{x})) \cdot \nu_{k|k-1}(\boldsymbol{x}) + \sum_{\mathcal{P}\angle Z_k} w_{\mathcal{P}} \sum_{W\in\mathcal{P}} w_W \prod_{z\in W} g_k^{(i)}(\boldsymbol{z}|\boldsymbol{x}) \cdot \nu_{k|k-1}(\boldsymbol{x}) \tag{6-4}$$

式中：$Z_k = Z_k^{(1)} \cup Z_k^{(2)} \cdots \cup Z_k^{(s)}$ 为所有传感器接收到的量测的集合，$w_{\mathcal{P}}$和 w_W 分别为划分$\mathcal{P}$和量测子集 W 的权重。$\mathcal{P}\angle Z_k$ 表示量测划分过程，具体如下：

假设两个传感器在 k 时刻的量测集分别为 $Z_k^{(1)} = \{\boldsymbol{z}_1^{(1)}, \boldsymbol{z}_2^{(1)}\}$ 和 $Z_k^{(2)} = \{\boldsymbol{z}_1^{(2)}, \boldsymbol{z}_2^{(2)}\}$，则多传感器量测划分为

$$\begin{cases}\mathcal{P}_1: W_1^{(1)}=\{z_1^{(1)}\}, W_2^{(1)}=\{z_2^{(1)}\}, W_3^{(1)}=\{z_1^{(2)}\}, W_4^{(1)}=\{z_2^{(2)}\} \\ \mathcal{P}_2: W_1^{(2)}=\{z_1^{(1)}, z_1^{(2)}\}, W_2^{(2)}=\{z_2^{(1)}\}, W_3^{(2)}=\{z_2^{(2)}\} \\ \mathcal{P}_3: W_1^{(3)}=\{z_2^{(1)}, z_2^{(2)}\}, W_2^{(3)}=\{z_1^{(1)}\}, W_3^{(3)}=\{z_1^{(2)}\} \\ \mathcal{P}_4: W_1^{(4)}=\{z_1^{(1)}, z_2^{(2)}\}, W_2^{(4)}=\{z_2^{(1)}\}, W_3^{(4)}=\{z_1^{(2)}\} \\ \mathcal{P}_5: W_1^{(5)}=\{z_2^{(1)}, z_1^{(2)}\}, W_2^{(5)}=\{z_1^{(1)}\}, W_3^{(5)}=\{z_2^{(2)}\} \\ \mathcal{P}_6: W_1^{(6)}=\{z_1^{(1)}, z_1^{(2)}\}, W_2^{(6)}=\{z_2^{(1)}, z_2^{(2)}\} \\ \mathcal{P}_7: W_1^{(7)}=\{z_1^{(1)}, z_2^{(2)}\}, W_2^{(7)}=\{z_2^{(1)}, z_1^{(2)}\}\end{cases} \tag{6-5}$$

式中：$\mathcal{P}_i$ 是第 i 个划分，$W_j^{(i)}$ 是 $\mathcal{P}_i$ 的第 j 个量测子集。

6.2.3　乘积多传感器概率假设密度滤波

IC-PHD 滤波的主要缺陷在于更新顺序前端的多个传感器接收的量测信息只影响迭代过程中的预测强度，而跟踪结果却很大程度上取决于最后一个传感器的量测信息。因此，Mahler 在 IC-PHD 滤波的基础上，提出了另一种近似多传感器 PHD 滤波，即乘积形式的 PHD(PM-PHD)滤波[202]。

假设跟踪系统中有 s 个传感器，第 i 个传感器的量测集为 $Z_k^{(i)}=\{z_1, z_2, \cdots, z_{M_k^{(i)}}\}$，$i=1, 2, \cdots, s$，其中，$M_k^{(i)}$ 是量测数。PM-PHD 滤波的更新方程为

$$\nu_{P,k}(x)=K_{Z_k^{(1)},\cdots,Z_k^{(s)}}\cdot L_{Z_k^{(s)}}^{(s)}(x)\cdot\cdots\cdot L_{Z_k^{(1)}}^{(1)}(x)\cdot\nu_{k|k-1}(x) \tag{6-6}$$

$$K_{Z_k^{(1)},\cdots,Z_k^{(s)}}=\frac{\phi}{\tau_k^{(1)}\cdots\tau_k^{(s)}} \tag{6-7}$$

式中：ϕ 为两个无穷项求和的比值，$\tau_k^{(i)}$ 为第 i 个传感器估计的目标数和预测的目标数的比值，二者的具体形式分别为

$$\phi=\frac{\sum_{n\geqslant 0}\hat{l}_{Z_k^{(1)}}^{(1)}(n+1)\cdots\hat{l}_{Z_k^{(s)}}^{(s)}(n+1)\cdot e^{-\theta}\cdot\frac{\theta^n}{n!}}{\sum_{j\geqslant 0}\hat{l}_{Z_k^{(1)}}^{(1)}(j)\cdots\hat{l}_{Z_k^{(s)}}^{(s)}(j)\cdot e^{-\theta}\cdot\frac{\theta^j}{j!}} \tag{6-8}$$

$$\tau_k^i=s_{k|k-1}[L_{Z_k^i}^{(i)}] \tag{6-9}$$

式中：

$$\theta=N_{k|k-1}\cdot\eta \tag{6-10}$$

$$\eta=\frac{s_{k|k-1}[L_{Z_k^{(1)}}^{(1)}\cdots L_{Z_k^{(s)}}^{(s)}]}{\tau_k^{(1)}\cdots\tau_k^{(s)}} \tag{6-11}$$

$$\hat{l}^{(i)}_{Z^{(i)}_k}(n)=\sum_{l=0}^{\min(n,M^{(i)}_k)} l!\cdot C^l_n\cdot s_{k|k-1}[1-p^{(i)}_{D,k}]^{n-l}\hat{\sigma}^{(i)}_l(Z^{(i)}_k) \tag{6-12}$$

$$\hat{\sigma}^{(i)}_l(Z^{(i)}_k)=\sigma_{M^{(i)}_k,l}\left(\frac{s_{k|k-1}[p^{(i)}_{D,k}L_{z_1}]}{\kappa^{(i)}_k(z_1)},\cdots,\frac{s_{k|k-1}[p^{(i)}_{D,k}L_{z_{M^{(i)}_k}}]}{\kappa^{(i)}_k(z_{M^{(i)}_k})}\right) \tag{6-13}$$

$$s_{k|k-1}[h]=\int h(\xi)\cdot s_{k|k-1}(\xi)\,d\xi \tag{6-14}$$

$$s_{k|k-1}(\boldsymbol{x})=\frac{\nu_{k|k-1}(\boldsymbol{x})}{N_{k|k-1}} \tag{6-15}$$

$$N_{k|k-1}=\int\nu_{k|k-1}(\xi)\,d\xi \tag{6-16}$$

式中：$\hat{\sigma}^{(i)}_l(Z^{(i)}_k)$为初等对称多项式。

由式(6-1)、式(6-6)和图6-2可以看出，PM-PHD滤波与IC-PHD滤波最大的区别体现在修正系数$K_{Z^{(1)}_k,\cdots,Z^{(s)}_k}$，它是通过融合所有传感器的量测信息得到的，其作用是修正$\nu^{(s)}_k$。当最后一个传感器发生漏检时，$K_{Z^{(1)}_k,\cdots,Z^{(s)}_k}$的值会大于1；当最后一个传感器出现虚警时，$K_{Z^{(1)}_k,\cdots,Z^{(s)}_k}$的值会小于1。

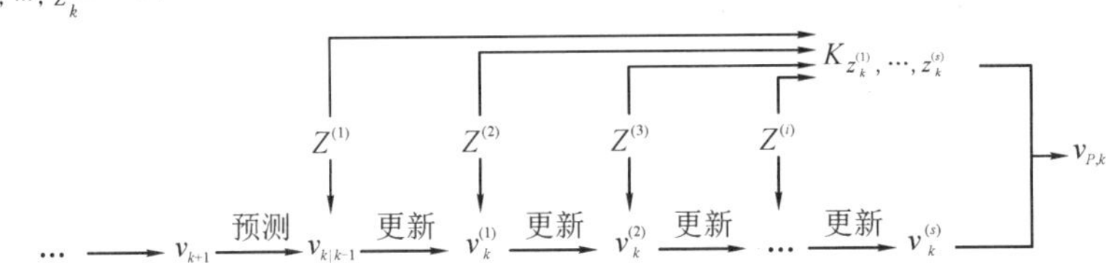

图6-2　乘积多传感器概率假设密度滤波的更新过程

6.3　联合检测概率多传感器概率假设密度滤波

在IC-PHD滤波中，所有传感器构成了一个串行系统，因此，跟踪性能会受到不同传感器更新顺序的影响。通常情况下，当组成跟踪系统的传感器性能相近时，更新顺序对跟踪结果的影响较小，但当跟踪系统中存在一个或多个性能较差的传感器时，更新顺序对跟踪结果的影响会非常明显[198, 208]。特别是，当一个检测概率较低的传感器处于更新顺序末端时，极易造成整个跟踪系统发生漏检。本节介绍一种联合漏检概率和联合检测概率的计算方法[199]。该方法通过融合多个传感器的检测概率和漏检概率，得到对单一传感器检测概率和漏检概率不敏感的联合检测概率和联合漏检概率，从而有效降低不同传感器更新顺序对IC-PHD滤波性能的影响。

6.3.1　传感器更新顺序问题

如图 6－3 所示，某一跟踪系统由三个传感器构成，△表示各个传感器接收的量测，○表示预测状态或更新状态，其大小表示所对应状态的权重。在图 6－3(a)和图 6－3(b)中，所有传感器都检测到了目标。虽然在不同的传感器更新顺序下，IC-PHD 滤波估计出的目标状态存在差异，但这种误差一般是可以接受的。在图 6－3(d)中，虽然传感器 3 没有检测到

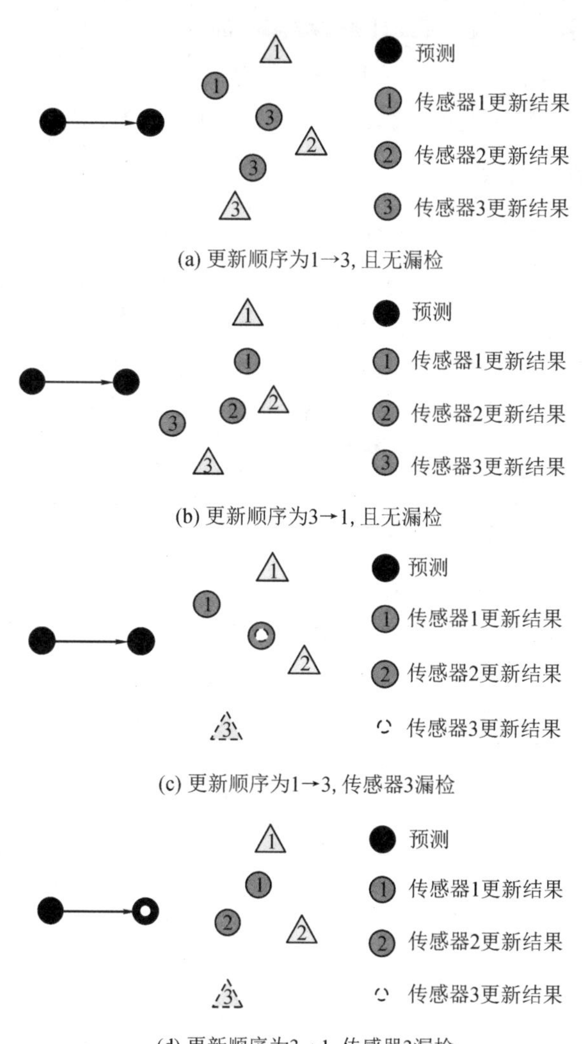

(a) 更新顺序为1→3, 且无漏检

(b) 更新顺序为3→1, 且无漏检

(c) 更新顺序为1→3, 传感器3漏检

(d) 更新顺序为3→1, 传感器3漏检

图 6－3　传感器更新顺序对跟踪结果的影响

目标，但多传感器跟踪系统仍然能正确估计目标的状态。然而在图 6-3(c)中，即使传感器 1 和传感器 2 都检测到了目标，且目标状态估计正确，但多传感器跟踪系统仍然出现了漏检。这是由于 IC-PHD 滤波在单个传感器的更新步骤中仅考虑了该传感器检测概率对观测过程和滤波过程的作用，而忽略了之前多个传感器检测概率的影响。

6.3.2　联合漏检概率和联合检测概率计算方法

为了解决上述问题，本节在 IC-PHD 滤波高斯混合实现[49]的基础上，提出了一种联合漏检概率和联合检测概率的计算方法(IIC-GM-PHD)[199]。

图 6-4 给出了 IC-PHD 滤波高斯混合实现中高斯分量的产生和传递过程。其中，$l_k^{(i,j)}$ 表示高斯分量 $\mathcal{N}_j^{(i)}$ 的产生方式，$l_k^{(i,j)}=0$ 表示 $\mathcal{N}_j^{(i)}$ 由漏检产生，$l_k^{(i,j)}=1$ 表示 $\mathcal{N}_j^{(i)}$ 由量测更新产生。为了描述 $\mathcal{N}_j^{(i)}$ 与前 i 个传感器之间的关系，引入历史标记 $L^{(i,j)}=(l_k^{(1,j)},\cdots,l_k^{(i,j)})$，$i=1,2,\cdots,s$。例如，在图 6-4 所示的两种特殊情形中，$\mathcal{N}_2^{(s)}$ 的标记为 $L^{(s,2)}=(\overbrace{0\cdots0}^{(s-1)}1)$，这表明只有在第 s 个传感器的更新步骤中，$\mathcal{N}_2^{(s)}$ 是由量测更新产生的，而在其余传感器的更新步骤中，$\mathcal{N}_2^{(s)}$ 均是由漏检产生的。然而，$\mathcal{N}^{(s)}_{1+(n-1)\cdot M^{1,\cdots,s}}$ 的标记为 $L^{(s,1+(n-1)\cdot M^{1,\cdots,s})}=(\overbrace{1\cdots1}^{(s-1)}0)$，这表明 $\mathcal{N}^{(s)}_{1+(n-1)\cdot M^{1,\cdots,s}}$ 的产生方式正好与 $\mathcal{N}_2^{(s)}$ 的相反。

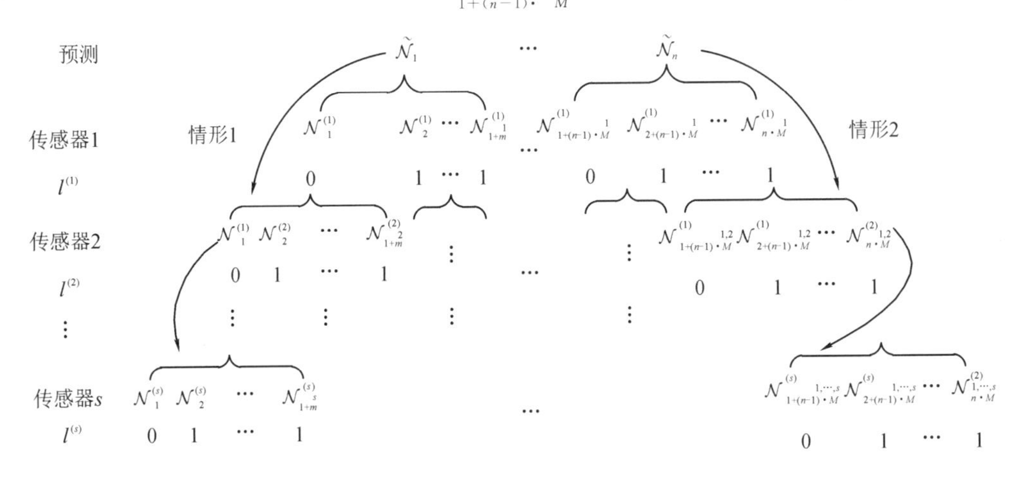

图 6-4　高斯分量产生和传递过程

在上述高斯分量的产生和传递过程的基础上，给出以下假设：

(1) 目标被第 i 个传感器漏检时，会产生漏检量测 $\boldsymbol{z}_0^{(i)}$。

(2) 除漏检量测以外，任一量测只能由一个目标产生。

(3) 一个高斯分量只对应于一个目标。

(4) 目标包括真实目标、杂波以及伪目标。

基于上述假设，下面将给出联合漏检概率和联合检测概率的具体计算过程。

(1) 联合漏检概率：

假设$\mathcal{N}_j^{(i-1)}$对应的目标在k时刻消失，这表明在k时刻不应该存在量测去更新$\mathcal{N}_j^{(i-1)}$。因此，$l_k^{(i,j)}=0$正确。在这种情况下，产生$L^{(i,j)}=(l_k^{(1,j)}l_k^{(2,j)}\cdots 0)$的概率为

$$P(\text{目标消失})=P(\{L_k^{(i,j)}\backslash l_k^{(i,j)}\}\mid l_k^{(i,j)}=0\text{ 正确})P(l_k^{(i,j)}=0\text{ 正确})=p_{\text{true}}^{(i,j)} \tag{6-17}$$

$$p_{\text{true}}^{(i,j)}=\left(\prod_{h=1}^{i-1}(p_{C,k}^{(h)})^{(1-|l_k^{(h,j)}-l_k^{(i,j)}|)}(\bar{p}_{C,k}^{(h)})^{|l_k^{(h,j)}-l_k^{(i,j)}|}\right)\cdot p_{C,k}^{(i)} \tag{6-18}$$

$$(p_{C,k}^{(h)})^{(1-|l_k^{(h,j)}-l_k^{(i,j)}|)}(\bar{p}_{C,k}^{(h)})^{|l_k^{(h,j)}-l_k^{(i,j)}|}=\begin{cases}p_{C,k}^{(h)}, & \text{若 } l_k^{(h,j)}=l_k^{(i,j)},\ h\neq j\\ \bar{p}_{C,k}^{(h)}, & \text{若 } l_k^{(h,j)}\neq l_k^{(i,j)}\end{cases} \tag{6-19}$$

式中：$\{L_k^{(i,j)}\backslash l_k^{(i,j)}\}$为不包含$l_k^{(i,j)}$的标记集合$L_k^{(i,j)}$，$|l_k^{(h,j)}-l_k^{(i,j)}|$为$l_k^{(h,j)}-l_k^{(i,j)}$的绝对值。

假设$\mathcal{N}_j^{(i-1)}$对应的目标存活于k时刻，但被第i个传感器漏检了，因此，$l_k^{(i,j)}=0$错误。在这种情况下，产生$L^{(i,j)}=(l_k^{(1,j)}l_k^{(2,j)}\cdots 0)$的概率为

$$P(\text{目标漏检})=P(\{L_k^{(i,j)}\backslash l_k^{(i,j)}\}\mid l_k^{(i,j)}=0\text{ 错误})P(l_k^{(i,j)}=0\text{ 错误})=p_{\text{false}}^{(i,j)} \tag{6-20}$$

$$p_{\text{false}}^{(i,j)}=\left(\prod_{h=1}^{i-1}(\bar{p}_{C,k}^{(h)})^{(1-|l_k^{(h,j)}-l_k^{(i,j)}|)}(p_{C,k}^{(h)})^{|l_k^{(h,j)}-l_k^{(i,j)}|}\right)\cdot \bar{p}_{C,k}^{(i)} \tag{6-21}$$

$$(p_{C,k}^{(h)})^{(1-|l_k^{(h,j)}-l_k^{(i,j)}|)}(\bar{p}_{C,k}^{(h)})^{|l_k^{(h,j)}-l_k^{(i,j)}|}=\begin{cases}\bar{p}_{C,k}^{(h)}, & \text{若 } l_k^{(h,j)}=l_k^{(i,j)},\ h\neq j\\ p_{C,k}^{(h)}, & \text{若 } l_k^{(h,j)}\neq l_k^{(i,j)}\end{cases} \tag{6-22}$$

因此，联合漏检概率为

$$q_{U,k}^{(i,j)}=\frac{P(\text{目标漏检})}{P(\text{目标漏检})+P(\text{目标消失})}=\frac{p_{\text{false}}^{(i,j)}}{p_{\text{false}}^{(i,j)}+p_{\text{true}}^{(i,j)}} \tag{6-23}$$

(2) 联合检测概率：

在 k 时刻，假设第 i 个传感器检测到 $\mathcal{N}_j^{(i-1)}$ 对应的目标，那么该目标的量测将会更新 $\mathcal{N}_2^{(s)}$，因此，$l_k^{(i,j)}=1$ 正确。在这种情况下，产生 $L^{(i,j)}=(l_k^{(1,j)}l_k^{(2,j)}\cdots1)$ 的概率为

$$P(\text{目标检测})=P(\{L_k^{(i,j)}\backslash l_k^{(i,j)}\}\,|\,l_k^{(i,j)}=1\ \text{正确})P(l_k^{(i,j)}=1\ \text{正确})=p_{\text{true}}^{(i,j)} \tag{6-24}$$

在 k 时刻，假设 $\mathcal{N}_j^{(i-1)}$ 被 $Z_k^{(i)}$ 中的其他量测更新，则 $l_k^{(i,j)}=1$ 错误。在这种情况下，产生 $L^{(i,j)}=(l_k^{(1,j)}l_k^{(2,j)}\cdots1)$ 的概率为

$$P(\text{虚假更新})=P(\{L_k^{(i,j)}\backslash l_k^{(i,j)}\}\,|\,l_k^{(i,j)}=1\ \text{错误})P(l_k^{(i,j)}=1\ \text{错误})=p_{\text{false}}^{(i,j)} \tag{6-25}$$

因此，联合检测概率为

$$q_{D,k}^{(i,j)}=\frac{P(\text{目标检测})}{P(\text{目标检测})+P(\text{虚假更新})}=\frac{p_{\text{true}}^{(i,j)}}{p_{\text{true}}^{(i,j)}+p_{\text{false}}^{(i,j)}} \tag{6-26}$$

通过利用联合漏检概率 $q_{U,k}^{(i,j)}$ 和联合检测概率 $q_{D,k}^{(i,j)}$ 来代替原始的漏检概率 $1-p_{D,k}^{(i)}$ 和检测概率 $p_{D,k}^{(i)}$，则第 i 个传感器的更新公式可改写为

$$\nu_k^{(i)}=\overbrace{\sum_{j=1}^{J_k^{(i)}}w_{U,k|k}^{(i,j)}\mathcal{N}(\boldsymbol{x};\boldsymbol{m}_{U,k}^{(i,j)},\boldsymbol{P}_{U,k}^{(i,j)})}^{\text{漏检部分}}+\overbrace{\sum_{z\in Z_k^{(i)}}\sum_{j=1}^{J_k^{(i)}}w_{D,k}^{(i,j)}\mathcal{N}(\boldsymbol{x};\boldsymbol{m}_{D,k}^{(i,j)},\boldsymbol{P}_{D,k}^{(i,j)})}^{\text{检测部分}} \tag{6-27}$$

虽然引入联合漏检概率和联合检测概率可以有效处理目标漏检问题，但由于 $q_{U,k}^{(i,j)}$ 主导的漏检部分和 $q_{D,k}^{(i,j)}$ 主导的检测部分在处理 $\mathcal{N}_j^{(i-1)}$ 时是相互独立的，会导致目标数过估。因此，为了增加二者之间的相关性，需要进一步修正势估计，将式(6-27)改写为

$$\nu_k^{(i)}=\overbrace{\sum_{j=1}^{J_k^{(i)}}\delta_T w_{U,k}^{(i,j)}\mathcal{N}(\boldsymbol{x};\boldsymbol{m}_{U,k}^{(i,j)},\boldsymbol{P}_{U,k}^{(i,j)})}^{\text{漏检部分}}+\overbrace{\sum_{z\in Z_k^{(i)}}\sum_{j=1}^{J_k^{(i)}}w_{D,k}^{(i,j)}\mathcal{N}(\boldsymbol{x};\boldsymbol{m}_{D,k}^{(i,j)},\boldsymbol{P}_{D,k}^{(i,j)})}^{\text{检测部分}} \tag{6-28}$$

式中：

$$\delta_T=\begin{cases}\dfrac{\eta}{w_k^{(i-1,j)}}, & \eta>0\\ 0, & \eta\leqslant 0\end{cases} \tag{6-29}$$

$$\eta=w_k^{(i-1,j)}-\sum_{z\in Z_k^{(i)}}w_{D,k}^{(i,j)} \tag{6-30}$$

在式(6-28)中，由于引入了权重差 η，使得漏检部分的权重会受到检测部分权重的影响。当 $\eta \leqslant 0$ 时，表明传感器检测到了目标，此时，只有检测部分起作用。当 $\eta > 0$ 时，表明传感器可能没有检测到目标。通常情况下，当目标发生漏检时，有 $\sum_{z \in Z_k^{(i)}} w_{D,k}^{(i,j)} \approx 0$，则 $\eta \approx w_k^{(i-1,j)}$，$\delta_T \approx 1$，此时漏检部分生效。但有时会出现 η 值略大于0的情况，例如，第 i 个传感器的观测噪声较大，接收到的量测不够精确，使得量测更新过程中似然函数的值较小，最终导致 $\sum_{z \in Z_k^{(i)}} w_{D,k}^{(i,j)}$ 略小于1。在这种情况下，将根据 η 值的大小来确定漏检部分对势估计的贡献，同时还需修正由检测部分得到的状态估计。

6.3.3 仿真实验与分析

为了验证本节算法的有效性，实验中比较了 IIC-GM-PHD 滤波与6.2节中 IC-PHD 滤波的跟踪性能。假设跟踪场景中有6个目标在二维空间做匀速直线运动，采用4个传感器对其进行观测，各个传感器的检测概率分别为 $p_{D,k}^{(1)} = p_{D,k}^{(2)} = p_{D,k}^{(3)} = 0.99$ 和 $p_{D,k}^{(4)} = 0.9$。目标运动轨迹如图6-5所示。

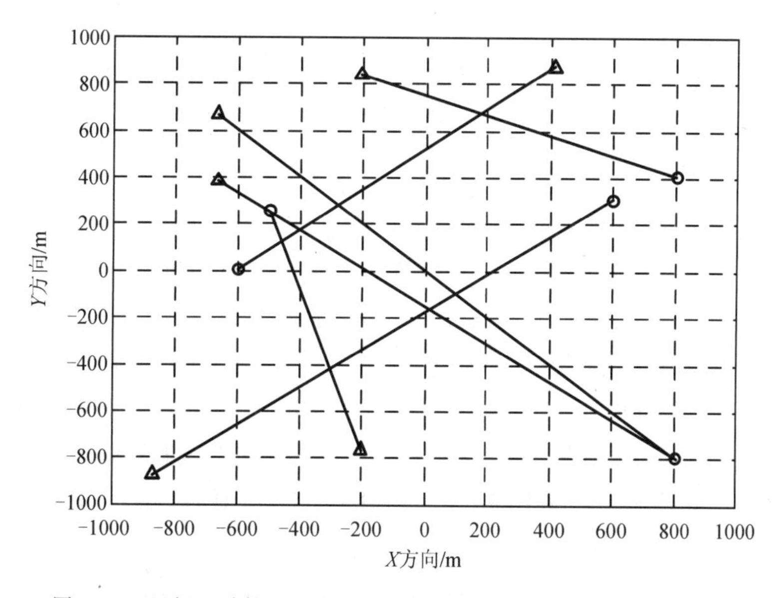

图 6-5　目标运动轨迹(○表示目标起始位置，△表示目标消失位置)

本实验研究了传感器更新顺序对改进算法的影响。在更新顺序 1 中，检测概率为 0.9 的传感器处于更新末端，而在更新顺序 2 中，该传感器处于更新顺序的第二位，两种更新顺序如图 6-6 所示。

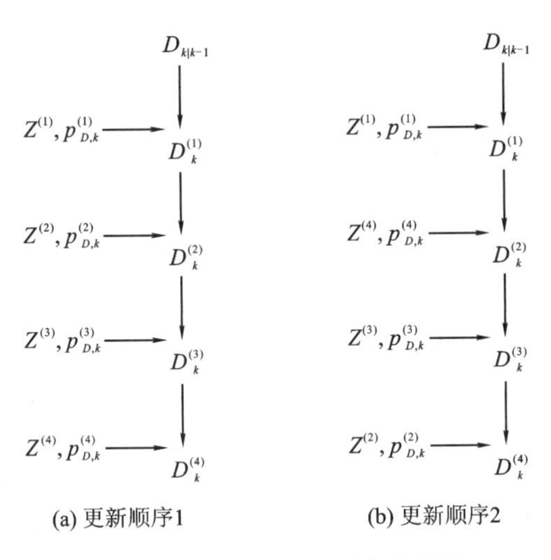

图 6-6　传感器更新顺序示意图

新生目标 RFS 的强度为

$$\gamma_k(\boldsymbol{x}) = \sum_{i=1}^{6} w_\gamma^{(i)} \mathcal{N}(\boldsymbol{x}; \boldsymbol{m}_\gamma^{(i)}, \boldsymbol{P}_\gamma^{(i)}) \tag{6-31}$$

式中：$w_\gamma^{(i)}=0.02$；$\boldsymbol{m}_\gamma^{(1)}=(-500\ \text{m},\ 0\ \text{m/s},\ -250\ \text{m},\ 0\ \text{m/s})$，$\boldsymbol{m}_\gamma^{(2)}=(800\ \text{m},\ 0\ \text{m/s},\ 400\ \text{m},\ 0\ \text{m/s})$，$\boldsymbol{m}_\gamma^{(3)}=(800\ \text{m},\ 0\ \text{m/s},\ -800\ \text{m},\ 0\ \text{m/s})$，$\boldsymbol{m}_\gamma^{(4)}=(600\ \text{m},\ 0\ \text{m/s},\ 300\ \text{m},\ 0\ \text{m/s})$，$\boldsymbol{P}_\gamma^{(i)}=\text{diag}(40,\ 1,\ 40,\ 1)$。假设杂波量测数服从均值为 10 的泊松分布，且在观测空间中均匀分布，目标的存活概率为 $p_{S,k}=0.98$。采用 OSPA 距离和目标数估计的均方根误差评价算法性能，OSPA 距离的参数设置为 $p=2$，$c=100$，进行 200 次独立的蒙特卡罗实验，实验结果如图 6-7～图 6-9 所示。

由图 6-7～图 6-9 可以明显看出，传感器更新顺序对 IC-PHD 滤波的影响非常大，不合理的更新顺序会导致非常差的跟踪结果。而对于 IIC-GM-PHD 滤波来说，两种更新顺序下的目标数估计和 OSPA 距离几乎是一样的。此外，在图 6-7 中，IC-PHD 滤波在某些时刻出现了目标数过估计。这是因为在 PHD 滤波中，当一个目标被传感器检测到时，该目标由漏检部分得到的权重与由检测部分得到的权重的和大于 1。当目标数增加或检测概率降低时，这种现象将会更加严重。而 IC-PHD 滤波的更新过程是由多个单传感器 PHD 滤波组成的，因此，IC-PHD 滤波也存在同样的问题。而在 IIC-GM-PHD 滤波中，由于一个目标由漏检和检测两部分得到的权重的和小于等于 1，因此不会出现上述问题。

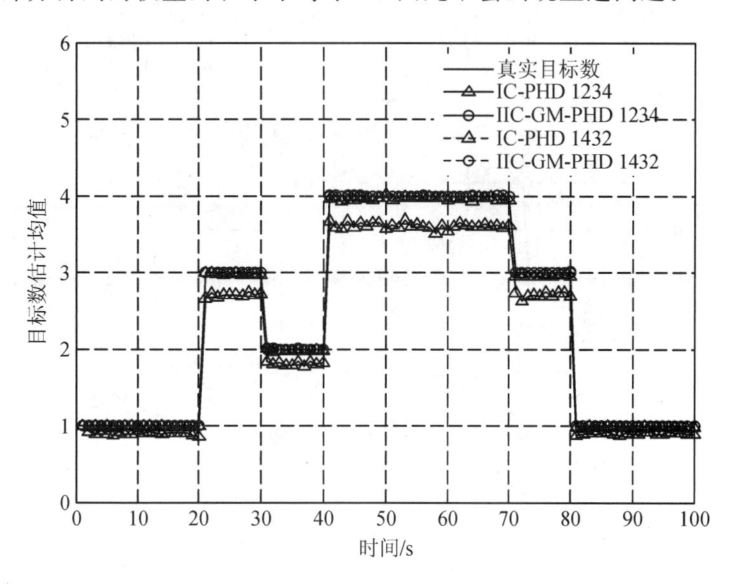

图 6 - 7　不同传感器更新顺序下的目标数估计均值

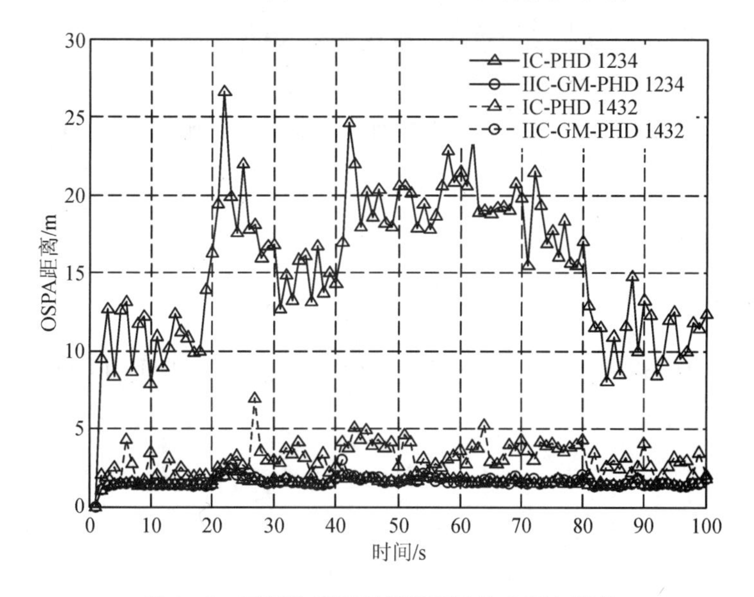

图 6 - 8　不同传感器更新顺序下的 OSPA 距离

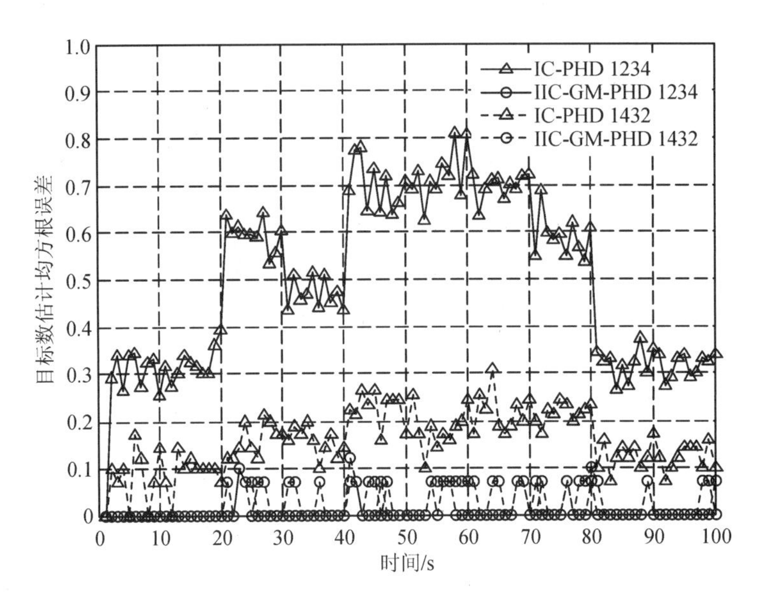

图 6-9　不同传感器更新顺序下的目标数估计均方根误差

6.4　基于量测划分的多传感器概率假设密度滤波

广义概率假设密度滤波是一种基于量测划分的多传感器融合方法，而迭代修正概率假设密度滤波作为一种近似的多传感器融合方法，也是一种基于量测划分的多传感器融合方法。为了更直观地比较这两种方法，将式(6-1)和式(6-4)统一写为以下形式：

$$\nu_k(\boldsymbol{x})=\sum_{r_s=0}^{M_k^{(s)}}\cdots\sum_{r_2=0}^{M_k^{(2)}}\sum_{r_1=0}^{M_k^{(1)}}\mathcal{L}_{r_1,r_2,\cdots,r_s}(\boldsymbol{z}_{r_1},\boldsymbol{z}_{r_2},\cdots,\boldsymbol{z}_{r_s}|\boldsymbol{x})\cdot\nu_{k|k-1}(\boldsymbol{x}) \tag{6-32}$$

对于广义概率假设密度滤波，式(6-32)中的伪似然函数 $\mathcal{L}_{r_1,r_2,\cdots,r_s}(\boldsymbol{z}_{r_1},\boldsymbol{z}_{r_2},\cdots,\boldsymbol{z}_{r_s}|\boldsymbol{x})$ 为

$$\mathcal{L}_{r_1,r_2,\cdots,r_s}(\boldsymbol{z}_{r_1},\boldsymbol{z}_{r_2},\cdots,\boldsymbol{z}_{r_s}|\boldsymbol{x})=\begin{cases}w_{\mathcal{P}}\cdot w_W\cdot\prod\limits_{\boldsymbol{z}_{r_i}\in W}g_k(\boldsymbol{z}_{r_i}|\boldsymbol{x}), & W\neq\varnothing\\ \prod\limits_{i=1}^{s}(1-p_{D,k}^{(i)}(\boldsymbol{x})), & W=\varnothing\end{cases} \tag{6-33}$$

对于迭代修正概率假设密度滤波，式(6-32)中的伪似然函数 $\mathcal{L}_{r_1,r_2,\cdots,r_s}(\boldsymbol{z}_{r_1},\boldsymbol{z}_{r_2},\cdots,\boldsymbol{z}_{r_s}|\boldsymbol{x})$ 为

$$\mathcal{L}_{r_1, r_2, \cdots, r_s}(z_{r_1}, z_{r_2}, \cdots, z_{r_s} | \boldsymbol{x}) = \begin{cases} \prod_{i=1}^{s} \left(\dfrac{\alpha_{z_{r_i}}(\boldsymbol{x})}{\kappa_k^{(i)}(z) + \nu_{k|k-1}[p_{D,k}^{(i)}, g_k^{(i)}(Z_k^{(i)})]} \right), & W \neq \varnothing \\ \prod_{i=1}^{s} (1 - p_{D,k}^{(i)}(\boldsymbol{x})), & W = \varnothing \end{cases} \tag{6-34}$$

$$\alpha_{z_{r_i}}(\boldsymbol{x}) = \begin{cases} p_{D,k}^{(i)}(\boldsymbol{x}) \cdot g_k^{(i)}(z_{r_i} | \boldsymbol{x}), & z_{r_i} \neq z_{r_0} \\ 1 - p_{D,k}^{(i)}(\boldsymbol{x}), & z_{r_i} = z_{r_0} \end{cases} \tag{6-35}$$

可以看出，广义概率假设密度滤波与迭代修正概率假设密度滤波的主要区别在于伪似然函数的构造不同。

6.4.1　量测子集权重计算问题

假设一个目标被前 $s-1$ 个传感器检测到，但被第 s 个传感器漏检，前 $s-1$ 个传感器接收到的量测记为z_{r_i}，$i=1, 2, \cdots, s-1$，第 s 个传感器接收到的量测可由漏检量测z_{0_s} 表示。

对于量测子集$\{z_{r_1}, z_{r_2}, \cdots, z_{r_{(s-1)}}\}$，其权重和归一化强度分别为

$$w_{r_1, r_2, \cdots, r_{(s-1)}} = \int \mathcal{L}_{r_1, r_2, \cdots, r_{(s-1)}}(\xi) \nu_{k|k-1}(\xi) \, d\xi \tag{6-36}$$

$$\upsilon_{r_1, r_2, \cdots, r_{(s-1)}}(\boldsymbol{x}) = \frac{\mathcal{L}_{r_1, r_2, \cdots, r_{(s-1)}}(\boldsymbol{x}) \cdot \nu_{k|k-1}(\boldsymbol{x})}{\int \mathcal{L}_{r_1, r_2, \cdots, r_{(s-1)}}(\xi) \cdot \nu_{k|k-1}(\xi) \, d\xi} \tag{6-37}$$

假设量测子集$\{z_{r_1}, z_{r_2}, \cdots, z_{r_{(s-1)}}\}$中的量测都是由同一个目标产生的，因此，目标数可依据 $w_{r_1, r_2, \cdots, r_{(s-1)}}$ 得到。同时，目标状态可通过估计 $\upsilon_{r_1, r_2, \cdots, r_i, r_{(i+1)}}(\boldsymbol{x})$的顶点得到。

对于量测子集$\{z_{r_1}, z_{r_2}, \cdots, z_{r_{(s-1)}}, z_{0_s}\}$，其权重和归一化强度分别为

$$\begin{aligned} w_{r_1, r_2, \cdots, 0_s} &= \int \mathcal{L}_{r_1, r_2, \cdots, 0_s}(\xi) \nu_{k|k-1}(\xi) \, d\xi \\ &= \int (1 - p_{D,k}^{(s)}(\xi)) \cdot \mathcal{L}_{r_1, r_2, \cdots, r_{(s-1)}}(\xi) \cdot \nu_{k|k-1}(\xi) \, d\xi \end{aligned} \tag{6-38}$$

$$\begin{aligned} \upsilon_{r_1, r_2, \cdots, 0_s}(\boldsymbol{x}) &= \frac{\mathcal{L}_{r_1, r_2, \cdots, 0_s}(\boldsymbol{x}) \nu_{k|k-1}(\boldsymbol{x})}{\int \mathcal{L}_{r_1, r_2, \cdots, 0_s}(\xi) \nu_{k|k-1}(\xi) \, d\xi} \\ &= \frac{(1 - p_{D,k}^{(s)}(\boldsymbol{x})) \cdot \mathcal{L}_{r_1, r_2, \cdots, r_{(s-1)}}(\boldsymbol{x}) \cdot D_{k|k-1}(\boldsymbol{x})}{\int (1 - p_{D,k}^{(s)}(\xi)) \cdot \mathcal{L}_{r_1, r_2, \cdots, r_{(s-1)}}(\xi) \cdot D_{k|k-1}(\xi) \, d\xi} \end{aligned} \tag{6-39}$$

假设检测概率与状态无关，则有

$$w_{r_1, r_2, \cdots, 0_s} = (1 - p_{D, k}^{(s)}) \cdot w_{r_1, r_2, \cdots, r_{(s-1)}} \tag{6-40}$$

$$\upsilon_{r_1, r_2, \cdots, 0_s}(\boldsymbol{x}) = \upsilon_{r_1, r_2, \cdots, r_{(s-1)}}(\boldsymbol{x}) \tag{6-41}$$

由上述公式可以看出，漏检只对量测子集的权重有较大的影响。因此，原本可以由$\{\boldsymbol{z}_{r_1}, \boldsymbol{z}_{r_2}, \cdots, \boldsymbol{z}_{r_{(s-1)}}\}$估计得到的目标，却因为$\{\boldsymbol{z}_{r_1}, \boldsymbol{z}_{r_2}, \cdots, \boldsymbol{z}_{r_{(s-1)}}, \boldsymbol{z}_{0_s}\}$的权重过小而被漏检。

6.4.2　双向权重计算方法

针对上述问题，本节介绍一种双向权重计算方法(MD-IC-PHD)[209]。

令$\widetilde{Z}_k^{(i+1)} = Z_k^{(i)} \cup \{\boldsymbol{z}_{0_i}\}$表示第$i$个传感器的扩展量测集，其量测数为$1+\overset{i}{m}$。在$k$时刻，第$i$个和第$i+1$个传感器的更新强度分别为

$$\begin{aligned}
\nu_k^{(i)}(\boldsymbol{x}) &= \sum_{r_i=0}^{M_k^{(i)}} \cdots \sum_{r_2=0}^{M_k^{(2)}} \sum_{r_1=0}^{M_k^{(1)}} \mathcal{L}_{r_1, r_2, \cdots, r_i}(\boldsymbol{x}) \cdot \nu_{k|k-1}(\boldsymbol{x}) \\
&= \sum_{r_i=0}^{M_k^{(i)}} \cdots \sum_{r_2=0}^{M_k^{(2)}} \sum_{r_1=0}^{M_k^{(1)}} w_{r_1, r_2, \cdots, r_i} \cdot \upsilon_{r_1, r_2, \cdots, r_i}(\boldsymbol{x})
\end{aligned} \tag{6-42}$$

$$\begin{aligned}
\nu_k^{(i+1)}(\boldsymbol{x}) &= \sum_{r_{(i+1)}=0}^{M_k^{(i+1)}} \sum_{r_i=0}^{M_k^{(i)}} \cdots \sum_{r_2=0}^{M_k^{(2)}} \sum_{r_1=0}^{M_k^{(1)}} \mathcal{L}_{r_1, r_2, \cdots, r_i, r_{(i+1)}}(\boldsymbol{x}) \cdot \nu_{k|k-1}(\boldsymbol{x}) \\
&= \sum_{r_{(i+1)}=0}^{\overset{i+1}{m}} \sum_{r_i=0}^{\overset{i}{m}} \cdots \sum_{r_2=0}^{\overset{2}{m}} \sum_{r_1=0}^{\overset{1}{m}} w_{r_1, r_2, \cdots, r_i, r_{(i+1)}} \cdot \upsilon_{r_1, r_2, \cdots, r_i, r_{(i+1)}}(\boldsymbol{x})
\end{aligned} \tag{6-43}$$

在式(6-42)和式(6-43)中，第i个传感器和第$i+1$个传感器中量测子集的集合分别记为$W^{(i)}$和$W^{(i+1)}$。$W^{(i)}$和$W^{(i+1)}$中量测子集的数目分别为$\prod_{i'=1}^{i}(1+M_k^{(i')})$和$\prod_{i'=1}^{i+1}(1+M_k^{(i')})$。

$W^{(i)}$和$W^{(i+1)}$中的量测子集都可以分为三类：目标的最优量测子集W_{opt}、目标的次优量测子集W_{sub}和非目标量测子集W_{non}。三类量测子集分别定义如下：

W_{opt}：如果一个目标被第i个传感器检测到，则W_{opt}中的第i个元素为目标的量测；如果一个目标被第i个传感器漏检，则W_{opt}中的第i个元素为漏检量测$\boldsymbol{z}_{0_i}$。

W_{sub}：除W_{opt}之外，由漏检量测和来源于同一个目标的量测组成的量测子集。

W_{non}：由漏检量测、杂波量测和来源于不同目标的量测组成的量测子集。

式(6-42)和式(6-43)中的更新强度可以看作是所有量测子集的归一化强度$s(\boldsymbol{x})$的加权和。其中，状态估计主要取决于W_{opt}的$\upsilon(\boldsymbol{x})$，然后是W_{sub}的$\upsilon(\boldsymbol{x})$，而W_{non}的$\upsilon(\boldsymbol{x})$则会对状态估计造成负面影响。因此，双向权重计算方法的主要思想就是估计任意量测子集属于W_{opt}的概率，并用此概率代替原始的权重。

假设$W_{r_1, r_2, \cdots, r_i}$和$W_{r_1, r_2, \cdots, r_{(i+1)}}$分别是$W^{(i)}$和$W^{(i+1)}$中的量测子集，且$W_{r_1, r_2, \cdots, r_{(i+1)}} = W_{r_1, r_2, \cdots, r_i} \cap \{\boldsymbol{z}_{r_{i+1}}\}$。若$W_{r_1, r_2, \cdots, r_{(i+1)}}$是一个目标的最优量测子集，则$W_{r_1, r_2, \cdots, r_i}$和$\boldsymbol{z}_{r_{i+1}}$需要满足以下条件：① $W_{r_1, r_2, \cdots, r_i}$是该目标的最优量测子集；② $\boldsymbol{z}_{r_{i+1}}$是该目标产生的量测或漏检量测。由于这两个条件是相互独立的，因此，下面分开讨论它们对$W_{r_1, r_2, \cdots, r_{(i+1)}}$的影响。

(1) 基于量测子集的权重：

$W_{r_1, r_2, \cdots, r_i}$和$\widetilde{Z}_k^{(i+1)}$会产生$1+M_k^{(i+1)}$个新的量测子集。如果$W_{r_1, r_2, \cdots, r_i}$是一个目标的最优量测子集，那么在这$1+M_k^{(i+1)}$个新的量测子集中，一定存在该目标的最优量测子集，而$W_{r_1, r_2, \cdots, r_{(i+1)}}$是这个最优量测子集的概率为

$$\widehat{w}_{r_1, r_2, \cdots, r_{(i+1)}} = \frac{\Psi_{r_1, r_2, \cdots, r_{(i+1)}}}{\sum\limits_{r_{(i+1)}=0}^{M_k^{(i+1)}} \Psi_{r_1, r_2, \cdots, r_{(i+1)}}} \tag{6-44}$$

式中：$\Psi_{r_1, r_2, \cdots, r_{(i+1)}}$为量测子集$W_{r_1, r_2, \cdots, r_{(i+1)}}$所包含量测之间的相似度。

$$\Psi_{r_1, r_2, \cdots, r_{(i+1)}} = \int P_{r_1, r_2, \cdots, r_{(i+1)}}(\xi) \cdot Q_{r_1, r_2, \cdots, r_{(i+1)}}(\xi)\,\mathrm{d}\xi \tag{6-45}$$

$$Q_{r_1, r_2, \cdots, r_{(i+1)}}(\boldsymbol{x}) = \mathcal{L}_{r_1, r_2, \cdots, r_{(i+1)}}(\boldsymbol{x}) \cdot \nu_{k|k-1}(\boldsymbol{x}) \tag{6-46}$$

$$P_{r_1, r_2, \cdots, r_{(i+1)}}(\boldsymbol{x}) = \prod_{i'=1}^{i+1} \left(p_{D,k}^{(i')}(\boldsymbol{x})\right)^{l_{i'}} \left(1 - p_{D,k}^{(i')}(\boldsymbol{x})\right)^{(1-l_{i'})} \tag{6-47}$$

$$l_{i'} = \begin{cases} 1, & \boldsymbol{z}_{r_{i'}} \neq \boldsymbol{z}_{0_{i'}} \\ 0, & \boldsymbol{z}_{r_{i'}} = \boldsymbol{z}_{0_{i'}} \end{cases}, \quad i' = 1, 2, \cdots, (i+1) \tag{6-48}$$

式中：$Q_{r_1, r_2, \cdots, r_{(i+1)}}(\boldsymbol{x})$为$W_{r_1, r_2, \cdots, r_{(i+1)}}$对应于一个状态为$\boldsymbol{x}$的目标的概率，$P_{r_1, r_2, \cdots, r_{(i+1)}}(\boldsymbol{x})$为$Q_{r_1, r_2, \cdots, r_{(i+1)}}(\boldsymbol{x})$的可信度。

(2) 基于量测的权重：

$\boldsymbol{z}_{r_{i+1}}$和$W^{(i)}$会产生$\prod\limits_{i'=1}^{i+1}(1+M_k^{(i')})$个新的量测子集。如果$\boldsymbol{z}_{r_{i+1}}$是一个源于目标的量测，

即 $z_{r_{(i+1)}} \neq z_{0_{(i+1)}}$，那么在这 $\prod_{i'=1}^{i+1}(1+M_k^{(i')})$ 个新的量测子集中，一定存在该目标的最优量测子集，而 $W_{a_i, r_{(i+1)}}$ 是这个最优量测子集的概率为

$$\widehat{w}_{\substack{r_1, r_2, \cdots, r_{(i+1)} \\ r_{(i+1)} \neq 0_{(i+1)}}} = \frac{\Psi_{r_1, r_2, \cdots, r_{(i+1)}}}{\sum_{r_i=0}^{M_k^{(i)}} \cdots \sum_{r_2=0}^{M_k^{(2)}} \sum_{r_1=0}^{M_k^{(1)}} \Psi_{r_1, r_2, \cdots, r_{(i+1)}}} \tag{6-49}$$

如果 $z_{r_{(i+1)}} = z_{0_{(i+1)}}$，则在 $\prod_{i'=1}^{i+1}(1+M_k^{(i')})$ 个新的量测子集中，可能存在一个或多个最优量测子集，而 $W_{r_1, r_2, \cdots, r_{(i+1)}}$ 是某个目标的最优量测子集的概率为

$$\breve{w}_{r_1, r_2, \cdots, r_{(i+1)}} = \frac{\Psi_{r_1, r_2, \cdots, r_{(i+1)}}}{\Phi} \tag{6-50}$$

$$\Phi = \begin{cases} \sum_{r_i=0}^{M_k^{(i)}} \cdots \sum_{r_2=0}^{M_k^{(2)}} \sum_{r_1=0}^{M_k^{(1)}} \Psi_{r_1, r_2, \cdots, r_{(i+1)}}, & z_{r_{(i+1)}} \neq z_{0_{(i+1)}} \\ \max\left\{\Psi_{r_1, r_2, \cdots, r_{(i+1)}},\ a_i = 1, 2, \cdots, \prod_{i'=1}^{i}(1+\overset{i'}{m})\right\}, & z_{r_{(i+1)}} = z_{0_{(i+1)}} \end{cases} \tag{6-51}$$

由式(6-49)和式(6-50)可得式(6-43)中 $W_{r_1, r_2, \cdots, r_{(i+1)}}$ 的权重为

$$w_{r_1, r_2, \cdots, r_{(i+1)}} = \widehat{w}_{r_1, r_2, \cdots, r_{(i+1)}} \cdot \breve{w}_{r_1, r_2, \cdots, r_{(i+1)}} \tag{6-52}$$

6.4.3　仿真实验与分析

为了验证本节算法的有效性，实验中比较了 MD-IC-PHD 滤波和 6.2 节中 IC-PHD 滤波的跟踪性能，跟踪场景与 6.3 节相同。各个传感器的检测概率均为 $p_{D,k}^{(i)} = 0.99$，$i = 1, 2, 3, 4$，实验结果如图 6-10～图 6-15 所示。

$\mathcal{S}_{\text{true}}$ 和 $\mathcal{S}_{\text{false}}$ 分别表示由目标 1 的最优量测子集与目标量测和虚警组成的量测子集。可以看出，在图 6-11 中，有多个高斯分量的权重都接近 1，无法判断哪个高斯分量对应于目标 1。在 MD-IC-PHD 滤波中，由于式(6-44)将所有量测 $z_{r_{(i+1)}}$（$r_{(i+1)} = 0, \cdots, M_i^{(i+1)}$）对应的权重归一化，因此，由图 6-11 可以看出，$\mathcal{S}_{\text{true}}$ 和 $\mathcal{S}_{\text{false}}$ 的两个权重之和近似为 1，即 $\widehat{w}_{\text{false}} + \widehat{w}_{\text{true}} \approx 1$。同时，在图 6-10 中，又有 $\breve{w}_{\text{false}} \approx 1$ 且 $\breve{w}_{\text{true}} \approx 1$。因此，在图 6-12 中，目标和虚警的权重之和为 $w_{\text{false}} + w_{\text{true}} \approx 1$。从表 6-1 可以看出，MD-IC-PHD 估计的每个目标的权重和目标数都是正确的。

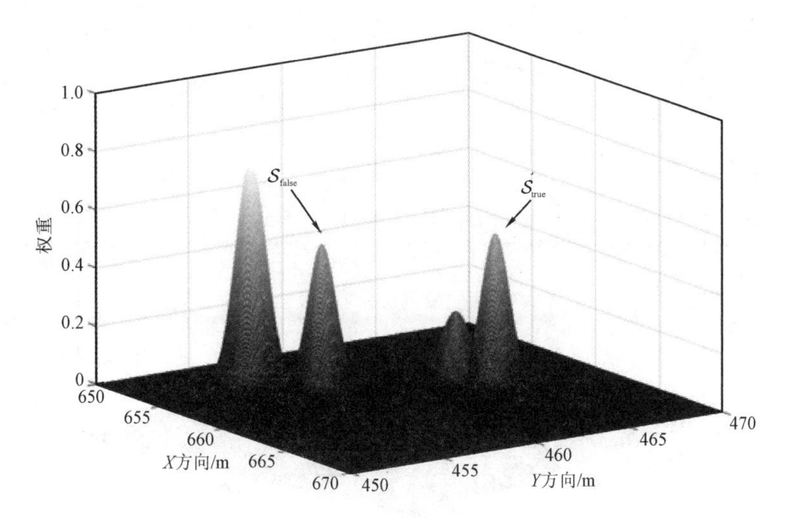

图 6-10　虚警情况下 MD-IC-PHD 滤波中基于量测子集的权重

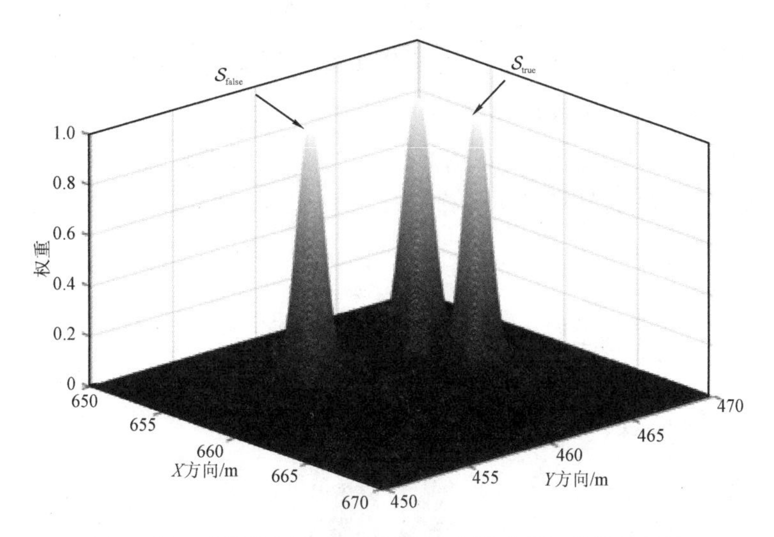

图 6-11　虚警情况下 MD-IC-PHD 滤波中基于量测的权重

表 6-1　MD-IC-PHD 滤波和 IC-PHD 滤波估计的目标权重(虚警情况)

	目标 3	目标 4	目标 5	目标 6	目标数
IC-PHD	2.000	1.009	1.008	1.010	5.027
MD-IC-PHD	1.000	1.000	1.000	1.000	4.000

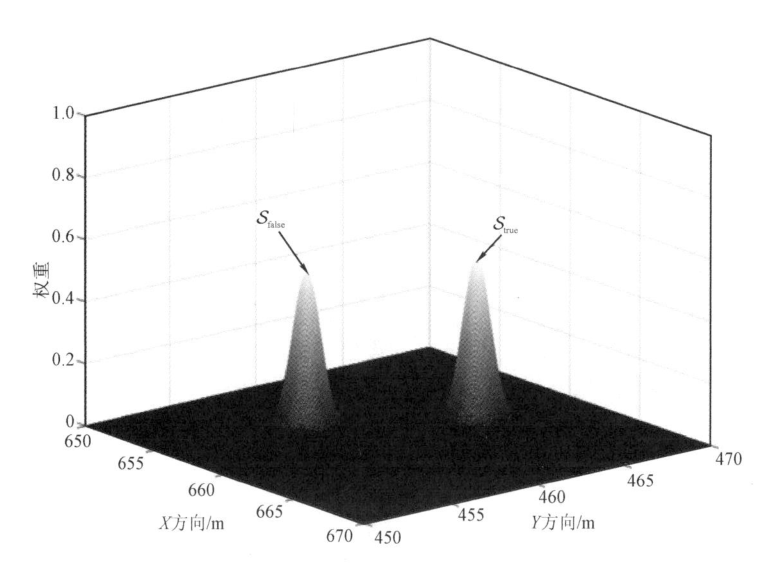

图 6-12　虚警情况下 MD-IC-PHD 滤波中的融合权重

在图 6-13～图 6-15 中，$\mathcal{S}_{\text{target}}$ 表示目标 1 的最优量测子集。可以看出，在图 6-13 中，有多个高斯分量的权重都接近 1，无法判断哪个高斯分量对应于目标 1。在图 6-14 中，由于式(6-50)中的归一化，$\mathcal{S}_{\text{target}}$ 对应的高斯分量的权重会接近于 1，其余高斯分量由于不对应于任何目标，其权重会接近于 0。因此，经过权重融合过程，在图 6-15 中，只有$\mathcal{S}_{\text{target}}$ 对应的高斯分量被保留了下来。

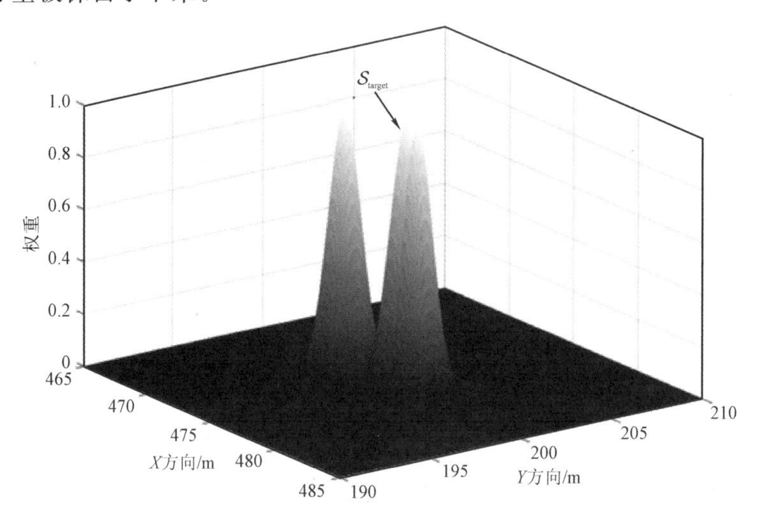

图 6-13　漏检情况下 MD-IC-PHD 滤波中基于量测子集的权重

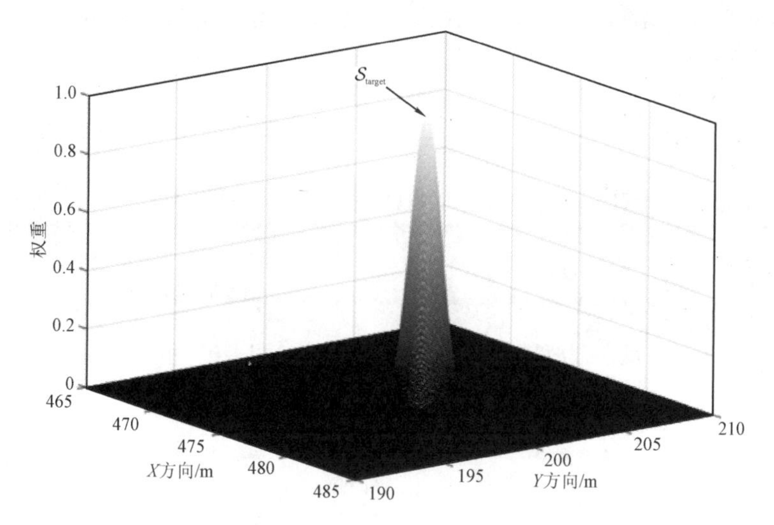

图 6-14　漏检情况下 MD-IC-PHD 滤波中基于量测的权重

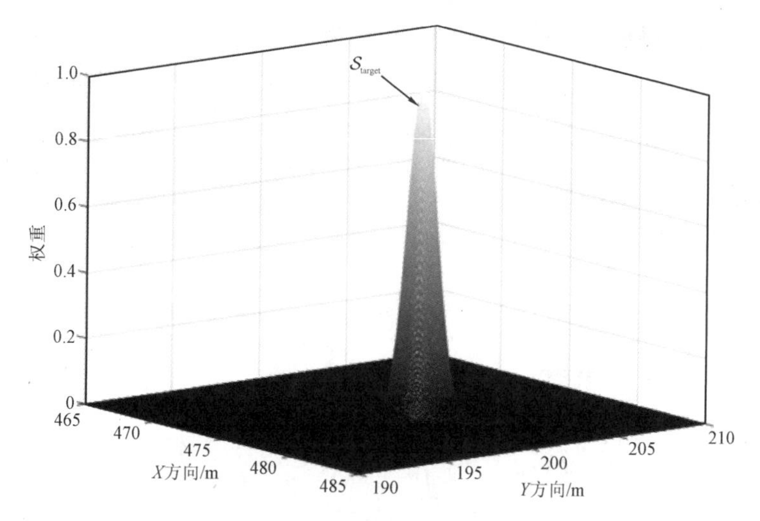

图 6-15　漏检情况下 MD-IC-PHD 滤波中的融合权重

6.5　势修正乘积多传感器概率假设密度滤波

PM-PHD 滤波中修正系数的取值范围为(0, +∞)，且以 1 为分界线，当出现漏检时，该系数的值会大于 1；当出现虚警时，该系数的值会小于 1。理论上，引入修正系数会使 PM-PHD 滤波具有更好的跟踪精度和稳定性。但由于修正系数是一个标量，因此其只能改变多传感器更新强度的幅度。这意味着在出现漏检和虚警时，修正系数只能改善势估计，而对目标状态估计不起作用[203]。

6.5.1　势分配问题

假设在 k 时刻，IC-PHD 滤波和 PM-PHD 滤波具有相同的预测强度，则由式(6－2)和式(6－6)可得：

$$\nu_{P,k}(\boldsymbol{x})=K_{Z_k^{(1)},\cdots,Z_k^{(s)}}\cdot\nu_{I,k}(\boldsymbol{x}) \tag{6-53}$$

同时，k 时刻 PM-PHD 滤波的势估计为

$$\begin{aligned}N_{P,k}&=\int\nu_{P,k}(\xi)\mathrm{d}\xi\\&=K_{Z_k^{(1)},\cdots,Z_k^{(s)}},\cdots\cdot\int\nu_{I,k}(\xi)\mathrm{d}\xi\\&=K_{Z_k^{(1)},\cdots,Z_k^{(s)}}\cdot N_{I,k}\end{aligned} \tag{6-54}$$

式中：$N_{P,k}$ 和 $N_{I,k}$ 分别为 $\nu_{P,k}(\boldsymbol{x})$ 和 $\nu_{I,k}(\boldsymbol{x})$ 的势估计。

由上式可以看出，$K_{Z_k^{(1)},\cdots,Z_k^{(s)}}$ 只能改变势估计的大小和更新强度的幅度。但在图 6－16 所示情况下，$K_{Z_k^{(1)},\cdots,Z_k^{(s)}}$ 会造成错误的状态估计。

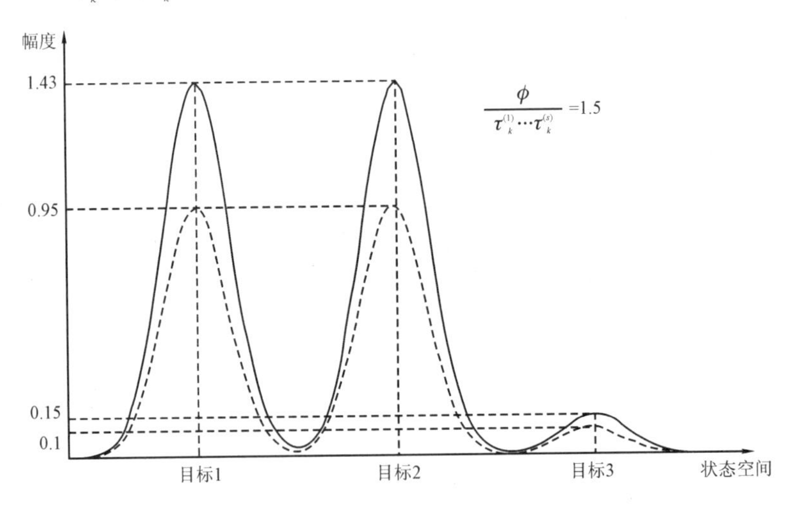

图 6－16　PM-PHD 滤波和 IC-PHD 滤波示意图

图 6－16 中虚线和实线分别表示 IC-PHD 滤波和 PM-PHD 滤波的更新强度。在图 6－16 中有三个目标，且只有目标 3 没有被第 s 个传感器检测到。假设由 IC-PHD 滤波估计的目标 1 和目标 2 的权重近似为 0.95，目标 3 的权重近似为 0.1。最终由 IC-PHD 滤波估

计的目标数为 2，出现目标数低估，同时，目标 3 漏检。对于 PM-PHD 滤波，为了修正势估计，$K_{Z_k^{(1)},\cdots,Z_k^{(s)}}$ 可能会等于 1.5。因此，最终由 PM-PHD 滤波估计的目标数为 3，势估计正确，但目标 3 仍然漏检。若考虑一种更极端的情况，当有多个目标没有被第 s 个传感器检测到时，PM-PHD 滤波为了修正势估计，$K_{Z_k^{(1)},\cdots,Z_k^{(s)}}$ 的值可能会很大。在这种情况下，其他被检测到的目标会具有较大的权重，在估计目标状态时，PM-PHD 滤波会认为在该目标状态有多个目标交叉，最终估计出多个虚假目标。

6.5.2　高斯分量权重再分配方法

针对上述问题，本节在 PM-PHD 滤波高斯混合实现的基础上，利用高斯分量之间的传递关系，介绍一种高斯分量权重再分配方法(CM-PM-PHD)[204]。

在线性高斯混合模型下，每个传感器的更新强度都可以用多个加权高斯分量来近似，而每个高斯分量的权重表示该分量对应的目标数。因此，可以通过选择权重大于某个门限(如$\mathcal{G}=0.5$)的高斯分量来估计目标状态。

在图 6-4 中，$\mathcal{N}_j^{(i)}$ 是第 i 个传感器的第 j 个高斯分量。$\mathcal{N}_j^{(i)}$ 将在第 $i+1$ 个传感器上产生$(1+M_k^{(i+1)})$个新的高斯分量，用$\left\{\mathcal{N}_j^{(i+1)}\right\}_{j=1}^{(M_k^{(i+1)}+1)}$来表示，其中的一个高斯分量由漏检产生，剩余 $M_k^{(i+1)}$ 个高斯分量由量测更新产生。通过比较 $\mathcal{N}_j^{(i)}$ 的权重 $w_j^{(i)}$ 和 $\left\{\mathcal{N}_j^{(i+1)}\right\}_{j=1}^{(M_k^{(i+1)}+1)}$ 的权重 $w_{\mathcal{N}}=\sum\limits_{j=1}^{M_k^{(i+1)}+1} w_j^{(i+1)}$，可有以下五种情形。

情形 1：如果 $\text{round}(w_j^{(i)})=\text{round}(w_{\mathcal{N}})$，$\text{round}(w_{\mathcal{N}})=0$，则表示没有目标，或所有目标都被漏检了；

情形 2：如果 $\text{round}(w_j^{(i)})=\text{round}(w_{\mathcal{N}})$，$\text{round}(w_{\mathcal{N}})\geqslant 1$，则表示有目标同时被第 i 个传感器和第 $i+1$ 个传感器检测到；

情形 3：如果 $\text{round}(w_j^{(i)})<\text{round}(w_{\mathcal{N}})$，则表示有目标新生，或虚警出现；

情形 4：如果 $\text{round}(w_j^{(i)})>\text{round}(w_{\mathcal{N}})$，$\text{round}(w_{\mathcal{N}})=0$，则表示没有目标，或所有目标都被漏检了，或所有目标都消失了；

情形 5：如果 $\text{round}(w_j^{(i)})>\text{round}(w_{\mathcal{N}})$，$\text{round}(w_{\mathcal{N}})\geqslant 1$，则表示有一些目标被漏检了或消失了。

如果$\mathcal{N}_j^i$ 对应于某个目标，则$\left\{\mathcal{N}_j^{(i+1)}\right\}_{j=1}^{(\overset{i+1}{m}+1)}$中将会有少量的高斯分量对应于该目标。

可以根据 $N_j^{(i)}$ 与 $\left\{\mathcal{N}_j^{(i+1)}\right\}_{j=1}^{(m_{i+1}+1)}$ 中每个高斯分量之间的相似程度来选择相应的高斯分量。由于KL散度[210](Kullback Leibler Divergence，KLD)可以用于衡量任意两个概率分布之间的相似程度，故可以借助KL散度，针对情形1～情形5，分别提出对应的五种高斯分量选择方法。

方法1：利用KL散度在 $\left\{\mathcal{N}_j^{(i+1)}\right\}_{j=1}^{(M_k^{(i+1)}+1)}$ 中选择一个高斯分量；

方法2：直接选择 $\left\{\mathcal{N}_j^{(i+1)}\right\}_{j=1}^{(M_k^{(i+1)}+1)}$ 中权重大于 $\mathcal{G}$ 的高斯分量；

方法3：同方法2；

方法4：利用KL散度在 $\left\{\mathcal{N}_j^{(i+1)}\right\}_{j=1}^{(M_k^{(i+1)}+1)}$ 中选择 $\mathrm{round}(w_j^{(i)})$ 个高斯分量；

方法5：先直接选择 $\left\{\mathcal{N}_j^{(i+1)}\right\}_{j=1}^{(M_k^{(i+1)}+1)}$ 中权重大于 $\mathcal{G}$ 的高斯分量，再利用KL散度在剩余的高斯分量中选择 $[\mathrm{round}(w_j^{(i)})-\mathrm{round}(w_{\mathcal{N}})]$ 个高斯分量。

在通过方法1～方法5的选择后，$\left\{\mathcal{N}_j^{(i+1)}\right\}_{j=1}^{(M_k^{(i+1)}+1)}$ 中可能还会剩余一些高斯分量，而这些高斯分量将继续被选择，直至 $(w_{\mathcal{N}}-w_{\text{selected}})<0.01$。其中，$w_{\text{selected}}=\sum_{j=1}^{N_{\text{selected}}} w_j$，$N_{\text{selected}}$ 是由方法1～方法5选择的高斯分量的个数。

由高斯分量的选择过程和集合的产生过程可知，每个集合中的高斯分量都对应于同一个目标。因此，可以通过融合这些高斯分量的权重来修正势估计。假设在高斯分量选择完成后有 T 个高斯分量组合，第 t 个组合中的高斯分量可表示为 $N^{(t)}=\{\mathcal{N}^{(t,1)},\mathcal{N}^{(t,2)},\cdots,\mathcal{N}^{(t,s)}\}$，它们的权重 $W^{(t)}=\{w^{(t,1)},w^{(t,2)},\cdots,w^{(t,s)}\}$。

在得到所有高斯分量组合的权重 $\{w^{(t)}\}_{t=1}^{T}$ 之后，$\nu_k^{(s)}(\boldsymbol{x})$ 中 $\{\mathcal{N}^{(t,s)}\}_{t=1}^{T}$ 的权重将由 $\{w^{(t)}\}_{t=1}^{T}$ 替代。因此，修正系数 $K_{Z_k^{(1)},\cdots,Z_k^{(s)}}$ 可改写为

$$\hat{K}_{Z_k^{(1)},\cdots,Z_k^{(s)}}=\frac{K_{Z_k^{(1)},\cdots,Z_k^{(s)}}\cdot N_{I,k}}{(N_{I,k}+\hat{w})} \tag{6-55}$$

$$\hat{w}=\sum_{t=1}^{T}(w^{(t)}-w^{(t,s)}) \tag{6-56}$$

因此，后验强度为

$$\nu_{P,k}(\boldsymbol{x})=\hat{K}_{Z_k^{(1)},\cdots,Z_k^{(s)}}\cdot\nu_k^{(s)}(\boldsymbol{x}) \tag{6-57}$$

6.5.3 仿真实验与分析

为了验证本节算法的有效性，实验中比较了 CM-PM-PHD 滤波和 6.2 节中 IC-PHD 滤波、PM-PHD 滤波的跟踪性能，跟踪场景与 6.3 节相同。各个传感器检测概率均相等，依次取 $p_{D,k}^{(i)}=p_{D,k}=0.99, 0.95, 0.9, 0.85, 0.8$，$i=1, 2, 3, 4$。实验结果如图 6-17～图 6-21 所示。

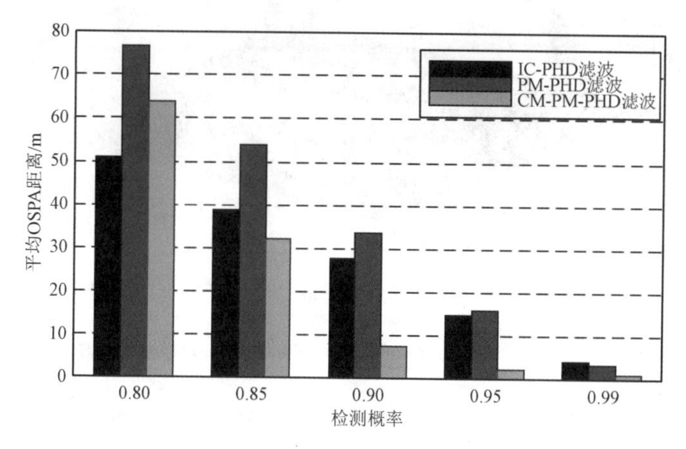

图 6-17　不同检测概率下的 OSPA 距离

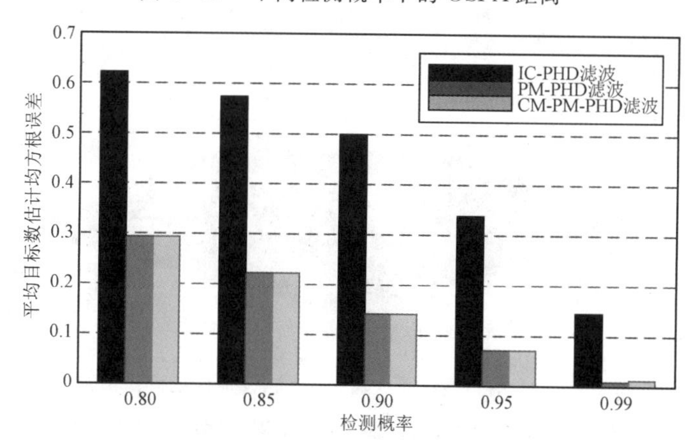

图 6-18　不同检测概率下的平均目标数估计均方根误差

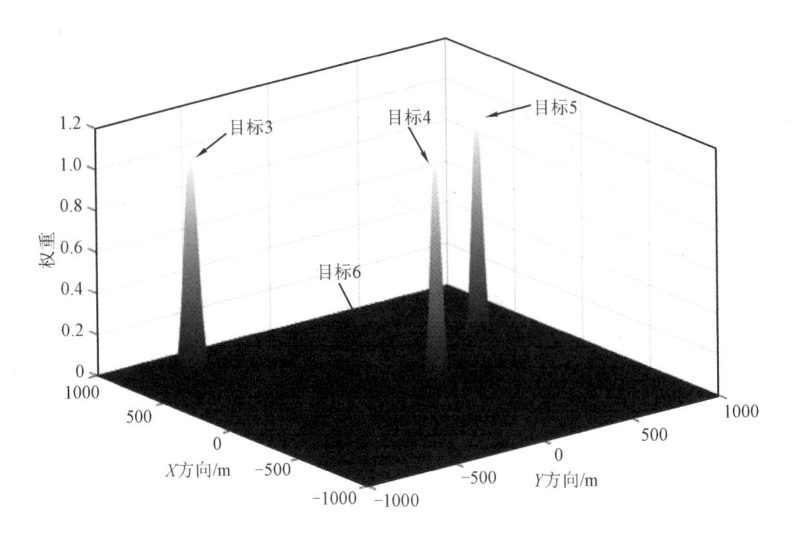

图 6-19　漏检情况下 IC-PHD 滤波估计的高斯分量

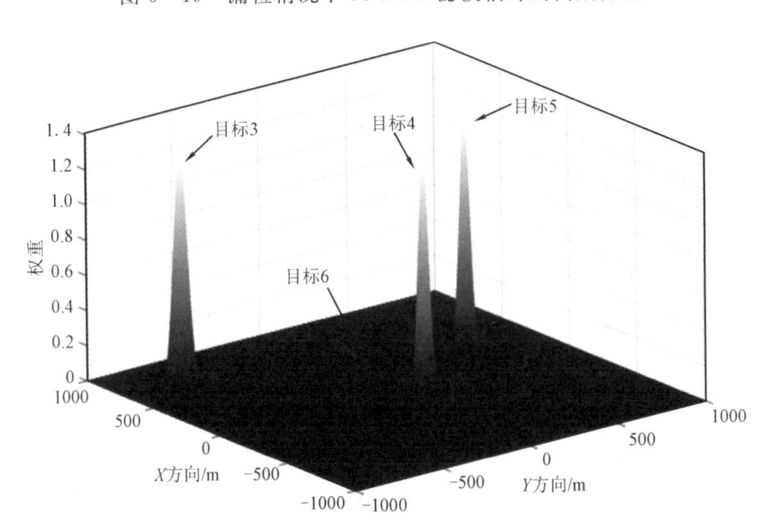

图 6-20　漏检情况下 PM-PHD 滤波估计的高斯分量

由图 6-17 可知，PM-PHD 滤波的平均 OSPA 距离要高于 IC-PHD 滤波，当检测概率降低时，两者的平均 OSPA 距离的差距会进一步加大。这表明 PM-PHD 滤波的势修正系数的确会造成目标状态的错误估计。而 CM-PM-PHD 滤波的平均 OSPA 距离低于 PM-PHD 滤波，表明 CM-PM-PHD 滤波在一定程度上弱化了 PM-PHD 滤波的缺陷。然而，CM-PM-PHD 滤波的平均 OSPA 距离随检测概率的变化非常明显，当 $p_{D,k}=0.8$ 时，其平均 OSPA 距离已经高于 IC-PHD 滤波。造成这一现象的主要原因是由于 CM-PM-PHD 滤波中的权重融合方法还不够完善。当所有传感器的检测概率都降低时，一个目标就更容易被多个传感器漏检，这导致在该目标对应的高斯分量集合中会出现多个权重较低的高斯分量。虽然经过权重融合方法得到的融合权重会高于较小的权重，但是此时融合权重的值仍然小于门限 $\mathcal{G}$，致使目标不能被有效估计。

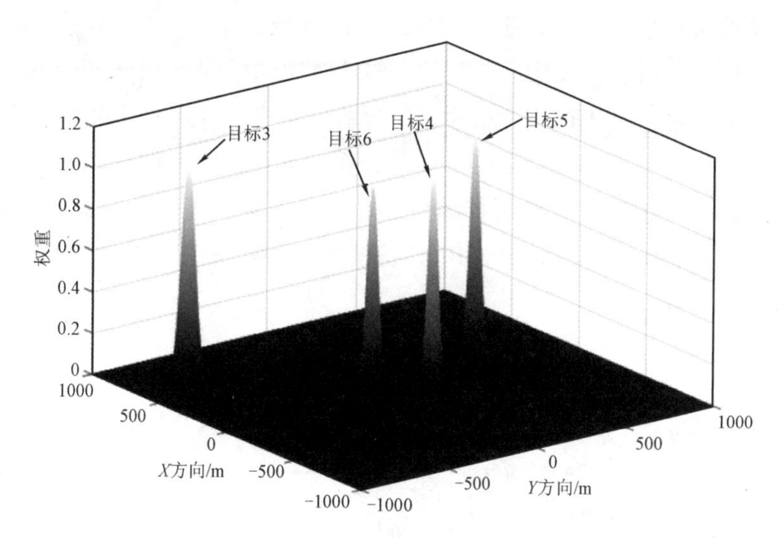

图 6 - 21　漏检情况下 CM-PM-PHD 滤波估计的高斯分量

图 6 - 21 和表 6 - 2 给出了第 56 时刻，目标 3～目标 6 对应的高斯分量和目标数。在图 6 - 19～图 6 - 21 中，只有 CM-PM-PHD 滤波检测到目标 3。从表 6 - 2 可以看出，虽然 PM-PHD 滤波估计的目标数正确，但是目标 6 的权重仍然很小，而目标 3～目标 5 的权重却被增大了。如果有多个目标漏检，那么检测到的目标的权重将会非常大，PM-PHD 滤波则会认为在该时刻出现了多个目标交叉的情况，并估计出多个虚假目标，导致 OSPA 距离过高。

表 6 - 2　CM-PM-PHD 滤波、PM-PHD 滤波和 IC-PHD 滤波估计的目标权重(漏检情况)

	目标 3	目标 4	目标 5	目标 6	目标数
IC-PHD	1.101	1.101	1.101	0.101	3.404
PM-PHD	1.294	1.294	1.294	0.119	4.001
CM-PM-PHD	1.028	1.032	1.029	0.912	4.001

6.6　基于条件组合的多传感器概率假设密度滤波

PM-PHD滤波由两部分组成：一是联合伪似然函数，主要用于目标状态估计；二是修正系数，主要是改善势估计。在使用PM-PHD滤波进行目标跟踪时，势估计通常会非常准确，但目标状态估计有时会出现错误。在PM-PHD滤波中，量测划分过程不仅存在于联合伪似然函数中，同样也存在于修正系数中。二者的区别在于，前者是对所有传感器的量测集进行划分，试图将属于同一个目标的量测划分在一起，而后者则是对单个传感器的量测集进行划分，试图将属于所有目标的量测划分在一起。本节基于修正系数中的量测划分，针对目标状态估计问题，介绍一种PM-PHD滤波的改进算法(TS-PM-PHD)[205]。

6.6.1　条件组合模型

将式(6-8)、式(6-12)和式(6-13)改写为

$$\phi=\frac{\sum\limits_{n\geqslant 0} l^{(1)}_{Z^{(1)}_k}(n+1)\cdots l^{(s)}_{Z^{(s)}_k}(n+1)\cdot\frac{(N_{k|k-1}\cdot\eta)^n}{n!}}{\sum\limits_{n\geqslant 0} l^{(1)}_{Z^{(1)}_k}(n)\cdots l^{(s)}_{Z^{(s)}_k}(n)\cdot\frac{(N_{k|k-1}\cdot\eta)^n}{n!}}=\frac{\sum\limits_{n\geqslant 0} n\,\mathcal{L}(n)}{\sum\limits_{n\geqslant 0}\mathcal{L}(n)}\cdot\frac{1}{N_{k|k-1}\cdot\eta} \tag{6-58}$$

$$\mathcal{L}(n)=\prod_{i=1}^{s} l^{(i)}_{Z^{(i)}_k}(n)\cdot\frac{(N_{k|k-1}\cdot\eta)^n}{n!} \tag{6-59}$$

$$l^{(i)}_{Z^{(i)}_k}(n)=\sum_{l^{(i)}_n=0}^{\hat{l}^{(i)}_n}\frac{l^{(i)}_n!\cdot C_n^{l^{(i)}_n}\cdot\nu_{k|k-1}[1-p^i_{D,k}]^{n-l^{(i)}_n}\hat{\sigma}^{(i)}_{l^{(i)}_n}(Z^{(i)}_k)}{(N_{k|k-1})^n} \tag{6-60}$$

$$\hat{\sigma}^{(i)}_{l^{(i)}_n}(Z^{(i)}_k)=\sigma_{m^{(i)},l^{(i)}_n}\left(\frac{\nu_{k|k-1}\left[p^{(i)}_{D,k}g_{z^{(i)}_1}\right]}{\kappa^{(i)}_k(z^{(i)}_1)},\cdots,\frac{\nu_{k|k-1}\left[p^{(i)}_{D,k}g_{z^{(i)}_{M^{(i)}_k}}\right]}{\kappa^{(i)}_k(z^{(i)}_{M^{(i)}_k})}\right) \tag{6-61}$$

式中：$\hat{l}^{(i)}_n=\min(n,M^{(i)}_k)$。

为了便于描述，将式(6-60)改写为

$$l^{(i)}_{Z^{(i)}_k}(n)=\sum_{l^{(i)}_n=0}^{\hat{l}^{(i)}_n}\varphi^{(i)}_n(l^{(i)}_n)\,\mathcal{S}^{(i)}_{n,l^{(i)}_n}(Z^{(i)}_k) \tag{6-62}$$

$$\varphi^{(i)}_n(l^{(i)}_n)=l^{(i)}_n!\cdot\frac{C_n^{l^{(i)}_n}}{(N_{k|k-1})^n} \tag{6-63}$$

$$\mathcal{S}^{(i)}_{n,l_n^{(i)}}(Z_k^{(i)}) = \sum_{W^{(i)}_{r,l_n^{(i)}} \in \mathcal{P}^{(i)}_{l_n^{(i)}} \angle Z_k^{(i)}} \prod_{z \in W^{(i)}_{r,l_n^{(i)}}} \frac{\nu[L_z^{(i)}]}{\kappa_k^{(i)}(z)} \tag{6-64}$$

$$L_z^{(i)}(\boldsymbol{x}) = \begin{cases} 1 - p_{D,k}^{(i)}(\boldsymbol{x}), & \boldsymbol{z} = \boldsymbol{z}_0^{(i)} \\ \dfrac{p_{D,k}^{(i)}(\boldsymbol{x}) g_k(\boldsymbol{z} \mid \boldsymbol{x})}{\kappa_k^{(i)}(\boldsymbol{z})}, & \boldsymbol{z} \neq \boldsymbol{z}_0^{(i)} \end{cases} \tag{6-65}$$

式中：$\boldsymbol{z}_0^{(i)}$ 为第 i 个传感器的漏检量测。$\mathcal{P}^{(i)}_{l_n^{(i)}} \angle Z_k^{(i)}$ 表示量测划分过程，主要步骤为：① 将 $Z_k^{(i)}$ 划分为不同的量测子集 $\hat{W}^{(i)}_{r,l_n^{(i)}}$，$r=1$，…，$C_{M_k^{(i)}}^{l_n^{(i)}}$；② 合并 $\hat{W}^{(i)}_{r,l_n^{(i)}}$ 和 $\hat{W}_{l_n^{(i)}}$。合并后的子集为 $\hat{W}^{(i)}_{r,l_n^{(i)}}$，且 $W^{(i)}_{r,l_n^{(i)}} = \hat{W}^{(i)}_{r,l_n^{(i)}} \cup \hat{W}_{l_n^{(i)}}$。其中，$\hat{W}_{l_n^{(i)}}$ 由 $\boldsymbol{z}_0^{(i)}$ 构成，且 $\hat{W}_{l_n^{(i)}} = \overbrace{\{\boldsymbol{z}_0^{(i)}, \cdots, \boldsymbol{z}_0^{(i)}\}}^{\hat{l}_h^{(i)} - l_n^{(i)}}$。因此，$\mathcal{P}^{(i)}_{l_n^{(i)}} \angle Z_k^{(i)} = \left\{ W^{(i)}_{1,l_n^{(i)}}, \cdots, W^{(i)}_{C_{M_k^{(i)}}^{l_n^{(i)}}, l_n^{(i)}} \right\}$。例如，假设 $Z_k^{(i)} = \{\boldsymbol{z}_1^{(i)}, \boldsymbol{z}_2^{(i)}, \boldsymbol{z}_3^{(i)}\}$，$\hat{l}_n^{(i)} = 3$，$l_n^{(i)} = 0, 1, 2, 3$，则$\mathcal{P}_0^{(i)} \angle Z_k^{(i)}$，…，$\mathcal{P}_3^{(i)} \angle Z_k^{(i)}$ 为

$$\begin{aligned} &\mathcal{P}_0^{(i)} \angle Z_k^{(i)} = \{\{\boldsymbol{z}_0^{(i)}, \boldsymbol{z}_0^{(i)}, \boldsymbol{z}_0^{(i)}\} \cup \{\varnothing\}\} \\ &\mathcal{P}_1^{(i)} \angle Z_k^{(i)} = \{\{\boldsymbol{z}_1^{(i)}\} \cup \{\boldsymbol{z}_0^{(i)}, \boldsymbol{z}_0^{(i)}\}, \{\boldsymbol{z}_2^{(i)}\} \cup \{\boldsymbol{z}_0^{(i)}, \boldsymbol{z}_0^{(i)}\}, \{\boldsymbol{z}_3^{(i)}\} \cup \{\boldsymbol{z}_0^{(i)}, \boldsymbol{z}_0^{(i)}\}\} \\ &\mathcal{P}_2^{(i)} \angle Z_k^{(i)} = \{\{\boldsymbol{z}_1^{(i)}, \boldsymbol{z}_2^{(i)}\} \cup \{\boldsymbol{z}_0^{(i)}\}, \{\boldsymbol{z}_1^{(i)}, \boldsymbol{z}_3^{(i)}\} \cup \{\boldsymbol{z}_0^{(i)}\}, \{\boldsymbol{z}_2^{(i)}, \boldsymbol{z}_3^{(i)}\} \cup \{\boldsymbol{z}_0^{(i)}\}\} \\ &\mathcal{P}_3^{(i)} \angle Z_k^{(i)} = \{\{\varnothing\} \cup \{\boldsymbol{z}_1^{(i)}, \boldsymbol{z}_2^{(i)}, \boldsymbol{z}_3^{(i)}\}\} \end{aligned} \tag{6-66}$$

将式(6－11)、式(6－14)和式(6－15)代入式(6－58)，可得

$$\begin{aligned} \nu_{P,k}(\boldsymbol{x}) &= \frac{\sum\limits_{n\geqslant 0} n \cdot \mathcal{L}(n)}{\sum\limits_{n\geqslant 0} \mathcal{L}(n)} \cdot \frac{L^{(1)}_{Z_k^{(1)}}(\boldsymbol{x}) \cdots L^{(1)}_{Z_k^{(s)}}(\boldsymbol{x}) \cdot \nu_{k|k-1}(\boldsymbol{x})}{\int L^{(1)}_{Z_k^{(1)}}(\boldsymbol{\xi}) \cdots L^{(s)}_{Z_k^{(s)}}(\boldsymbol{\xi}) \cdot \nu_{k|k-1}(\boldsymbol{\xi}) \mathrm{d}\boldsymbol{\xi}} \\ &= \left(\sum_{n\geqslant 0} {}^{1,\cdots,s}w_n \cdot {}^{1,\cdots,s}N_n\right) \cdot {}^{1,\cdots,s}\upsilon_k(\boldsymbol{x}) \end{aligned} \tag{6-67}$$

$${}^{1,\cdots,s}\upsilon(\boldsymbol{x}) = \frac{{}^{1,\cdots,s}\nu(\boldsymbol{x})}{\int {}^{1,\cdots,s}\nu(\boldsymbol{\xi}) \mathrm{d}\boldsymbol{\xi}} \tag{6-68}$$

$${}^{1,\cdots,s}\nu(\boldsymbol{x}) \overset{\text{def}}{=} L^{(1)}_{Z_k^{(1)}}(\boldsymbol{x}) \cdots L^{(s)}_{Z_k^{(s)}}(\boldsymbol{x}) \cdot {}^{1,\cdots,s}\nu_{k|k-1}(\boldsymbol{x}) \tag{6-69}$$

将式(6－59)、式(6－62)、式(6－64)和式(6－67)中的$\sum$和$\prod$展开，可得

$$D_{P,k|k}(\boldsymbol{x})=(w_{c_1}\cdot N_{c_1}+w_{c_2}\cdot N_{c_2}+\cdots+w_{c_T}\cdot N_{c_T})\cdot \overset{1,\cdots,s}{\upsilon}_k(\boldsymbol{x})$$

$$=\left(\sum_{t=1}^{T}w_{c_t}\cdot N_{c_t}\right)\cdot \overset{1,\cdots,s}{\upsilon}_k(\boldsymbol{x}) \tag{6-70}$$

$$w_{c_t}=\frac{(\overset{1,\cdots,s}{N}_{k|k-1}\cdot\eta)^n}{n!\cdot\sum_{n\geqslant 0}\mathcal{L}(n)}\cdot\prod_{i=1}^{s}\varphi_n^{(i)}(l_n^{(i)})\cdot\sum_{z\in W^{(i)}_{r,l_n^{(i)}}}\nu[L_z^{(i)}] \tag{6-71}$$

$$\mathcal{C}\overset{\text{def}}{=}n,\ l_n^{(1)},\ \cdots,\ l_n^{(s)},\ W^{(1)}_{r,l_n^{(1)}},\ \cdots,\ W^{(s)}_{r,l_n^{(s)}} \tag{6-72}$$

式中：$\mathcal{C}$为由不同条件构成的条件组合；n 表示目标数，$l_n^{(i)}(i=1,2,\cdots,s)$表示第 i 个传感器检测到的目标数目；$W^{(i)}_{r,l_n^{(i)}}(i=1,2,\cdots,s)$表示$\mathcal{P}^{(i)}_{l_n^{(i)}}\angle Z_k^{(i)}$ 中的量测子集。下面通过一个例子来说明条件组合$\mathcal{C}$的含义。

假设两个传感器的量测集分别为 $Z_k^{(1)}=\{\boldsymbol{z}_1^{(1)},\boldsymbol{z}_2^{(1)},\boldsymbol{z}_3^{(1)}\}$和 $Z_k^{(2)}=\{\boldsymbol{z}_1^{(2)},\boldsymbol{z}_2^{(2)}\}$。其中，$\boldsymbol{z}_1^{(1)}$和 $\boldsymbol{z}_1^{(2)}$ 是目标 1 的量测，$\boldsymbol{z}_2^{(1)}$ 是目标 2 的量测，$\boldsymbol{z}_3^{(1)}$ 和 $\boldsymbol{z}_2^{(2)}$ 是杂波量测。两个传感器的漏检量测分别用 $\boldsymbol{z}_0^{(1)}$ 和$\boldsymbol{z}_0^{(2)}$ 表示。表 6-3 给出了可能的条件组合$\mathcal{C}_1$，$\mathcal{C}_2$，…，$\mathcal{C}_{N_c}$ 的具体形式。

表 6-3 可能的条件组合形式

	n	$l_n^{(1)}$	$l_n^{(2)}$	$W^{(1)}_{r,l_n^{(1)}}\in\mathcal{P}^{(1)}_{l_n^{(1)}}\angle Z_k^{(1)}$	$W^{(2)}_{r,l_n^{(2)}}\in\mathcal{P}^{(2)}_{l_n^{(2)}}\angle Z_k^{(2)}$
$\mathcal{C}_1$	0	0	0	$\varnothing$	$\varnothing$
$\mathcal{C}_2$	1	0	0	$\{\boldsymbol{z}_0^{(1)}\}$	$\{\boldsymbol{z}_0^{(2)}\}$
$\mathcal{C}_3$	1	0	1	$\{\boldsymbol{z}_0^{(1)}\}$	$\{\boldsymbol{z}_0^{(2)},\boldsymbol{z}_1^{(2)}\}$
⋮	⋮	⋮	⋮	⋮	⋮
$\mathcal{C}_t$	2	2	1	$\{\boldsymbol{z}_1^{(1)},\boldsymbol{z}_2^{(1)}\}$	$\{\boldsymbol{z}_0^{(2)},\boldsymbol{z}_1^{(2)}\}$
⋮	⋮	⋮	⋮	⋮	⋮
$\mathcal{C}_{N_c}$	∞	3	2	$\{\boldsymbol{z}_0^{(1)},\cdots,\boldsymbol{z}_0^{(1)},\boldsymbol{z}_1^{(1)},\boldsymbol{z}_2^{(1)},\boldsymbol{z}_3^{(1)}\}$	$\{\boldsymbol{z}_0^{(2)},\cdots,\boldsymbol{z}_0^{(2)},\boldsymbol{z}_1^{(2)},\boldsymbol{z}_2^{(2)}\}$

6.6.2 目标状态估计方法

同时对式(6-67)和式(6-70)两端进行积分，则势估计为

$$\overset{1,\cdots,s}{N}_k=\sum_{n\geqslant 0}\overset{1,\cdots,s}{w}_n\cdot\overset{1,\cdots,s}{N}_n=\sum_{t=1}^{T}w_{c_t}\cdot N_{c_t} \tag{6-73}$$

$$\overset{1,\cdots,s}{N}_n=n \tag{6-74}$$

$$\overset{1,\cdots,s}{w}_n=\frac{\mathcal{L}(n)}{\sum_{n\geqslant 0}\mathcal{L}(n)} \tag{6-75}$$

假设对于条件组合$\mathcal{C}_t$，其归一化强度为$\upsilon_{c_1}(\boldsymbol{x})$，$t=1, \cdots, \mathcal{T}$，则式(6-70)中的$\overset{1,\cdots,s}{\upsilon_k}(\boldsymbol{x})$可写为

$$\overset{1,\cdots,s}{\upsilon_k}(\boldsymbol{x})=w_{c_1}\cdot\upsilon_{c_1}(\boldsymbol{x})+w_{c_2}\cdot\upsilon_{c_2}(\boldsymbol{x})+\cdots+w_{c_{\mathcal{T}}}\cdot\upsilon_{c_{\mathcal{T}}}(\boldsymbol{x}) \tag{6-76}$$

由于$\upsilon_{c_t}(\boldsymbol{x})$只取决于$W_{r,l_n^{(1)}}^{(1)}, \cdots, W_{r,l_n^{(s)}}^{(s)}$，因此有

$$\upsilon_{c_t}(\boldsymbol{x})=\sum_{i=1}^{s}w_n^{(i)}\cdot\upsilon_{W_{r,l_n^{(i)}}^{(i)}}^{(i)}(\boldsymbol{x}) \tag{6-77}$$

$$\upsilon_{W_{r,l_n^{(i)}}^{(i)}}^{(i)}(\boldsymbol{x})=\frac{\sum\limits_{z\in W_{r,l_n^{(i)}}^{(i)}}\upsilon_z^{(i)}(\boldsymbol{x})}{\int\sum\limits_{z\in W_{r,l_n^{(i)}}^{(i)}}\upsilon_z^{(i)}(\boldsymbol{\xi})\mathrm{d}\boldsymbol{\xi}} \tag{6-78}$$

$$\upsilon_z^{(i)}(\boldsymbol{x})=\frac{L_z^{(i)}(\boldsymbol{x})\cdot\overset{1,\cdots,s}{\nu_{k|k-1}}(\boldsymbol{x})}{\int L_z^{(i)}(\boldsymbol{\xi})\cdot\overset{1,\cdots,s}{\nu_{k|k-1}}(\boldsymbol{\xi})\mathrm{d}\boldsymbol{\xi}} \tag{6-79}$$

式中：$\upsilon_{W_{r,l_n^{(1)}}^{(1)}}^{(1)}(\boldsymbol{x}), \cdots, \upsilon_{W_{r,l_n^{(s)}}^{(s)}}^{(s)}(\boldsymbol{x})$为$W_{r,l_n^{(1)}}^{(1)}, \cdots, W_{r,l_n^{(s)}}^{(s)}$的归一化强度；$\upsilon_z^{(i)}(\boldsymbol{x})$为$z\in W_{r,l_n^{(i)}}^{(i)}$的归一化强度；$w_n^{(i)}$是$\upsilon_{W_{r,l_n^{(i)}}^{(i)}}^{(i)}(\boldsymbol{x})$的权重，设置为$1/s$。

由于条件n的取值范围为$[0, +\infty)$，因此条件组合数$\mathcal{T}$趋于无穷，从而无法直接由式(6-76)得到$\overset{1,\cdots,s}{\upsilon_k}(\boldsymbol{x})$。为了计算$\overset{1,\cdots,s}{\upsilon_k}(\boldsymbol{x})$，需要先对式(6-76)中的各项进行融合，则有

$$\overset{1,\cdots,s}{\upsilon_k}(\boldsymbol{x})=\sum_{n\geqslant 0}\overset{1,\cdots,s}{w_n}\cdot\overset{1,\cdots,s}{\upsilon_n}(\boldsymbol{x}) \tag{6-80}$$

$$\overset{1,\cdots,s}{\upsilon_n}(\boldsymbol{x})=\frac{1}{s}\cdot\sum_{i=1}^{s}\upsilon_n^{(i)}(\boldsymbol{x}) \tag{6-81}$$

$$\upsilon_n^{(i)}(\boldsymbol{x})=\frac{\sum\limits_{l_n^{(i)}=0}^{\hat{l}_n^{(i)}}\left(\varphi_n^{(i)}(l_n^{(i)})\cdot\mathcal{S}_{n,l_n^{(i)}}^{(i)}(Z_k^{(i)})\cdot\upsilon_{\mathcal{P}_{l_n^{(i)}}^{(i)}\angle Z_k^{(i)}}^{(i)}(\boldsymbol{x})\right)}{\sum\limits_{l_n^{(i)}=0}^{\hat{l}_n^{(i)}}\varphi_n^{(i)}(l_n^{(i)})\cdot\mathcal{S}_{n,l_n^{(i)}}^{(i)}(Z_k^{(i)})} \tag{6-82}$$

$$\upsilon_{\mathcal{P}_{l_n^{(i)}}^{(i)}\angle Z_n^{(i)}}^{(i)}(\boldsymbol{x})=\frac{\sum\limits_{W_{r,l_n^{(i)}}^{(i)}\in\mathcal{P}_{l_n^{(i)}}^{(i)}\angle Z_k^{(i)}}\left(\upsilon_{W_{r,l_n^{(i)}}^{(i)}}^{(i)}(\boldsymbol{x})\cdot\prod\limits_{z\in W_{r,l_n^{(i)}}^{(i)}}\nu[L_z^{(i)}]\right)}{\sum\limits_{W_{r,l_n^{(i)}}^{(i)}\in\mathcal{P}_{l_n^{(i)}}^{(i)}\angle Z_k^{(i)}}\prod\limits_{z\in W_{r,l_n^{(i)}}^{(i)}}\nu[L_z^{(i)}]} \tag{6-83}$$

在式(6-81)～式(6-83)中，$\overset{1,\cdots,s}{\upsilon}_n(\boldsymbol{x})$、$\upsilon_n^{(i)}(\boldsymbol{x})$和$\upsilon_{\mathcal{P}^{(i)}_{l_n^{(i)}}\angle Z_k^{(i)}}^{(i)}(\boldsymbol{x})$分别是目标数$n$、第$i$个传感器和$\mathcal{P}^{(i)}_{l_n^{(i)}}\angle Z_k^{(i)}$的归一化强度。式(6-78)～式(6-81)的具体推导过程参见文献[205]。

文献[204]证明了条件n的取值范围可近似为$[n_{\min}, n_{\max}]$。因此，式(6-58)、式(6-73)和式(6-80)可分别近似为

$$\phi=\frac{\sum\limits_{n=n_{\min}}^{n_{\max}} n\cdot\mathcal{L}(n)}{\sum\limits_{n=n_{\min}}^{n_{\max}}\mathcal{L}(n)}\cdot\frac{1}{\overset{1,\cdots,s}{N}_{k|k-1}\cdot\eta} \tag{6-84}$$

$$\overset{1,\cdots,s}{N}_k=\sum_{n=n_{\min}}^{n_{\max}}\frac{\mathcal{L}(n)}{\sum\limits_{n=n_{\min}}^{n_{\max}}\mathcal{L}(n)}\cdot\overset{1,\cdots,s}{N}_n \tag{6-85}$$

$$\overset{1,\cdots,s}{\upsilon}_k(\boldsymbol{x})=\sum_{n=n_{\min}}^{n_{\max}}\frac{\mathcal{L}(n)}{\sum\limits_{n=n_{\min}}^{n_{\max}}\mathcal{L}(n)}\cdot\overset{1,\cdots,s}{\upsilon}_n(\boldsymbol{x}) \tag{6-86}$$

因此，后验强度为

$$\begin{aligned}\overset{1,\cdots,s}{\nu}_k(\boldsymbol{x})&=\overset{1,\cdots,s}{N}_k\cdot\overset{1,\cdots,s}{\upsilon}_k(\boldsymbol{x})\\&=\Big(\sum_{n=n_{\min}}^{n_{\max}}\overset{1,\cdots,s}{w}_n\cdot\overset{1,\cdots,s}{N}_n\Big)\cdot\Big(\sum_{n=n_{\min}}^{n_{\max}}\overset{1,\cdots,s}{w}_n\cdot\overset{1,\cdots,s}{\upsilon}_n(\boldsymbol{x})\Big)\end{aligned} \tag{6-87}$$

图 6-22 所示为基于条件组合的多传感器概率假设密度滤波框图。可以看出，势估计$\overset{1,\cdots,s}{N}_k$和归一化强度$\overset{1,\cdots,s}{\upsilon}_k(\boldsymbol{x})$分别由两个多层融合过程得到。这两个多层融合过程相互独立，但各融合层却又一一对应。在融合过程中，对应于各个正确条件的权重会远大于其他权重。因此，可根据对应于正确条件的$\overset{1,\cdots,s}{N}_k$和$\overset{1,\cdots,s}{\upsilon}_k(\boldsymbol{x})$来得到后验强度$\overset{1,\cdots,s}{D}_k(\boldsymbol{x})$。

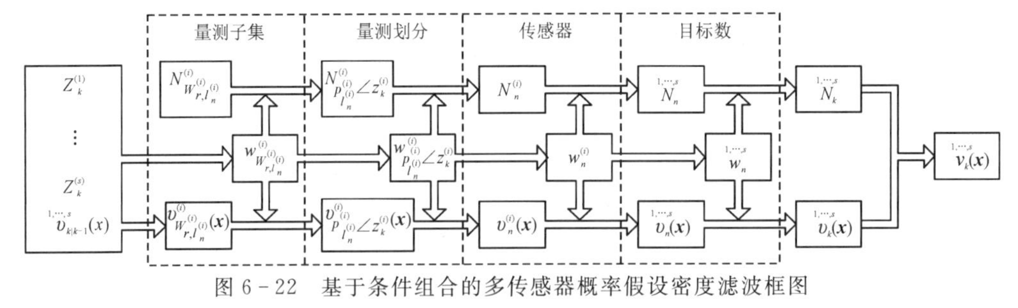

图 6-22　基于条件组合的多传感器概率假设密度滤波框图

6.6.3　仿真实验与分析

为了说明本节算法的有效性，本小节通过理论分析来比较 TS-PM-PHD 滤波和 6.2 节中 PM-PHD 滤波在跟踪性能上的差异。

由 PHD 滤波的更新公式可知，当一个目标被传感器漏检时，该目标的权重近似为 $1-p_{D,k}$；而当一个目标被传感器检测到时，该目标的权重近似为 1。因此，由 PM-PHD 滤波和 TS-PM-PHD 滤波估计得到的漏检目标和检测目标的权重可分别近似为

$$w_{\text{漏检},\text{PM-PHD}}=\frac{1-p_{D,k}}{1-\Delta n\cdot p_{D,k}} \tag{6-88}$$

$$w_{\text{检测},\text{PM-PHD}}=\frac{1}{1-\Delta n\cdot p_{D,k}} \tag{6-89}$$

$$w_{\text{漏检},\text{TS-PM-PHD}}=\frac{1-\Delta s\cdot p_{D,k}}{1-\Delta n\cdot\Delta s\cdot p_{D,k}} \tag{6-90}$$

$$w_{\text{检测},\text{TS-PM-PHD}}=\frac{1}{1-\Delta n\cdot\Delta s\cdot p_{D,k}} \tag{6-91}$$

式中：$\Delta n=n_m/n$ 为漏检目标在总目标数中的占比，$\Delta s=s_m/s$ 为未检测到目标的传感器在所有传感器中的占比。图 6-23～图 6-26 给出了 PM-PHD 滤波和 TS-PM-PHD 滤波估计的目标权重随 Δn 和 Δs 的变化曲线。

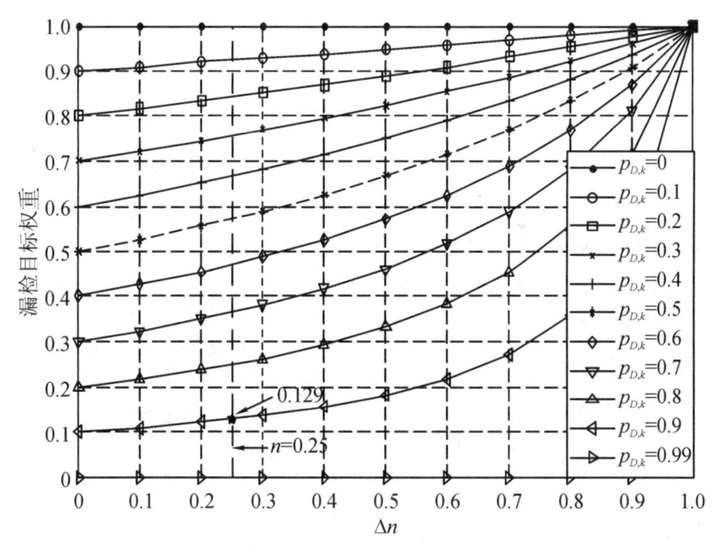

图 6-23　PM-PHD 滤波估计的漏检目标权重随 Δn 的变化曲线

由图 6-23 可以看出，当 Δn 较小时，PM-PHD 滤波可以对漏检目标的权重做出正确的估计。随着 Δn 的增加，漏检目标的权重逐渐增大，PM-PHD 滤波开始能够正确估计漏检目标。但从图 6-24 会发现，随着 Δn 的增加，检测目标的权重增大的速度远高于漏检目标，因此，当 Δn 较大时，PM-PHD 滤波会估计出多个虚假目标。通过对比图 6-23～图 6-26，可以看出，PM-PHD 滤波性能只与 TS-PM-PHD 滤波在 $\Delta s=0$ 这种极端情况下的性能相似，而从式(6-88)和式(6-89)可以看出，随着 Δs 增加，TS-PM-PHD 滤波的性能也会变好。

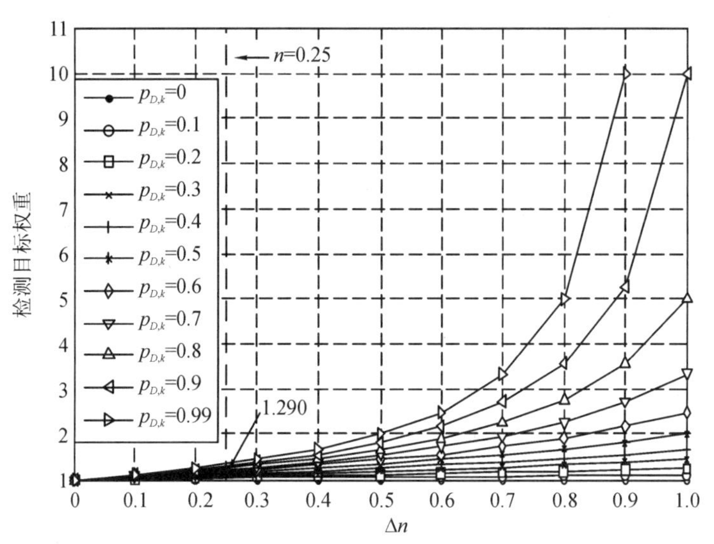

图 6-24　PM-PHD 滤波估计的检测目标权重随 Δn 的变化曲线

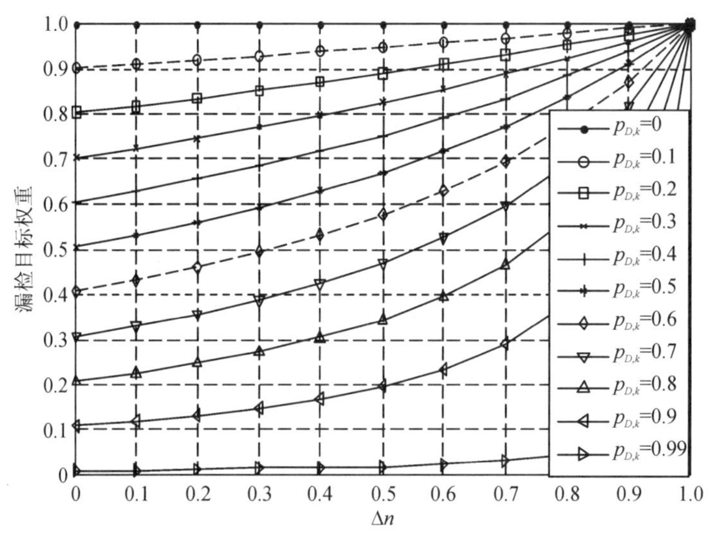

图 6-25　TS-PM-PHD 滤波估计的漏检目标权重随 Δn 的变化曲线，$\Delta s=0$

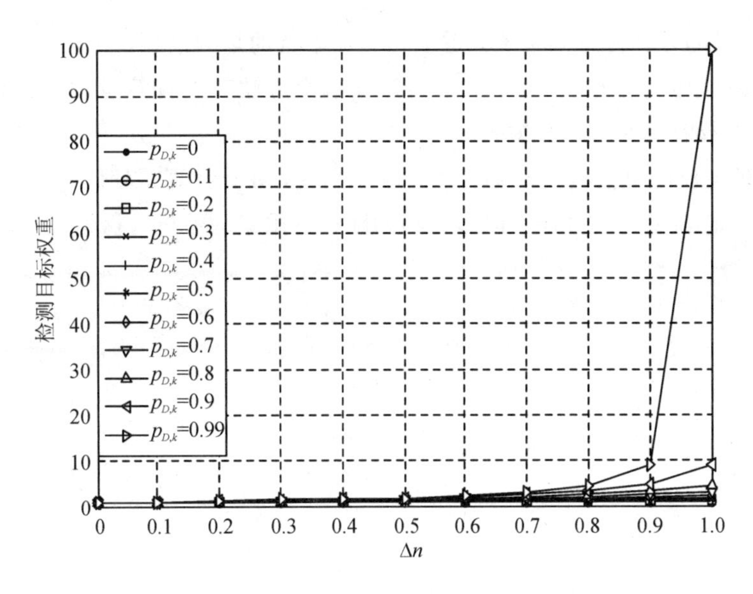

图 6-26　TS-PM-PHD 滤波估计的检测目标权重随 Δn 的变化曲线，$\Delta s=0$

6.7 本章小结

本章主要介绍了随机有限集多目标跟踪中的多传感器融合方法，包括迭代修正多传感器融合跟踪方法、广义多传感器融合跟踪方法，以及乘积多传感器融合跟踪方法，并详细讨论了存在的传感器更新顺序问题、量测子集权重计算问题、势估计问题，同时基于高斯混合模型、量测划分技术、条件组合模型给出了相应的解决方案和改进方法。

本章所涉及方法若根据多传感器融合结构进行划分，则均属于多传感器集中式融合方法，即将所有传感器获取的量测同时传输至融合中心进行处理。这些方法在处理多传感器量测的过程中可分为两步：一是进行多传感器量测划分，建立量测子集；二是构建多传感器伪似然函数，计算量测子集权重。根据式(6-30)和式(6-65)可以看出，这些方法均为基于量测子集的融合方法。因此，这些方法在处理多目标跟踪问题时的性能(如目标数目估计和目标状态估计的精度)很大程度上取决于以下两方面，一是多个传感器接收到的同一目标产生的量测是否能被正确划分入同一量测子集，二是对应于目标的量测子集的权重是否能被正确计算。

本章仅讨论了多个同类型雷达跟踪多目标的情况，这虽然降低了数据融合的难度，但其应用范围受到了较大的限制。由不同类型传感器[194](如红外传感器、可见光传感器、毫米波雷达等)组成的异类传感器系统能够获得更加丰富的量测信息，其适应性更强，可以处理更加复杂的跟踪环境。此外，集中式多传感器融合方法存在计算量过大、不易实现或容易受到传感器更新顺序的影响等缺陷。但分布式多传感器融合方法[186, 211, 212]处理的是目标航迹，其在机理上就能直接避免传感器更新顺序问题，并且计算量较低。因此，后续研究可从基于异类多传感器融合和分布式融合结构的随机有限集滤波进行探索。

第 7 章　随机有限集滤波参数建模与估计方法

7.1 引　言

目前，针对跟踪场景的匹配建模研究还处于理论层面，大部分模型难以适应复杂多变的实际跟踪场景。虽然部分模型能够提升算法的适用性，但通常是以降低实时性为代价的，有时甚至需要采用离线的处理方式。因此，针对复杂未知动态跟踪场景的建模问题，需要构建新的模型框架，并分别针对各个场景模型展开研究，从而使得滤波过程中的一些关键参数，如目标新生参数、杂波参数、检测概率参数和量测噪声参数等，能够尽可能地与复杂多变的跟踪场景匹配。本章重点针对跟踪场景中的参数不确定问题，包括因目标在传感器观测期间进入或离开观测区域时引起的新生密度未知问题，因干扰源、干扰类型不确定引起的杂波分布未知问题，因目标的特性、传感器的种类和噪声的影响等不确定因素引起的量测噪声和检测概率未知问题，以及因目标强机动、目标散射以及传感器性能不稳定引起的噪声种类多样性问题等，介绍一系列相应的解决方法，主要包括未知新生密度建模方法、未知杂波分布估计方法，以及量测噪声协方差和检测概率估计方法等。

7.2 新生密度建模与估计方法

在多目标跟踪系统中，对背景信息的准确建模是目标跟踪的重要先决条件，而对目标新生位置的建模是其中的关键。

7.2.1 问题描述

“目标新生”是指在当前时刻观测区域内有新目标出现，其在贝叶斯滤波过程中的模型以目标新生强度的形式呈现，并参与每一时刻的预测和更新。目标新生强度由两部分组成，即目标新生密度和目标新生概率。其中，新生密度用于衡量目标在观测区域内可能出现的位置分布，而新生概率则对应于新生密度的权重，可以理解为新生目标的目标数估计。在实际应用中，由于目标出现的自发性与随机性，故难以实时获取目标新生的信息，从而给背景信息的准确建模带来了挑战。

迄今为止，大部分基于贝叶斯滤波的方法均假设目标新生的信息是先验已知的，即假定目标只会出现在预设区域内，如机场、军事基地，以及传感器视场边界等。然而，当先验信息难以获取或与实际情况不相符时，会导致新生目标完全失跟。针对这一情况，Vo 等人提出了一种未知新生密度 PHD 滤波[60]。该算法将新生目标和存活目标分为两部分，并分别对这两者进行预测和更新，同时利用当前时刻的量测信息对目标新生密度进行自适应建模，避免了对目标新生位置的先验假设。然而，该算法仅改进了目标新生密度的建模过程，而目标的新生概率依然采用较为简单的平均分配策略。此外，与标准 PHD 滤波相同，该算法需要联合输出后验强度，并且在粒子实现中需要采用聚类算法提取目标估计状态。

7.2.2 未知新生密度 CBMeMBer 滤波

本节介绍一种基于 CBMeMBer 滤波的未知新生密度模型[222]。该模型利用预测处理后的存活目标信息构造下一时刻新生目标的概率分配函数，并通过该函数确定各个目标新生分量权重，从而完成对目标新生密度和新生概率的实时建模。假设当前时刻的传感器量测集为 Z_k，目标的新生模型可以表示为另一种形式 $\gamma_{k|k-1}(\boldsymbol{x}|Z_k)$，这种形式下的模型不需要对目标的新生位置做先验假设，而是通过覆盖似然函数 $g_k(\boldsymbol{z}_k|\boldsymbol{x})(\boldsymbol{z}_k \in Z_k)$ 取值较大的观测区域，即量测附近的区域，对目标新生密度建模。下面给出该算法的具体实现过程。

(1) 预测：

首先，将一维标签信息 β 引入状态向量 $\boldsymbol{x}$，得到增广状态向量 $\boldsymbol{y}=(\boldsymbol{x}, \beta)$。其中，$\beta$ 用于区分新生和存活目标，具体形式为

$$\beta=\begin{cases}0, & \text{存活目标} \\ 1, & \text{新生目标}\end{cases} \tag{7-1}$$

因此，增广状态下的新生强度 $\gamma_{k|k-1}(\boldsymbol{y}|Z_k)$ 可以建模为

$$\gamma_{k|k-1}(\boldsymbol{y}|Z_k)=\gamma_{k|k-1}(\boldsymbol{x}, \beta|Z_k)=\begin{cases}\gamma_{k|k-1}(\boldsymbol{x}|Z_k), & \beta=1 \\ 0, & \beta=0\end{cases} \tag{7-2}$$

由于一个新生目标可以在下一时刻变为存活目标，而存活目标却无法转变为新生目标，因此标签 β 只能从 1 变为 0，而不能从 0 变为 1。在这种情况下，目标的状态转移函数

可以表示为

$$f_{k|k-1}(\boldsymbol{y}|\boldsymbol{y}')=f_{k|k-1}(\boldsymbol{x},\beta|\boldsymbol{x}',\beta')=f_{k|k-1}(\boldsymbol{x}|\boldsymbol{x}')f_{k|k-1}(\beta|\beta') \tag{7-3}$$

式中：

$$f_{k|k-1}(\beta|\beta')=\begin{cases}0, & \beta=1\\ 1, & \beta=0\end{cases} \tag{7-4}$$

此外，由于目标的存活概率不受新生标签的影响，因此，$p_{S,k}(\boldsymbol{y})=p_{S,k}(\boldsymbol{x},\beta)=p_{S,k}(\boldsymbol{x})$。

存活目标的预测概率密度与标准 CBMeMBer 滤波中的相似，此处不再赘述。CBMeMBer 滤波中新生目标的预测概率密度可以表示为

$$\pi_{\Gamma,k|k-1}=\{(r_{\Gamma,k|k-1}^{(i)}(\boldsymbol{z}),p_{\Gamma,k|k-1}^{(i)}(\boldsymbol{x}|\boldsymbol{z}))\}_{i=1}^{|Z_k|} \tag{7-5}$$

式中：目标新生密度 $p_{\Gamma,k|k-1}(\boldsymbol{x}|\boldsymbol{z})$ 由当前时刻量测 $\boldsymbol{z}$ 产生，目标新生概率由分配函数确定，可以表示为

$$r_{\Gamma,k|k-1}(\boldsymbol{z})=\min\left(r_{\Gamma,\max},\left(\frac{1-G_k(\boldsymbol{z})}{\sum\limits_{\boldsymbol{z}'\in Z_k}(1-G_k(\boldsymbol{z}'))}\right)\cdot B_{\Gamma,k}\right) \tag{7-6}$$

式中：$r_{\Gamma,\max}$ 为单个伯努利新生分量所能分配的最大权重，它可以保证即使在目标新生的期望数目 $B_{\Gamma,k}>1$ 时，新生概率依然可以得到较为合适的权重；函数 $G_k(\boldsymbol{z})$ 是 $r_{\Gamma,k|k-1}(\boldsymbol{z})$ 的核心，可以理解为一个概率参数，用于衡量量测属于存活目标的可能性。$G_k(\boldsymbol{z})$ 的具体形式如下：

$$G_k(\boldsymbol{z})=\frac{\sum\limits_{i=1}^{M_{P,k|k-1}}\dfrac{r_{P,k|k-1}^{(i)}(1-r_{P,k|k-1}^{(i)})\langle p_{P,k|k-1}^{(i)},\psi_{k,z}\rangle}{(1-r_{P,k|k-1}^{(i)}\langle p_{P,k|k-1}^{(i)},p_{D,k}\rangle)^2}}{\kappa_k(\boldsymbol{z})+\sum\limits_{i=1}^{M_{P,k|k-1}}\dfrac{r_{P,k|k-1}^{(i)}\langle p_{P,k|k-1}^{(i)},\psi_{k,z}\rangle}{1-r_{P,k|k-1}^{(i)}\langle p_{P,k|k-1}^{(i)},p_{D,k}\rangle}} \tag{7-7}$$

当 $G_k(\boldsymbol{z})$ 的值较大时，表示相应的量测有较大的可能性属于一个存活目标，因此，相应的新生概率 $r_{\Gamma,k|k-1}(\boldsymbol{z})$ 通过分配函数将会得到较小的权重。新生目标的总期望服从下式：

$$\sum_{\boldsymbol{z}'\in Z_k}r_{\Gamma,k|k-1}(\boldsymbol{z}')\leqslant B_{\Gamma,k} \tag{7-8}$$

(2) 更新：

存活目标发生漏检时的更新概率密度与标准 CBMeMBer 滤波具有相似的形式，此处不再赘述。存活目标经量测更新得到的更新概率密度可以表示为

$$r_{P,k}(\boldsymbol{z})=\frac{\sum\limits_{i=1}^{M_{P,k|k-1}}\hat{r}_{P,k}^{(i)}(\boldsymbol{z})}{\kappa_k(\boldsymbol{z})+\tilde{r}_{P,k}(\boldsymbol{z})+\tilde{r}_{\Gamma,k}(\boldsymbol{z})} \tag{7-9}$$

$$p_{P,k}(\boldsymbol{x};\boldsymbol{z})=\frac{\sum_{i=1}^{M_{P,k|k-1}}\hat{p}_{P,k}^{(i)}(\boldsymbol{x};\boldsymbol{z})}{\tilde{p}_{P,k}(\boldsymbol{z})+\tilde{p}_{\Gamma,k}(\boldsymbol{z})} \tag{7-10}$$

式中：

$$\hat{r}_{P,k}^{(i)}(\boldsymbol{z})=\frac{r_{P,k|k-1}^{(i)}(1-r_{P,k|k-1}^{(i)})\langle p_{P,k|k-1}^{(i)},\psi_{k,z}\rangle}{(1-r_{P,k|k-1}^{(i)}\langle p_{P,k|k-1}^{(i)},p_{D,k}\rangle)^2} \tag{7-11}$$

$$\hat{p}_{P,k}^{(i)}(\boldsymbol{x};\boldsymbol{z})=\frac{r_{P,k|k-1}^{(i)}}{1-r_{P,k|k-1}^{(i)}}p_{P,k|k-1}^{(i)}(\boldsymbol{x})\psi_{k,z}(\boldsymbol{x}) \tag{7-12}$$

$$\tilde{r}_{P,k}(\boldsymbol{z})=\sum_{i=1}^{M_{P,k|k-1}}\frac{r_{P,k|k-1}^{(i)}\langle p_{P,k|k-1}^{(i)},\psi_{k,z}\rangle}{1-r_{P,k|k-1}^{(i)}\langle p_{P,k|k-1}^{(i)},p_{D,k}\rangle} \tag{7-13}$$

$$\tilde{p}_{P,k}(\boldsymbol{z})=\sum_{i=1}^{M_{P,k|k-1}}\frac{r_{P,k|k-1}^{(i)}}{1-r_{P,k|k-1}^{(i)}}\langle p_{P,k|k-1}^{(i)},\psi_{k,z}\rangle \tag{7-14}$$

$$\tilde{r}_{\Gamma,k}(\boldsymbol{z})=\sum_{i=1}^{|Z_k|}\frac{r_{\Gamma,k|k-1}^{(i)}\langle p_{\Gamma,k|k-1}^{(i)},g_k(\boldsymbol{z}\mid\cdot)\rangle}{1-r_{\Gamma,k|k-1}^{(i)}\langle p_{\Gamma,k|k-1}^{(i)},1\rangle} \tag{7-15}$$

$$\tilde{p}_{\Gamma,k}(\boldsymbol{z})=\sum_{i=1}^{|Z_k|}\frac{r_{\Gamma,k|k-1}^{(i)}}{1-r_{\Gamma,k|k-1}^{(i)}}\langle p_{\Gamma,k|k-1}^{(i)},g_k(\boldsymbol{z}\mid\cdot)\rangle \tag{7-16}$$

由于目标新生密度由量测驱动的方式得到，因此，在更新步骤中，新生目标的检测概率应与目标的检测概率不同，可以表示为

$$p_{D,k}(\boldsymbol{y})=p_{D,k}(\boldsymbol{x},\beta)=\begin{cases}1, & \beta=1\\ p_{D,k}(\boldsymbol{x}), & \beta=0\end{cases} \tag{7-17}$$

根据式(7-1)可知，新生目标的检测概率 $p_{D,k}(\boldsymbol{x})=1$。因此，新生目标的后验概率密度不包含漏检概率密度，可以表示为

$$\pi_{\Gamma,k}=\{(r_{\Gamma,k}(\boldsymbol{z}),p_{\Gamma,k}(\cdot;\boldsymbol{z}))\}_{z\in Z_k} \tag{7-18}$$

式中：

$$r_{\Gamma,k}(\boldsymbol{z})=\frac{\sum_{i=1}^{|Z_k|}\hat{r}_{\Gamma,k}^{(i)}(\boldsymbol{z})}{\kappa_k(\boldsymbol{z})+\tilde{r}_{P,k}(\boldsymbol{z})+\tilde{r}_{\Gamma,k}(\boldsymbol{z})} \tag{7-19}$$

$$p_{\Gamma,k}(\boldsymbol{x};\boldsymbol{z})=\frac{\sum_{i=1}^{|Z_k|}\hat{p}_{\Gamma,k}^{(i)}(\boldsymbol{x};\boldsymbol{z})}{\tilde{p}_{P,k}(\boldsymbol{z})+\tilde{p}_{\Gamma,k}(\boldsymbol{z})} \tag{7-20}$$

$$\hat{r}_{\Gamma,k}^{(i)}(z)=\frac{r_{\Gamma,k|k-1}^{(i)}(1-r_{\Gamma,k|k-1}^{(i)})\langle p_{\Gamma,k|k-1}^{(i)},g_k(z\mid\cdot)\rangle}{(1-r_{\Gamma,k|k-1}^{(i)}\langle p_{\Gamma,k|k-1}^{(i)},1\rangle)^2} \tag{7-21}$$

$$\hat{p}_{\Gamma,k}^{(i)}(x;z)=\frac{r_{\Gamma,k|k-1}^{(i)}}{1-r_{\Gamma,k|k-1}^{(i)}}p_{\Gamma,k|k-1}^{(i)}(x)g_k(z|x) \tag{7-22}$$

相较于标准 CBMeMBer 滤波，本节介绍的 CBMeMBer 滤波由于引入了改进的未知新生密度模型，因此在不同检测概率下具有更好的稳定性。具体而言，在低检测概率环境下，目标可能会发生连续漏检，当传感器重新获得此目标的量测时，标准 CBMeMBer 滤波已经完全失跟，但由于未知新生密度模型中包含了量测信息，因此本节算法在连续漏检发生后仍然可以捕捉新生目标，并重新跟踪丢失的目标。上述算法可以通过高斯混合实现或通过粒子实现[253]。

7.2.3　仿真实验与分析

为了验证本节算法的有效性，将未知新生密度模型算法与文献[61]中利用网格状均匀覆盖观测区域的高斯分量捕捉新生目标的方法进行对比。实验中采用 4×4 和 8×8 网格作为对比模型。假设跟踪场景中有 12 个目标在二维空间做匀速直线运动，目标运动轨迹如图 7-1 所示。

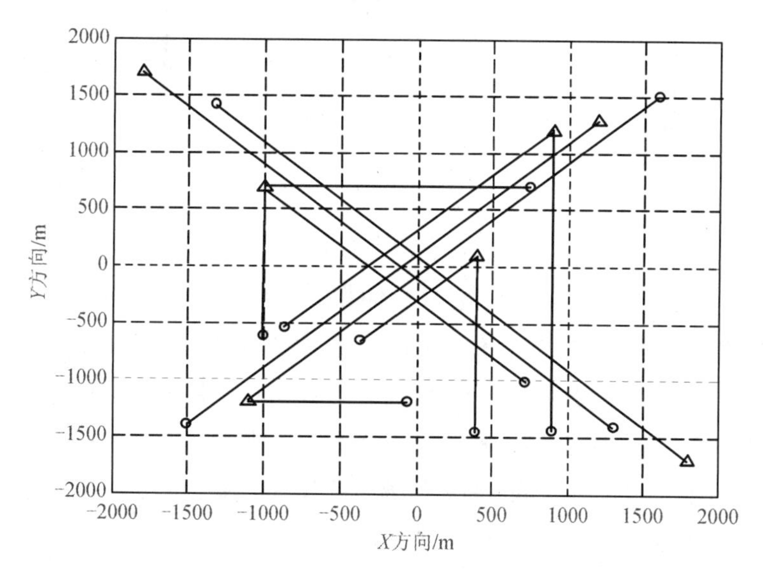

图 7-1　目标运动轨迹（○表示目标起始位置，△表示目标消失位置）

新生目标多伯努利 RFS 的概率密度为 $\pi_\Gamma=\{(r_\Gamma^{(i)},p_\Gamma^{(i)})\}_{i=1}^5$，其中：$r_\Gamma^{(i)}=0.03$，且

$$p_\Gamma^{(i)}(\boldsymbol{x})=\mathcal{N}(\boldsymbol{x};\boldsymbol{m}_\Gamma^{(i)},\boldsymbol{P}_\Gamma^{(i)}),\ i=1,2,\cdots,5 \tag{7-23}$$

式中：$\boldsymbol{m}_\Gamma^{(1)}=(-1000\ \text{m},0\ \text{m/s},700\ \text{m},0\ \text{m/s})$，$\boldsymbol{m}_\Gamma^{(2)}=(1200\ \text{m},0\ \text{m/s},1300\ \text{m},0\ \text{m/s})$，$\boldsymbol{m}_\Gamma^{(3)}=(-1100\ \text{m},0\ \text{m/s},-1200\ \text{m},0\ \text{m/s})$，$\boldsymbol{m}_\Gamma^{(4)}=(400\ \text{m},0\ \text{m/s},100\ \text{m},0\ \text{m/s})$，$\boldsymbol{m}_\Gamma^{(5)}=(900\ \text{m},0\ \text{m/s},1200\ \text{m},0\ \text{m/s})$，$\boldsymbol{P}_\Gamma^{(i)}=\text{diag}(100,50,100,50)$。假设杂波量测数服从期望为 10 的泊松分布，且在观测空间中均匀分布，目标的存活概率和检测概率分别为 $p_{S,k}=0.98$ 和 $p_{D,k}=0.95$。采用目标数估计均值和 OSPA 距离评价算法性能，OSPA 距离的参数设置为 $p=2$，$c=100$，进行 200 次独立的蒙特卡罗实验，实验结果如图 7-2～图 7-4 所示。

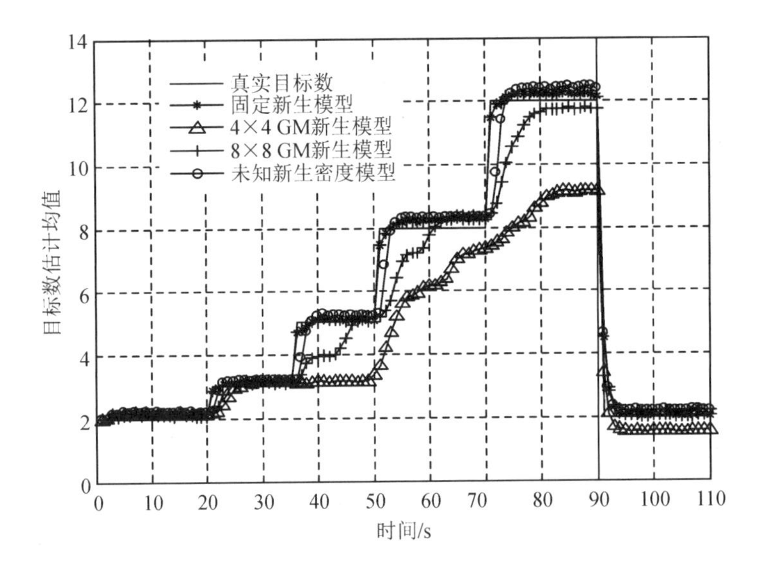

图 7-2　不同新生模型的 CBMeMBer 滤波的目标数估计均值

图 7-2 给出了不同新生模型的 CBMeMBer 滤波的目标数估计结果对比。由图可以看出，相较于 4×4 和 8×8 高斯混合新生模型的 CBMeMBer 滤波[61]，未知新生密度模型的 CBMeMBer 滤波的目标数估计更准确。这是因为均匀覆盖观测区域的高斯分量数不足，难以实现对各个新生位置的实时关联。当高斯分量的数目增加至 8×8 时，虽然目标数估计的准确性明显提高，但依然存在较大偏差。未知新生密度模型的 CBMeMBer 滤波与固定新生模型的CBMeMBer 滤波在目标数估计精度上相近，但前者避免了对目标新生位置信息的先验假设要求。当目标新生时，未知新生密度模型的 CBMeMBer 滤波的目标数估计存在一个

时刻的时延，这是由于在新生位置未知的情况下，该算法需通过时序差来区分杂波量测和新生目标的量测。

图 7-3 给出了不同新生模型的 CBMeMBer 滤波的 OSPA 距离对比。与图 7-2 情况相似，4×4 高斯混合新生模型的 CBMeMBer 滤波的 OSPA 距离存在异常，当高斯分量数增加时，情况有所好转。与此相比，固定新生模型和未知新生密度模型的 CBMeMBer 滤波的 OSPA 距离较为稳定。未知新生密度模型的 CBMeMBer 滤波的 OSPA 距离在目标新生时由于时延而偏高，但在目标新生后又很快收敛至与固定新生模型的 CBMeMBer 滤波同一水平。

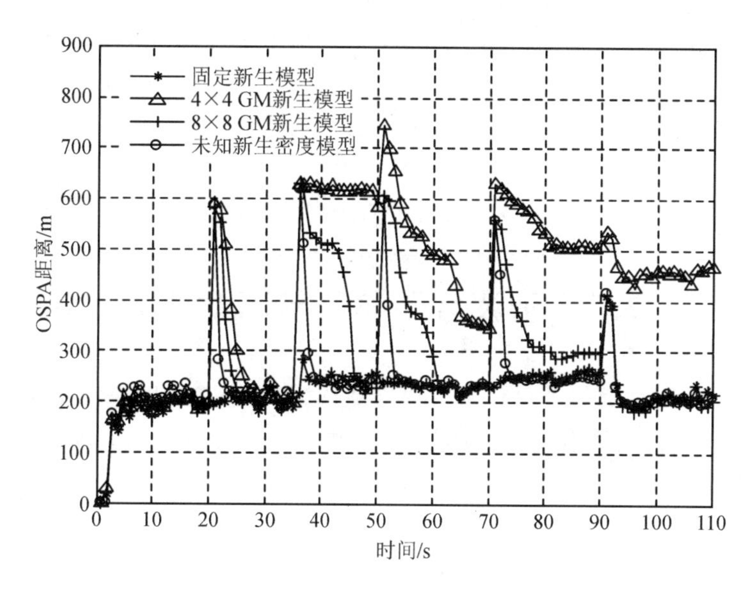

图 7-3　不同新生模型的 CBMeMBer 滤波的 OSPA 距离

图 7-4 给出了不同检测概率下的平均 OSPA 距离。随着检测概率的提高，所有算法的平均 OSPA 距离均有所下降。在检测概率较低时，本节算法的平均 OSPA 距离最优；当检测概率高于 0.9 时，本节算法的平均 OSPA 距离略高于固定新生模型的 CBMeMBer 滤波的平均 OSPA 距离，这是由于在高检测概率下，传感器连续漏检的情况很少出现，且本节算法在目标新生时存在一个时刻的时延。

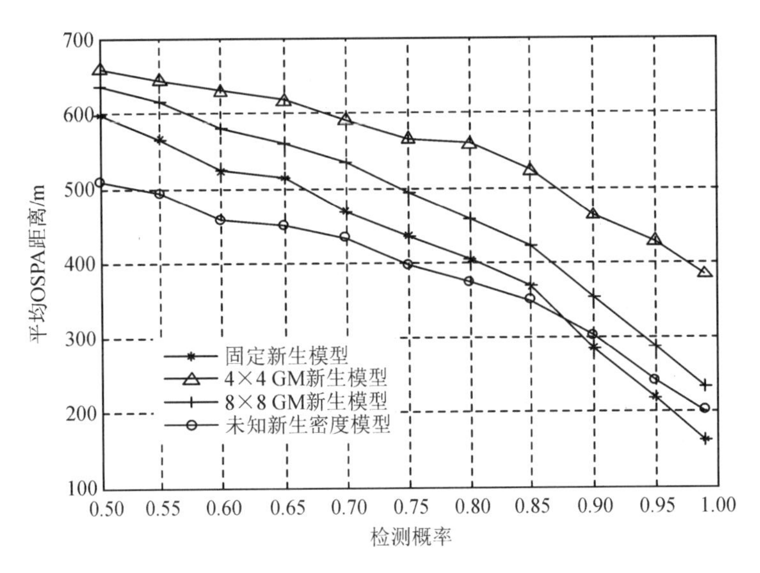

图 7-4 不同检测概率下的平均 OSPA 距离

7.3 杂波分布建模与估计方法

受复杂背景、电子干扰以及目标隐身等因素的影响，目标的信号强度通常较低，常常淹没在各种杂波或干扰信号中，导致杂波量测增加且随时发生变化。因此，复杂环境下的多目标跟踪不能再将杂波密度视为已知量，而应该通过建立合适的模型对其进行实时估计。

7.3.1 问题描述

在贝叶斯滤波中，通常假设杂波是静态的，且其强度与空间分布均先验已知。但在实际应用中，杂波环境往往复杂多变，一般杂波模型的假设与实际情况难以匹配。当杂波模型与真实杂波统计特性失配时，会严重影响跟踪精度，甚至导致滤波结果发散。为了解决这一问题，学者们做了大量研究工作。文献[234]提出一种实时估计杂波率的方法，但仍然假设杂波的空间分布是已知的。文献[235]采用自举滤波的思想，解决了文献[234]中无法获得真实目标势估计的问题，但需要两次 CPHD 滤波，使得计算量大大增加。文献[59]假设杂波的空间分布服从有限混合模型，分别采用 EM 算法和 MC 算法估计有限混合模型的参数，但是由于每个采样时刻的平均杂波数中包含了目标数，导致目标数过估。文献[254]提出一种基于吉布斯采样和贝叶斯信息准则的杂波强度估计方法，可以估计时变非均匀杂波，但该方法要求给定可能的类数，用于计算杂波分布。

本节介绍一种未知杂波率条件下的 DPMM-λ-CPHD 滤波[223]，用于处理多目标跟踪问题。该算法假设杂波分布服从无限混合模型，采用狄利克雷过程混合模型(Dirichlet Process Mixture Model，DPMM)算法的非参数聚类方法得到杂波模型，进而估计杂波的空间分布。此外，本节还介绍一种样本集校正的思想，并将其应用于 DPMM-λ-CPHD 滤波，较好地解决了杂波数过估与目标数低估问题，有效降低了杂波空间分布的误差，提高了目标跟踪精度。

7.3.2　DPMM-λ-CPHD 滤波

1. 杂波参数估计

未知杂波率的 λ-CPHD 滤波[59]能够在滤波过程中同步估计杂波率，但仍要求杂波的空间分布先验已知。如果假设的杂波空间分布与实际情况不匹配，则会导致较大的滤波误差，因此，需要预先估计杂波的空间分布。通常情况下，可利用高斯混合模型实现杂波分布建模，并采用 EM 算法估计杂波分布。然而，EM 算法要求已知高斯分量的数目，当高斯分量的数目未知时，可以采用遍历多种模型选取其中较好的结果，或者预设一个较大的高斯分量的数目，再在迭代过程中逐步修剪。实际上，遍历方法的计算代价通常是难以接受的，而减少预设的高斯分量的数目则容易导致 EM 算法落入局部极小点。

DPMM 算法将一个复杂分布分解为无限个分量的宽先验分布，不需要假设具体的先验分布函数，可通过统计推理获得参数的后验分布和分量权重，能够有效处理复杂数据分布拟合问题。

为了利用 DPMM 算法估计杂波的空间分布，需要先构造一个狄利克雷过程的模型，记为 $\mathrm{DP}(\alpha, G_0)$。其中，α 为聚集参数，基础分布 G_0 选为高斯混合模型。

可用于描述狄利克雷过程的模型有很多种，本节采用经典的中餐馆过程(Chinese Restaurant Process，CRP)构建狄利克雷过程。在 CRP 中，假设已有分为 k 类的 n 个样本，第 $n+1$ 个样本划分为第 i 类的概率为 $n_i/(\alpha+n-1)$，生成一个新类的概率为 $\alpha/(\alpha+n-1)$，其中，n_i 表示第 i 类中的样本数。

为了获得更准确的杂波分布，需要对量测进行累积，以获得足够多的样本。假设窗长为 w，累积样本集为

$$\widetilde{Z}=\bigcup_{k_1=k-w}^{k} Z_{k_1} \tag{7-24}$$

假设杂波模型服从分布

$$p(\mu^{(j)} \mid \mu^{(-j)}, \sigma, \pi, s, X) = p(\mu^{(j)} \mid \sigma^{(j)}, s, X) \propto p(X \mid \mu^{(j)}, \sigma^{(j)}) p(\mu^{(j)} \mid \sigma^{(j)}) \sim \mathcal{N}(\hat{m}, \hat{h}\sigma^{(j)}), k=1, 2, \cdots, K \tag{7-25}$$

式中：

$$\hat{m} = \frac{h \sum_{s^{(i)}=j} \mathbf{z}_{s^{(i)}} + m}{hn^{(j)} + 1} \tag{7-26}$$

$$\hat{h} = \frac{2h}{hn^{(j)} + 1} \tag{7-27}$$

$$n^{(j)} = \sum_{i=1}^{n} \delta^{(j)}(s^{(i)}) \tag{7-28}$$

$$p(\sigma^{(j)} \mid \sigma^{(-j)}, \mu, \pi, s, X) = p(\sigma^{(j)} \mid s, X) \tag{7-29}$$

$$p(\pi \mid s) \propto \mathcal{D}(\hat{\alpha}_1, \hat{\alpha}_2, \cdots, \hat{\alpha}_i, \cdots, \alpha_I) \tag{7-30}$$

$$\hat{\alpha}_i = \alpha_i + n_i \tag{7-31}$$

式中：s 为类标，上标“$^{(-j)}$”表示剔除元素 j 的集合，“$\wedge$”表示估计值，$\mathcal{D}(\cdot)$表示狄利克雷分布。$\mathbf{z}$ 属于第 s 类的概率为

$$p(s^{(i)} | s^{(-i)}, \mu, \sigma^2, \pi, Z) \propto \pi_{s^{(i)}} p(\mathbf{z}_{s^{(i)}} \mid \mu_{s^{(i)}}, \sigma^2_{s^{(i)}}) \tag{7-32}$$

值得注意的是，DPMM 算法不仅可以估计非均匀杂波的空间分布，而且当杂波量测服从杂波率较低的均匀分布或包含均匀分布成分较少的混合分布时，它还可将杂波的空间分布扩展为

$$c(\mathbf{z}) = \pi^{(0)} \mathcal{U}(\mathbf{z} \mid V) + \sum \pi^{(j)} \mathcal{N}(\mathbf{z} \mid \mu^{(j)}, \sigma^{(j)}), j \geqslant 1 \tag{7-33}$$

式中：$\mathcal{U}(\mathbf{z}|\cdot)$为均匀分布，$\pi^{(0)}$为均匀分布的权重，$V$ 为观测区域的体积，且有

$$\pi^{(0)} + \sum \pi^{(j)} = 1 \tag{7-34}$$

2. 样本集校正算法

由于累积样本集包括来自目标和杂波的量测，因此会严重影响估计结果。将累积混合样本集记为

$$\ddot{Z}_k = \bigcup_i (Z^{(0,i)}_{k-w:k} \cup Z^{(1,i)}_{k-w:k}) \tag{7-35}$$

式中：w 为累积窗长，$\ddot{Z}_k$ 为 k 时刻的累积样本集，$Z^{(0,i)}_{k-w:k}$ 为杂波量测的累积样本集，$Z^{(1,i)}_{k-w:k}$ 为目标量测的累积样本集。在估计杂波的统计特性时，只需要关注杂波样本集

$Z_{k-w:k}^{(0,i)}$。如果不加区分而直接利用累积混合样本集 $\ddot{Z}_{k-w:k}$ 进行估计，则杂波分布会受到真实目标样本集的影响。为了减小这种影响，本节介绍一种样本集校正的思想，即利用 CPHD 滤波获得的历史信息对量测进行筛选，剔除累积量测中具有较高可能性来自目标的量测，从而达到减少无关量测的目的。

在 $k-1$ 时刻的 CPHD 滤波结束后，可计算第 s 个量测由第 j 个高斯分量产生的概率，即

$$p_{D,k}^{(s,j)}(\boldsymbol{z}_k^{(s)})=\frac{p_{D,k}^{(1)}w_{k|k-1}^{(j)}g_k^{(j)}(\boldsymbol{z}_k^{(s)})}{p_{D,k}^{(0)}N_{k|k-1}^{(0)}c(\boldsymbol{z}_k^{(s)})+p_{D,k}^{(1)}\sum_{i=1}^{J_{k|k-1}}w_{k|k-1}^{(i)}g_k^{(j)}(\boldsymbol{z}_k^{(s)})} \tag{7-36}$$

式中：$p_{D,k}^{(0)}$ 和 $p_{D,k}^{(1)}$ 分别为杂波产生的虚假目标与真实目标的检测概率，$g_k(\cdot)$为似然函数，$c(\cdot)$为杂波的空间分布。

对 $p_{D,k}^{(s,j)}(\boldsymbol{z}_k^{(s)})$求和，可得第 s 个量测属于目标的概率为

$$p_{D,k}^{(s)}(\boldsymbol{z}_k^{(s)})=\sum_{j=1}^{J_{k|k-1}}p_{D,k}^{(s,j)}(\boldsymbol{z}_k^{(s)}) \tag{7-37}$$

按照概率 $p_{D,k}^{(s)}(\boldsymbol{z}_k^{(s)})$对混合量测集 $\ddot{Z}$ 进行降序排列，并取前 $\hat{N}_k^{(1)}$ 个量测，获得目标量测集 $Z^{(1)}$。假设窗长为 w，则 $k+1$ 时刻的累积样本集 $\widetilde{Z}_{k+1}$ 为

$$\widetilde{Z}_{k+1}=\bigcup_i\left(\ddot{Z}_{k+1}^{(i)}-\bigcup_{j=k-w+1}^{k}Z^{(1,j)}\right) \tag{7-38}$$

值得注意的是，当系统中传感器数目较多且窗长较短时，为了抑制目标对杂波分布估计的影响，只对历史量测进行累积，也就是说累积样本集不包含当前时刻的量测信息，即

$$\widetilde{Z}_{k+1}=\bigcup_i\left(\ddot{Z}_{k}^{(i)}-\bigcup_{j=k-w}^{k}Z^{(1,j)}\right) \tag{7-39}$$

综上所述，有以下结论：

(1) 校正算法仅校正了历史量测，但对于当前时刻，仍然无法辨别目标产生的量测。也就是说，通过式(7-38)校正的累积样本集由来自杂波的历史量测与当前时刻的全部量测组成，即

$$\widetilde{Z}_{k+1}=\bigcup_i\left(Z_{k-w:k}^{(0,i)}\cup\ddot{Z}_{k+1}^{(i)}\right) \tag{7-40}$$

(2) 关于累积窗长 w 的选择，可分为两种情况讨论：① 对于时不变杂波，由于对样本集进行了校正，仅当前时刻的目标对估计杂波分布有影响，因此，可选择较长的窗口以累积更多的样本，有利于估计杂波分布。同时，对于杂波分布较为稀疏的情况，也可以采用本

节所介绍的算法进行估计。② 对于时变杂波，需要估计杂波变化的剧烈程度，可先采用一个较长的窗口，并逐渐减小至满足需要。但假如杂波变化剧烈，这种通过累积获取样本的方法就不再适用。

(3) 关于是否需要累积当前时刻的量测，主要取决于系统中传感器的数目和杂波变化的剧烈程度。当传感器数目较大时，仅当前时刻的目标量测也会对杂波分布估计造成较大的影响；而当杂波变化剧烈时，不考虑当前时刻的杂波量测则会使杂波率估计存在更大的滞后性，引起较大的跟踪误差。

(4) 样本集校正的思想不仅可用于本节介绍的 DPMM-λ-CPHD 滤波，也可用于改善包括传统 EM-λ-CPHD 滤波在内的其他算法的跟踪精度。

通过上述对杂波参数的估计，可以得到 DPMM-λ-CPHD 滤波的高斯混合实现[255]。

7.3.3 仿真实验与分析

为了验证本节算法的有效性，实验中比较了 DPMM-λ-CPHD 滤波与 EM-λ-CPHD 滤波以及杂波匹配的理想情况下的跟踪性能。假设跟踪场景中有 12 个目标在二维空间做匀速直线运动，目标运动轨迹如图 7-5 所示。

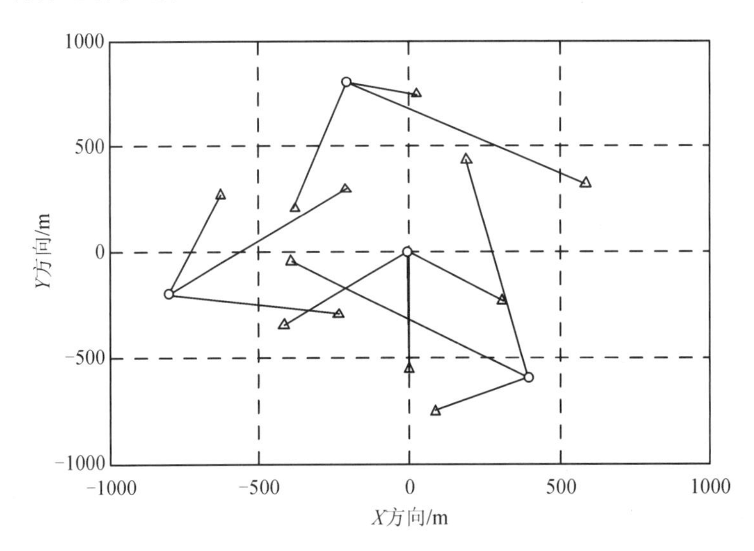

图 7-5　目标运动轨迹(○表示目标起始位置，△表示目标消失位置)

假设跟踪场景中杂波分布由一个均匀分布与三个高斯分布组成，真实的杂波 RFS 强度为

$$\kappa_k(\boldsymbol{z}_k) = N_k^{(0)} p_{D,k}^{(0)}(\boldsymbol{z}_k) \tag{7-41}$$

式中：$N_k^{(0)}$ 和 $p_{D,k}^{(0)}=0.5$ 为二项分布参数，杂波空间分布如表 7-1 所示。

表 7-1　杂波空间分布

杂波	分布类型	权重	均值/m	协方差矩阵/m^2
1	均匀分布	0.05	—	—
2	正态分布	0.25	(−500，−500)	diag(160^2，100^2)
3	正态分布	0.5	(200，0)	diag(100^2，120^2)
4	正态分布	0.2	(−400，600)	diag(100^2，100^2)

在仿真实验中，样本集累积的窗长为 6 s。对未知杂波率的 CPHD 滤波而言，杂波强度 $\kappa_k(\boldsymbol{z}_k)$ 中仅已知杂波的检测概率 $p_{D,k}^{(0)}$，其余信息则是在滤波过程中实时估计得到的。在 DPMM 算法的计算过程中，将所有样本初始化为同一类，即 $\mu_k|\sigma_k^2\sim\mathcal{N}([0,0],\sigma_k^2/9)$。其中，$\sigma_k^2\sim\mathcal{IW}(5,\mathrm{diag}([9000,9000]))$。在后续的迭代过程中根据概率产生新的类，每个时刻的数据利用 DPMM 算法迭代 20 次。

新生目标的 RFS 强度为

$$\gamma_k(\boldsymbol{x})=\sum_{i=1}^{4}w_\gamma^{(i)}\mathcal{N}(\boldsymbol{x};\boldsymbol{m}_\gamma^{(i)},\boldsymbol{P}_\gamma^{(i)}) \tag{7-42}$$

式中：$w_\gamma^{(i)}=0.03$；$\boldsymbol{m}_\gamma^{(1)}=(-200\ \mathrm{m},0\ \mathrm{m/s},800\ \mathrm{m},0\ \mathrm{m/s})$，$\boldsymbol{m}_\gamma^{(2)}=(400\ \mathrm{m},0\ \mathrm{m/s},-600\ \mathrm{m},0\ \mathrm{m/s})$，$\boldsymbol{m}_\gamma^{(3)}=(0\ \mathrm{m},0\ \mathrm{m/s},0\ \mathrm{m},0\ \mathrm{m/s})$，$\boldsymbol{m}_\gamma^{(4)}=(-800\ \mathrm{m},0\ \mathrm{m/s},-200\ \mathrm{m},0\ \mathrm{m/s})$，$\boldsymbol{P}_\gamma^{(i)}=\mathrm{diag}(50,1,50,1)$。目标的存活概率和检测概率分别为 $p_{S,k}=0.99$ 和 $p_{D,k}=0.98$。采用目标数估计均值、杂波量测数和 OSPA 距离评价算法性能，OSPA 距离的参数设置为 $p=2$，$c=100$，进行 200 次独立的蒙特卡罗实验，实验结果如图 7-6～图 7-9 所示。

图 7-6 给出了 $k=30$ s 时刻时校正的累积样本集经 100 次 DPMM 算法聚类获得的平均权重结果。可以看出，杂波分布基本由三个高斯分量组成，同时，将剩余的孤立杂波分类为均匀分布，各部分权重都与预设场景信息一致，这表明 DPMM 算法可以正确估计杂波分布的类数。此外，经过约 10 次迭代之后，图中曲线已基本平稳，杂波样本集的分类趋于稳定，可以据此选择适当的迭代次数，减少运算时间。

图 7-7 给出了几种算法的均值估计结果。可以看出，与传统 EM-λ-CPHD 滤波相比，DPMM-λ-CPHD 滤波的目标数估计更准确，且采用校正算法能更进一步减小目标数估计误差。此外，与引入校正思想的 EM-λ-CPHD 滤波相比，校正的 DPMM-λ-CPHD 滤波能获得更接近于真实目标数的结果。

图 7-8 给出了几种算法的杂波量测数估计结果。可以看出，DPMM-λ-CPHD 滤波的杂波量测数估计性能优于传统的 EM-λ-CPHD 滤波，校正的 EM-λ-CPHD 滤波与校正的

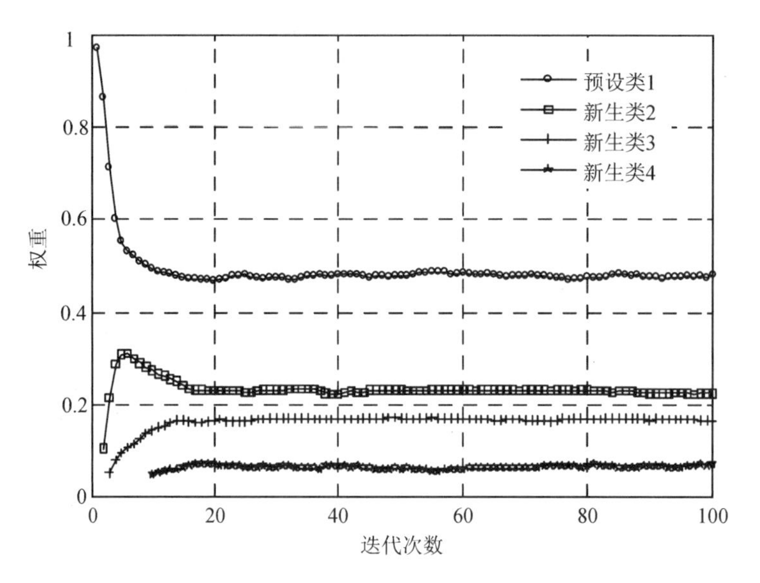

图 7-6　模型类别数估计变化下的跟踪结果

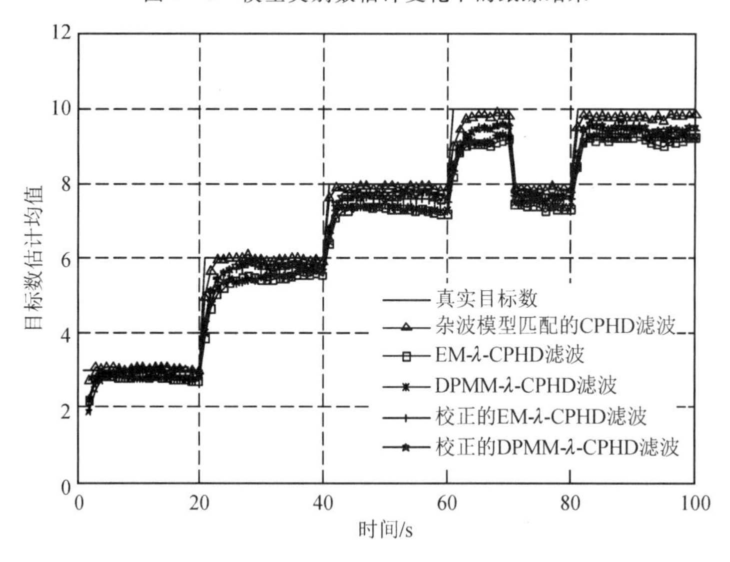

图 7-7　$N_k^{(0)}=20$ 时的目标数估计均值

DPMM-λ-CPHD 滤波估计的杂波量测数更接近真实杂波量测数，且校正的 DPMM-λ-CPHD 滤波在杂波量测数估计上更为准确。值得注意的是，$k=20$ s，40 s，60 s，80 s 时刻的误差较大，这是因为在这些时刻有目标新生，所以将目标量测归类为杂波而产生的。但随着时间的推移，这种误差能够很快减小。

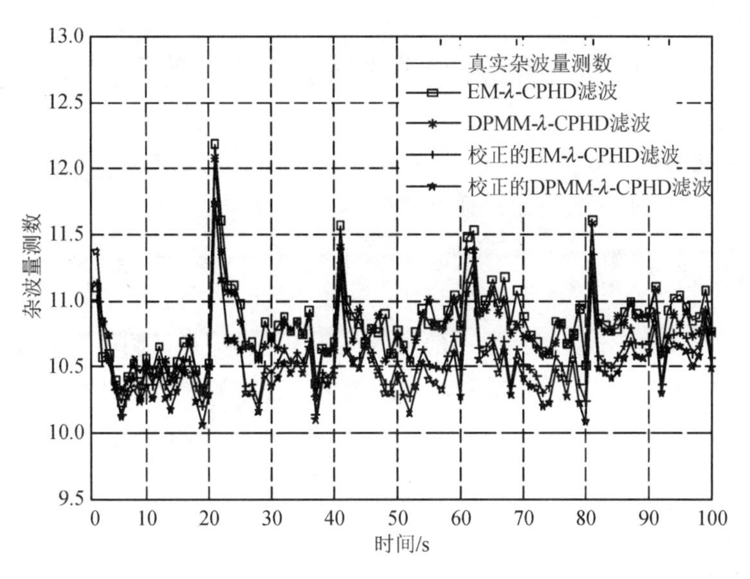

图 7-8　$N_k^{(0)}=20$ 时的杂波量测数估计

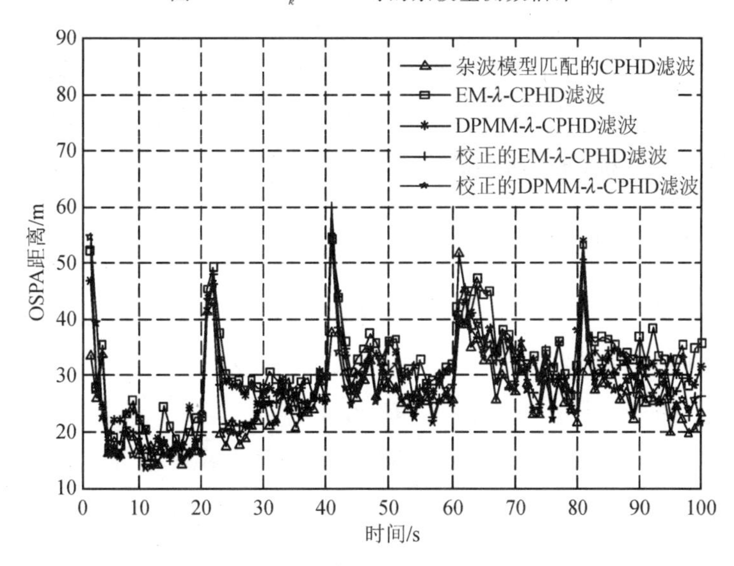

图 7-9　$N_k^{(0)}=20$ 时的 OSPA 距离

图 7-9 给出了几种算法的 OSPA 距离。可以看出，在绝大多数时刻中，传统 EM-λ-CPHD 滤波的误差最大，DPMM-λ-CPHD 滤波的误差略小，引入样本集校正思想算法的跟踪精度均高于采用混合样本集校正算法的跟踪精度。其中，校正的 DPMM-λ-CPHD 滤波的 OSPA 距离小于校正的 EM-λ-CPHD 滤波的 OSPA 距离，接近于理想情况。

7.4 量测噪声建模与估计方法

目标跟踪算法通常假设量测噪声是固定的零均值高斯白噪声，且与目标状态相互独立。但在实际应用中，上述假设通常难以满足。

7.4.1 问题描述

由于传感器特性的不同，量测噪声的均值可能不为零，且量测噪声可能与目标状态相关。特别是对于雷达系统，当目标飞行状态改变时，目标的散射特性会产生非高斯的异常噪声。如果不能对量测噪声进行正确建模，则会导致跟踪性能下降。近年来，变分贝叶斯(Variational Bayesian，VB)推理被用于估计传感器的量测噪声。文献[241]提出了一种利用学生 t 分布估计未知非高斯量测噪声的 VB-KF 算法，用于解决未知量测噪声情况下的单目标跟踪问题。文献[242]和[243]针对高斯量测噪声，提出了一种结合 VB 推理和 PHD 滤波的解决方法。

本节介绍一种基于 VB 推理的标签变分贝叶斯概率假设密度(VB-PHD)滤波[255]。该算法利用 VB 推理估计传感器量测噪声的协方差矩阵，同时对表征多目标状态的高斯分量进行标签管理，可以较好地估计多目标航迹。

7.4.2 标签 VB-PHD 滤波

1. 噪声参数建模

假设传感器的量测模型为

$$\boldsymbol{z}_k = \boldsymbol{H}_k \boldsymbol{x}_k + \boldsymbol{v}_k \tag{7-43}$$

式中：量测噪声 $\boldsymbol{v}_k$ 为零均值高斯白噪声，其协方差矩阵为 $\boldsymbol{R}_k$。由于逆伽马分布是高斯分布协方差的共轭先验分布，因此，利用一簇逆伽马分布的乘积来近似协方差矩阵为 $\boldsymbol{R}_k$ 的后验分布，即

$$p(\boldsymbol{R}_k) \approx \prod_{l=1}^{m} \mathcal{IG}(\sigma_{k,l};\ a_{k,l},\ b_{k,l}) \tag{7-44}$$

式中：$\mathcal{IG}(\sigma_{k,l};\ a_{k,l},\ b_{k,l})$为逆伽马分布，$m$ 为维度，a 为形状参数，b 为尺度参数。

2. 变分贝叶斯近似

假设在线性高斯条件下，$Z_k = \{\boldsymbol{z}_1,\ \boldsymbol{z}_2,\ \cdots,\ \boldsymbol{z}_k\}$表示累积的量测集，联合估计目标状态

与量测噪声的更新概率密度 $p(\boldsymbol{x}_k, \boldsymbol{R}_k | Z_k)$ 分为两步递推，其中，预测概率密度可以近似表示为

$$p(\boldsymbol{x}_k, \boldsymbol{R}_k | Z_{k-1}) = \mathcal{N}(\boldsymbol{x}_k; \boldsymbol{m}_{k|k-1}, \boldsymbol{P}_{k|k-1}) \times \prod_{l=1}^{m} \mathcal{IG}(\sigma_{k,l}; a_{k|k-1,l}, b_{k|k-1,l}) \tag{7-45}$$

式中：$\mathcal{IG}(\cdot)$表示逆伽马分布，m 为逆伽马分布的数目。

上式中参数的计算可参考文献[255]。

根据贝叶斯公式，更新概率密度表示为

$$p(\boldsymbol{x}_k, \boldsymbol{R}_k | Z_k) = \frac{p(\boldsymbol{z}_k | \boldsymbol{x}_k, \boldsymbol{R}_k) p(\boldsymbol{x}_k, \boldsymbol{R}_k | Z_{k-1})}{p(\boldsymbol{z}_k | Z_{k-1})} \tag{7-46}$$

式中：$p(\boldsymbol{x}_k, \boldsymbol{R}_k | Z_k)$仍然是高斯-逆伽马分布。

由于目标状态与量测噪声协方差矩阵在似然函数 $p(\boldsymbol{z}_k | \boldsymbol{x}_k, \boldsymbol{R}_k)$中是耦合的，难以得到准确的更新概率密度，因此，可以利用变分法，将更新概率密度近似为

$$p(\boldsymbol{x}_k, \boldsymbol{R}_k | Z_k) \approx q_{\boldsymbol{x}}(\boldsymbol{x}_k) q_{\boldsymbol{R}}(\boldsymbol{R}_k) \tag{7-47}$$

通过计算更新概率密度与近似概率密度之间的 KL 散度，并采用定点迭代法解决目标状态和量测噪声协方差耦合的问题，最终得到近似的更新概率密度为

$$q_{\boldsymbol{x}}(\boldsymbol{x}_k) = \mathcal{N}(\boldsymbol{x}_k; \boldsymbol{m}_k, \boldsymbol{P}_k) \tag{7-48}$$

$$q_{\boldsymbol{R}}(\boldsymbol{R}_k) = \prod_{l=1}^{m} \mathcal{IG}(\sigma_{k,l}; a_{k,l}, b_{k,l}) \tag{7-49}$$

上式中参数的计算可参考文献[255]。

值得注意的是，式(7-46)中的分母部分可以看作是预测似然函数，在变分递推过程中可以近似为

$$p(\boldsymbol{z}_k | Z_{k-1}) \approx \exp(\mathcal{C}) \tag{7-50}$$

式中：

$$\begin{aligned}\mathcal{C} = \frac{1}{2}\Big[& n - m\log 2\pi + \log|\boldsymbol{P}_{k|k-1}| - \log|\boldsymbol{P}_k| + \log\prod_{i=1}^{m} \frac{(b_{k|k-1,l})^{a_{k|k-1,l}}}{\Gamma(a_{k|k-1,l})} \\ & - \log\prod_{i=1}^{m} \frac{(b_{k,l})^{a_{k,l}}}{\Gamma(a_{k,l})} - \frac{1}{2}\mathrm{tr}(\boldsymbol{P}_{k|k-1}^{-1}[(\boldsymbol{m}_k - \boldsymbol{m}_{k|k-1})(\boldsymbol{m}_k - \boldsymbol{m}_{k|k-1})^{\mathrm{T}} + \boldsymbol{P}_k]) \end{aligned} \tag{7-51}$$

3. 标签 VB-PHD 滤波的实现

假设 $k-1$ 时刻的后验强度满足如下形式：

$$\nu_{k-1}=\sum_{j=1}^{J_{k-1}}\prod_{l=1}^{m}w_{k-1}^{(j)}\mathcal{N}(\boldsymbol{x}_{k-1};\boldsymbol{m}_{k-1}^{(j)},\boldsymbol{P}_{k-1}^{(j)})\times\mathcal{IG}(\sigma_{k-1,l};a_{k-1,l}^{(j)},b_{k-1,l}^{(j)})\tag{7-52}$$

且对应的标签集为

$$\mathcal{T}_{k-1}=\{[t_{\text{start}}^{(j)},\tau_{k-1}^{(j)}]\}_{j=1}^{J_{k-1}}\tag{7-53}$$

式中：$t_{\text{start}}^{(j)}$ 为第 j 个分量的出现时间，$\tau_{k-1}^{(j)}$ 为该目标的标签。

假设新生目标的强度和对应的标签集分别为

$$\gamma_k(\boldsymbol{x}_k,\boldsymbol{R}_k)=\sum_{j=1}^{J_{\gamma,k}}\prod_{l=1}^{m}w_{\gamma,k}^{(j)}\mathcal{N}(\boldsymbol{x};\boldsymbol{m}_{\gamma,k}^{(j)},\boldsymbol{P}_{\gamma,k}^{(j)})\times\mathcal{IG}(\sigma_l;a_{\gamma,k,l}^{(j)},b_{\gamma,k,l}^{(j)})\tag{7-54}$$

$$\mathcal{T}_{\gamma,k}=\{[t_{\text{start}}^{(j)},\tau_{\gamma,k}^{(j)}]\}_{j=1}^{J_{\gamma,k}}\tag{7-55}$$

假设衍生目标的强度和对应的标签集分别为

$$\begin{aligned}&\beta_{k|k-1}(\boldsymbol{x}_k,\boldsymbol{R}_k|\boldsymbol{x}_{k-1},\boldsymbol{R}_{k-1})=\\&\sum_{j=1}^{J_{\beta,k}}\prod_{l=1}^{m}w_{\beta,k}^{(j)}\mathcal{N}(\boldsymbol{x}_k;\boldsymbol{F}_{\beta,k}^{(j)}\boldsymbol{x}_{k-1}+\boldsymbol{d}_{\beta,k}^{(j)},\boldsymbol{Q}_{\beta,k}^{(j)})\times p(\sigma_{k,l}|\sigma_{k-1,l})\end{aligned}\tag{7-56}$$

$$\mathcal{T}_{\beta,k}=\left\{\left[t_{\text{start}}^{(j)},\tau_{k-1}^{(j)},t_{\text{spawn}}^{(j,l)},\tau_{\beta,k|k-1}^{(j,l)}\right]\right\}_{j=1,\,l=1}^{J_{k-1},J_{\beta,k}}\tag{7-57}$$

式中：$J_{\gamma,k}$、$w_{\gamma,k}^{(j)}$、$\boldsymbol{m}_{\gamma,k}^{(j)}$、$\boldsymbol{P}_{\gamma,k}^{(j)}$、$a_{\gamma,k,l}^{(j)}$、$b_{\gamma,k,l}^{(j)}$ 为新生目标 RFS 的概率密度的参数，$J_{\beta,k}$、$w_{\beta,k}^{(j)}$、$\boldsymbol{F}_{\beta,k}^{(j)}$、$\boldsymbol{d}_{\beta,k}^{(j)}$、$\boldsymbol{Q}_{\beta,k}^{(j)}$ 为衍生目标 RFS 的概率密度的参数，$\tau_{\beta,k|k-1}^{(j,l)}$ 为 $k-1$ 时刻第 j 个目标在 k 时刻的第 l 个衍生目标的标签，且有 $t_{\text{spawn}}^{(j,l)}=k$。

由于预测强度满足高斯-逆伽马分布，有

$$\nu_{k|k-1}=\nu_{s,k|k-1}+\nu_{\beta,k|k-1}+\gamma_k(\boldsymbol{x}_k,\boldsymbol{R}_k)\tag{7-58}$$

$$\mathcal{T}_{k|k-1}=\mathcal{T}_{k-1}\cup\mathcal{T}_{\gamma,k}\cup\mathcal{T}_{\beta,k}\tag{7-59}$$

$$\nu_{S,k|k-1}=p_S\sum_{j=1}^{J_{k-1}}\prod_{l=1}^{m}w_{k-1}^{(j)}\mathcal{N}(\boldsymbol{x};\boldsymbol{m}_{S,k|k-1}^{(j)},\boldsymbol{P}_{S,k|k-1}^{(j)})\times\mathcal{IG}(\sigma_l;a_{k|k-1,l}^{(j)},b_{k|k-1,l}^{(j)})\tag{7-60}$$

$$\nu_{\beta,k|k-1}=\sum_{j_1=1}^{J_{k-1}}\sum_{j_2=1}^{J_{\beta,k}}\prod_{l=1}^{m}w_{k-1}^{(j_1)}w_{\beta,k}^{(j_2)}\mathcal{N}(\boldsymbol{x};\boldsymbol{m}_{\beta,k|k-1}^{(j_1,j_2)},\boldsymbol{P}_{\beta,k|k-1}^{(j_1,j_2)})\times\mathcal{IG}(\sigma_l;a_{k|k-1,l}^{(j_1)},b_{k|k-1,l}^{(j_1)})\tag{7-61}$$

因此，更新强度可以表示为

$$\nu_k=(1-p_D)\nu_{k|k-1}+\sum_{\boldsymbol{z}_k\in Z_k}\nu_{D,k}(\boldsymbol{x}_k;\boldsymbol{z}_k)\tag{7-62}$$

$$\mathcal{T}_k=\mathcal{T}_{k|k-1}\cup(\bigcup_{\boldsymbol{z}_k\in Z_k}\mathcal{T}_{k|k-1}(\boldsymbol{z}_k))\tag{7-63}$$

$$\nu_{D,k}(\boldsymbol{x}_k;\boldsymbol{z}_k)=\sum_{j=1}^{J_{k|k-1}}\prod_{l=1}^{m}w_k^{(j)}(\boldsymbol{z}_k)\mathcal{N}(\boldsymbol{x};\boldsymbol{m}_k^{(j)},\boldsymbol{P}_k^{(j)})\times\mathcal{IG}(\sigma_{k,l};a_{k,l}^{(j)},b_{k,l}^{(j)}) \tag{7-64}$$

$$w_k^{(j)}(\boldsymbol{z}_k)=\frac{p_D w_{k|k-1}^{(j)}\exp(\mathcal{C}^{(j)}(\boldsymbol{z}_k))}{\kappa_k(\boldsymbol{z})+p_D\sum_{t=1}^{J_{k|k-1}}w_{k|k-1}^{(t)}\exp(\mathcal{C}^{(t)}(\boldsymbol{z}_k))} \tag{7-65}$$

$$\begin{aligned}\mathcal{C}^{(j)}(\boldsymbol{z}_k)=&\frac{1}{2}[n-m\log 2\pi+\log|\boldsymbol{P}_k^{(j)}|-\log|\boldsymbol{P}_{k|k-1}^{(j)}|]+\\&\log\prod_{l=1}^{m}\frac{(b_{k|k-1,l}^{(j)})^{a_{k|k-1,l}^{(j)}}}{\Gamma(a_{k|k-1,l}^{(j)})}-\log\prod_{l=1}^{m}\frac{(b_{k,l}^{(j)})^{a_{k,l}^{(j)}}}{\Gamma(a_{k,l}^{(j)})}-\\&\frac{1}{2}\mathrm{tr}\Big((\boldsymbol{P}_{k|k-1}^{(j)})^{-1}\times(\boldsymbol{m}_k^{(j)}-\boldsymbol{m}_{k|k-1}^{(j)})(\boldsymbol{m}_k^{(j)}-\boldsymbol{m}_{k|k-1}^{(j)})^{\mathrm{T}}+\boldsymbol{P}_k^{(j)}\Big)\end{aligned} \tag{7-66}$$

在标签管理中，对新生项和衍生项添加新的标签，同时在预测和更新过程中保持标签不变并进行传递。此外，对存在衍生的场景，需要将航迹标签扩展为$[\tau_1,\tau_2]$，并记录衍生时间$t_{\text{spawn}}^{(j)}$。其中，τ_1表示母航迹的标签，如果不存在母航迹，则将τ_1置为0。

7.4.3 仿真实验与分析

为了验证本节算法的有效性，实验中比较了标签 VB-PHD 滤波与 PHD 滤波在未知量测噪声协方差情况下的滤波性能。假设跟踪场景中有 4 个目标在二维空间做匀速直线运动，目标运动轨迹如图 7-10 所示。

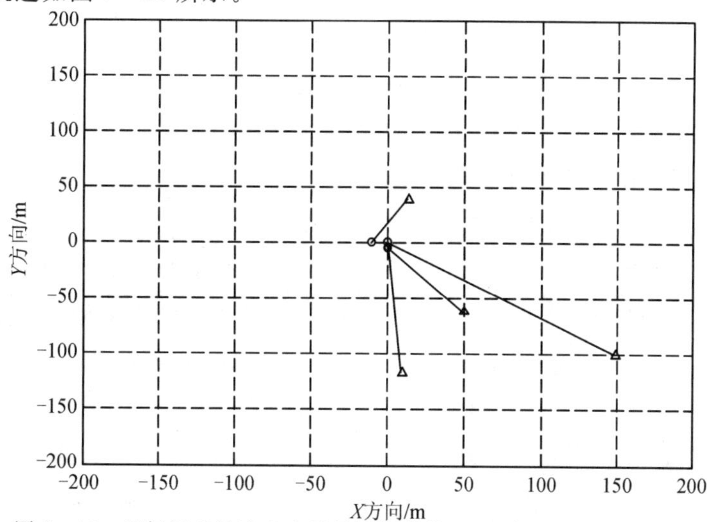

图 7-10 目标运动轨迹(**o**表示目标起始位置，**△**表示目标消失位置)

新生目标的 RFS 强度为

$$\gamma_k(\boldsymbol{x})=\sum_{i=1}^{2}w_{\gamma}^{(i)}\mathcal{N}(\boldsymbol{x};\boldsymbol{m}_{\gamma}^{(i)},\boldsymbol{P}_{\gamma}^{(i)}) \tag{7-67}$$

式中：$w_{\gamma}^{(i)}=0.2$；$\boldsymbol{m}_{\gamma}^{(1)}=(0\text{ m},0\text{ m/s},0\text{ m},0\text{ m/s})$，$\boldsymbol{m}_{\gamma}^{(2)}=(-10\text{ m},0\text{ m/s},100\text{ m},0\text{ m/s})$，$\boldsymbol{P}_{\gamma}^{(i)}=\text{diag}(5,1,5,1)$。目标的存活概率和检测概率分别为 $p_{S,k}=0.99$ 和 $p_{D,k}=0.99$。在仿真实验中，假设传感器量测噪声协方差为 $\boldsymbol{R}=\sigma_m^2\boldsymbol{I}_2$，且 $\sigma_m=1$ m。其中，$\boldsymbol{R}$ 是未知参数。采用目标数估计均值和 OSPA 距离评价算法性能，OSPA 距离的参数设置为 $p=2$，$c=100$，进行 200 次独立的蒙特卡罗实验，实验结果如图 7-11 和图 7-12 所示。

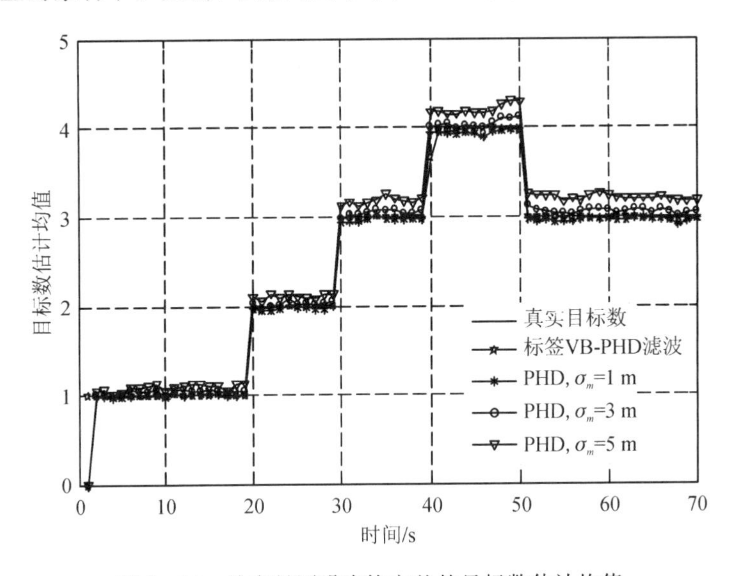

图 7-11　给定量测噪声协方差的目标数估计均值

图 7-11 给出了标签 VB-PHD 滤波与给定量测噪声 PHD 滤波的目标数估计结果。可以看出，标签 VB-PHD 滤波的目标数估计最接近于真实值，并且能够准确地处理目标新生和消失问题。这是因为该算法能够准确估计量测噪声协方差矩阵，并且能够通过标签管理算法有效抑制杂波和漏检。在给定量测噪声协方差的几种算法中，预设 $\sigma_m=1$ m 时的目标数估计结果最好，预设 $\sigma_m=3$ m 和 $\sigma_m=5$ m 时的非匹配情况都会导致目标数过估问题。

图 7-12 对比了标签 VB-PHD 滤波和几种给定量测噪声 PHD 滤波的 OSPA 距离。从图中曲线可知，标签 VB-PHD 滤波的 OSPA 距离最小，给定噪声情况的几种算法的 OSPA 距离随着预设的量测噪声误差的增大而增大。当 $k=20$ s，30 s，40 s 时出现新生目标，几种算法的 OSPA 距离都出现增大的情况，但标签 VB-PHD 滤波能够很快收敛。对比几种算

法，标签 VB-PHD 滤波的曲线最光滑，这表明该算法能够较好地抑制异常值的出现。

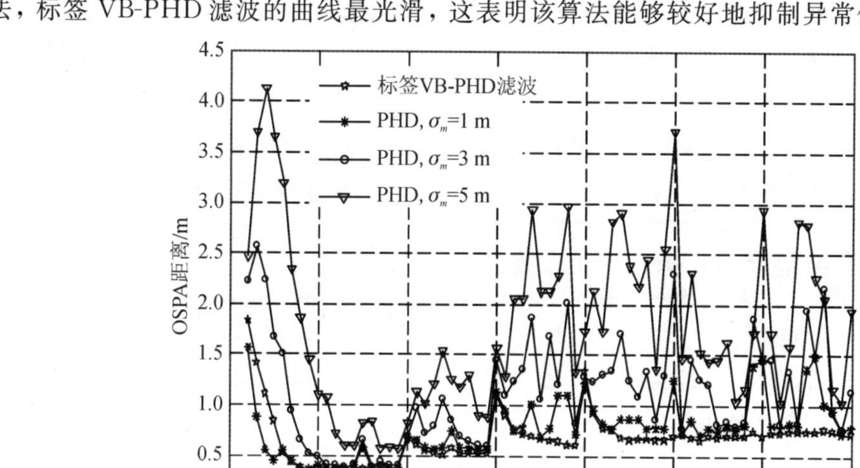

图 7-12 给定量测噪声协方差的 OSPA 距离

7.5 检测概率建模与估计方法

检测概率对目标的跟踪精度有着重要的影响，不准确的检测概率模型会导致跟踪精度严重下降甚至出现漏跟或错跟。在贝叶斯滤波中，检测概率通常根据经验或训练数据设为固定常量。但由于各种类型的主动或被动干扰、目标或传感器特性，以及检测概率在不同时刻出现的未知变化等原因，固定检测概率先验已知的建模方法已经难以处理复杂环境下的多目标跟踪问题。

7.5.1 问题描述

针对检测概率不确定的问题，Mahler 和 Vo 等人在 CPHD 滤波下提出了一种可以适应未知杂波率，并能根据传感器实际检测情况，实时调整检测概率取值的多目标跟踪算法。该算法在杂波率和检测概率的变化低于或近似于量测更新率的条件下，认为杂波由“伪目标”产生，并同时对目标与“伪目标”进行贝叶斯滤波，进而实时估计杂波率；另外，该算法通过贝塔(Beta)分布拟合未知的检测概率，并在滤波过程中对其参数进行实时更新与修正，最终根据已有信息估计出检测概率。

文献[57]通过贝塔分布拟合检测概率，利用贝塔分布的均值函数表达传感器实际的检测、漏检情况，并对贝塔分布中的参数进行迭代更新，最后通过 GM-CPHD 滤波对其实现。该未知检测概率 GM-CPHD 滤波在检测概率变化较低时可以获得很好的估计结果，适用于检测概率未知的复杂环境。然而，该算法在滤波过程中使用的检测概率估计值并未包含当前时刻的传感器信息，当前时刻更新后的检测概率估计值被用于下一时刻的滤波运算，导致检测概率估计时延。针对此问题，本节介绍一种未知检测概率的 CBMeMBer 滤波[253]。

7.5.2 贝塔-高斯混合 CBMeMBer 滤波

针对未知检测概率 CPHD 滤波[57]中的检测概率估计时延问题，可将检测概率估计函数从滤波过程中分离，利用估计步骤完成对当前时刻检测概率的更新，再将估计值引入滤波中完成对后验概率密度的更新。

为了估计未知非均匀的检测概率，可以将其作为增广分量加入到目标的状态空间中。假设 $\chi^{(1)}$ 为检测概率状态空间，则增广的状态空间可以表示为

$$\underline{\chi}=\chi^{(1)}\times\chi^{(\Xi)} \tag{7-68}$$

式中："×"为笛卡尔积。$\underline{\boldsymbol{x}}=[\boldsymbol{x},a]\in\underline{\chi}$，$\boldsymbol{x}\in\chi^{(1)}$，$a\in\chi^{(\Xi)}=[0,1]$。此处，增广空间的积分 $\underline{\chi}\to\mathbb{R}$ 可以表示为

$$\int_{\underline{\chi}}\underline{f}(\underline{\boldsymbol{x}})\,\mathrm{d}\underline{\boldsymbol{x}}=\int_{\chi^{(\Xi)}}\int_{\chi^{(1)}}\underline{f}(\boldsymbol{x},a)\,\mathrm{d}\boldsymbol{x}\,\mathrm{d}a \tag{7-69}$$

增广状态下目标的存活概率及状态转移函数可以分别表示为

$$\underline{p}_{S,k}(\underline{\boldsymbol{x}})=\underline{p}_{S,k}(\boldsymbol{x},a)=p_{S,k}^{(1)}(\boldsymbol{x}) \tag{7-70}$$

$$\underline{f}_{k|k-1}(\underline{\boldsymbol{x}}|\underline{\varsigma})=\underline{f}_{k|k-1}(\boldsymbol{x},a|\varsigma,a)=f_{k|k-1}^{(1)}(\boldsymbol{x}|\varsigma)\,f_{k|k-1}^{(\Xi)}(a|\alpha) \tag{7-71}$$

增广状态下目标的检测概率和似然函数分别表示为

$$\underline{p}_{D,k}(\underline{\boldsymbol{x}})=\underline{p}_{D,k}(\boldsymbol{x},a)=a \tag{7-72}$$

$$\underline{g}_k(\boldsymbol{z}|\underline{\boldsymbol{x}})=\underline{g}_k(\boldsymbol{z}|\boldsymbol{x},a)=g_k(\boldsymbol{z}|\boldsymbol{x}) \tag{7-73}$$

在此基础上，将贝塔分布引入增广状态下的 CBMeMBer 滤波，可实时估计检测概率，然后将检测概率的估计值代入标准 CBMeMBer 滤波进行更新，从而实现对后验概率密度的近似。同时，目标的运动状态也可通过高斯混合分布拟合。下面给出检测概率的估计过程。

目标的新生模型可以表示为 $\{(r_{\Gamma,k}^{(i)},\underline{p}_{\Gamma,k}^{(i)})\}_{i=1}^{M_{\Gamma,k}}$，并且有

$$\underline{p}_{\Gamma,k}^{(i)}(\boldsymbol{x},a)=\sum_{j=1}^{J_{\Gamma,k}^{(i)}}w_{\Gamma,k}^{(i,j)}\Omega(a;s_{\Gamma,k}^{(i,j)},t_{\Gamma,k}^{(i,j)})\,\mathcal{N}(\boldsymbol{x};\boldsymbol{m}_{\Gamma,k}^{(i,j)},\boldsymbol{P}_{\Gamma,k}^{(i,j)}) \tag{7-74}$$

式中：$r_{\Gamma,k}^{(i)}$、$M_{\Gamma,k}$、$J_{\Gamma,k}^{(i)}$、$w_{\Gamma,k}^{(i,j)}$、$s_{\Gamma,k}^{(i,j)}$、$t_{\Gamma,k}^{(i,j)}$、$\boldsymbol{m}_{\Gamma,k}^{(i,j)}$ 和 $\boldsymbol{P}_{\Gamma,k}^{(i,j)}$ 均为给定的模型参数。

假设 $k-1$ 时刻的更新概率密度为

$$\pi_{k-1}=\{(r_{k-1}^{(i)},\ \underline{p}_{k-1}^{(i)})\}_{i=1}^{M_{k-1}} \tag{7-75}$$

式中：

$$\underline{p}_{k-1}^{(i)}(\boldsymbol{x},a)=\sum_{j=1}^{J_{k-1}^{(i)}} w_{k-1}^{(i,j)}\Omega(a;s_{k-1}^{(i,j)},t_{k-1}^{(i,j)})\mathcal{N}(\boldsymbol{x};\boldsymbol{m}_{k-1}^{(i,j)},\boldsymbol{P}_{k-1}^{(i,j)}) \tag{7-76}$$

则 k 时刻的预测概率密度为

$$\pi_{k|k-1}=\{(r_{\Gamma,k}^{(i)},\ \underline{p}_{\Gamma,k}^{(i)})\}_{i=1}^{M_{\Gamma,k}}\cup\{(r_{P,k|k-1}^{(i)},\ \underline{p}_{P,k|k-1}^{(i)})\}_{i=1}^{M_{k-1}} \tag{7-77}$$

式中：

$$r_{P,k|k-1}^{(i)}=r_{k-1}^{(i)}p_{S,k} \tag{7-78}$$

$$\underline{p}_{P,k|k-1}^{(i)}(\boldsymbol{x},a)=\sum_{j=1}^{J_{k-1}^{(i)}} w_{k-1}^{(i,j)}\Omega(a;s_{P,k|k-1}^{(i,j)},t_{P,k|k-1}^{(i,j)})\mathcal{N}(\boldsymbol{x};\boldsymbol{m}_{P,k|k-1}^{(i,j)},\boldsymbol{P}_{P,k|k-1}^{(i,j)}) \tag{7-79}$$

并且

$$s_{P,k|k-1}^{(i,j)}=\left(\frac{\overline{w}_{\Omega,k|k-1}^{(i,j)}(1-\overline{w}_{\Omega,k|k-1}^{(i,j)})}{[\sigma_{\Omega,k|k-1}^{(i,j)}]^{2}}-1\right)\overline{w}_{\Omega,k|k-1}^{(i,j)} \tag{7-80}$$

$$t_{P,k|k-1}^{(i,j)}=\left(\frac{\overline{w}_{\Omega,k|k-1}^{(i,j)}(1-\overline{w}_{\Omega,k|k-1}^{(i,j)})}{[\sigma_{\Omega,k|k-1}^{(i,j)}]^{2}}-1\right)(1-\overline{w}_{\Omega,k|k-1}^{(i,j)}) \tag{7-81}$$

$$\boldsymbol{m}_{P,k|k-1}^{(i,j)}=\boldsymbol{F}_{k-1}\boldsymbol{m}_{k-1}^{(i,j)} \tag{7-82}$$

$$\boldsymbol{P}_{P,k|k-1}^{(i,j)}=\boldsymbol{Q}_{k-1}+\boldsymbol{F}_{k-1}\boldsymbol{P}_{k-1}^{(i,j)}\boldsymbol{F}_{k-1}^{\mathrm{T}} \tag{7-83}$$

$$\overline{w}_{\Omega,k|k-1}^{(i,j)}=\overline{w}_{\Omega,k-1}^{(i,j)}=\frac{s_{k-1}^{(i,j)}}{s_{k-1}^{(i,j)}+t_{k-1}^{(i,j)}} \tag{7-84}$$

$$[\sigma_{\Omega,k|k-1}^{(i,j)}]^{2}=|\Delta_{\Omega}|[\sigma_{\Omega,k-1}^{(i,j)}]^{2}=|\Delta_{\Omega}|\frac{s_{k-1}^{(i,j)}t_{k-1}^{(i,j)}}{(s_{k-1}^{(i,j)}+t_{k-1}^{(i,j)})^{2}(s_{k-1}^{(i,j)}+t_{k-1}^{(i,j)}+1)} \tag{7-85}$$

将 k 时刻的预测概率密度表示为

$$\pi_{k|k-1}=\{(r_{k|k-1}^{(i)},\ \underline{p}_{k|k-1}^{(i)})\}_{i=1}^{M_{k|k-1}} \tag{7-86}$$

式中：

$$\underline{p}_{k|k-1}^{(i)}(\boldsymbol{x},a)=\sum_{j=1}^{J_{k|k-1}^{(i)}} w_{k|k-1}^{(i,j)}\Omega(a;s_{k|k-1}^{(i,j)},t_{k|k-1}^{(i,j)})\mathcal{N}(\boldsymbol{x};\boldsymbol{m}_{k|k-1}^{(i,j)},\boldsymbol{P}_{k|k-1}^{(i,j)}) \tag{7-87}$$

则 k 时刻的更新概率密度为

$$\pi_k = \{(r_{L,k}^{(i)}, \underline{p}_{L,k}^{(i)})\}_{i=1}^{M_{k|k-1}} \cup \{(r_{U,k}(\boldsymbol{z}), \underline{p}_{U,k}(\cdot; \boldsymbol{z}))\}_{\boldsymbol{z} \in Z_k} \tag{7-88}$$

式中：

$$r_{L,k}^{(i)} = r_{k|k-1}^{(i)} \frac{1 - \sum_{j=1}^{J_{k|k-1}^{(i)}} w_{k|k-1}^{(i,j)} d_{k|k-1}^{(i,j)}}{1 - r_{k|k-1}^{(i)} \sum_{j=1}^{J_{k|k-1}^{(i)}} w_{k|k-1}^{(i,j)} d_{k|k-1}^{(i,j)}} \tag{7-89}$$

$$\underline{p}_{L,k}^{(i)}(\boldsymbol{x}, a) = \frac{1}{1 - \sum_{j=1}^{J_{k|k-1}^{(i)}} w_{k|k-1}^{(i,j)} d_{k|k-1}^{(i,j)}} \times \sum_{j=1}^{J_{k|k-1}^{(i)}} w_{k|k-1}^{(i,j)} \frac{\overline{B}(s_{k|k-1}^{(i,j)}, t_{k|k-1}^{(i,j)} + 1)}{\overline{B}(s_{k|k-1}^{(i,j)}, t_{k|k-1}^{(i,j)})} \Omega(a; s_{k|k-1}^{(i,j)}, t_{k|k-1}^{(i,j)} + 1) \mathcal{N}(\boldsymbol{x}; \boldsymbol{m}_{k|k-1}^{(i,j)}, \boldsymbol{P}_{k|k-1}^{(i,j)}) \tag{7-90}$$

$$r_{U,k}(\boldsymbol{z}) = \frac{\sum_{i=1}^{M_{k|k-1}} \frac{r_{k|k-1}^{(i)} (1 - r_{k|k-1}^{(i)}) \underline{\rho}_{U,k}^{(i)}(\boldsymbol{z})}{\left(1 - r_{k|k-1}^{(i)} \sum_{j=1}^{J_{k|k-1}^{(i)}} w_{k|k-1}^{(i,j)} d_{k|k-1}^{(i,j)}\right)^2}}{\kappa_k(\boldsymbol{z}) + \sum_{i=1}^{M_{k|k-1}} \frac{r_{k|k-1}^{(i)} \underline{\rho}_{U,k}^{(i)}(\boldsymbol{z})}{1 - r_{k|k-1}^{(i)} \sum_{j=1}^{J_{k|k-1}^{(i)}} w_{k|k-1}^{(i,j)} d_{k|k-1}^{(i,j)}}} \tag{7-91}$$

$$\underline{p}_{U,k}(\boldsymbol{x}, a; \boldsymbol{z}) = \frac{1}{\sum_{i=1}^{M_{k|k-1}} \sum_{j=1}^{J_{k|k-1}^{(i)}} d_{k|k-1}^{(i,j)} w_{U,k}^{(i,j)}(\boldsymbol{z})} \times \sum_{i=1}^{M_{k|k-1}} \sum_{j=1}^{J_{k|k-1}^{(i)}} w_{U,k}^{(i,j)}(\boldsymbol{z}) \frac{\overline{B}(s_{k|k-1}^{(i,j)} + 1, t_{k|k-1}^{(i,j)})}{\overline{B}(s_{k|k-1}^{(i,j)}, t_{k|k-1}^{(i,j)})} \Omega(a; s_{k|k-1}^{(i,j)} + 1, t_{k|k-1}^{(i,j)}) \mathcal{N}(\boldsymbol{x}; \boldsymbol{m}_{U,k}^{(i,j)}, \boldsymbol{P}_{U,k}^{(i,j)}) \tag{7-92}$$

$$d_{k|k-1}^{(i,j)} = \frac{s_{k|k-1}^{(i,j)}}{s_{k|k-1}^{(i,j)} + t_{k|k-1}^{(i,j)}} \tag{7-93}$$

$$\underline{\rho}_{U,k}^{(i)}(\boldsymbol{z}) = \sum_{j=1}^{J_{k|k-1}^{(i)}} d_{k|k-1}^{(i,j)} w_{k|k-1}^{(i,j)} \mathcal{N}(\boldsymbol{z}; \boldsymbol{H}_k \boldsymbol{m}_{k|k-1}^{(i,j)}, \boldsymbol{H}_k \boldsymbol{P}_{k|k-1}^{(i,j)} \boldsymbol{H}_k^{\mathrm{T}} + \boldsymbol{R}_k) \tag{7-94}$$

$$w_{U,k}^{(i,j)}(\boldsymbol{z}) = \frac{r_{k|k-1}^{(i)}}{1 - r_{k|k-1}^{(i)}} w_{k|k-1}^{(i,j)} \mathcal{N}(\boldsymbol{z}; \boldsymbol{H}_k \boldsymbol{m}_{k|k-1}^{(i,j)}, \boldsymbol{H}_k \boldsymbol{P}_{k|k-1}^{(i,j)} \boldsymbol{H}_k^{\mathrm{T}} + \boldsymbol{R}_k) \tag{7-95}$$

$$m_{U,k}^{(i,j)}(z) = m_{k|k-1}^{(i,j)} + P_{k|k-1}^{(i,j)} H_k^{T} [H_k P_{k|k-1}^{(i,j)} H_k^{T} + R_k]^{-1} (z - H_k m_{k|k-1}^{(i,j)}) \tag{7-96}$$

$$P_{U,k}^{(i,j)} = [I - P_{k|k-1}^{(i,j)} H_k^{T} [H_k P_{k|k-1}^{(i,j)} H_k^{T} + R_k]^{-1} H_k] P_{k|k-1}^{(i,j)} \tag{7-97}$$

此时，π_k 可以表示为 $\{(r_k^{(i)}, \underline{p}_k^{(i)})\}_{i=1}^{M_k}$，其中：

$$\underline{p}_k^{(i)}(x, a) = \sum_{j=1}^{J_k^{(i)}} w_k^{(i,j)} \Omega(a; s_k^{(i,j)}, t_k^{(i,j)}) \mathcal{N}(x; m_k^{(i,j)}, P_k^{(i,j)}) \tag{7-98}$$

对检测概率的估计可以通过下式计算：

$$d_k = \frac{\sum_{i=1}^{M_k} r_k^{(i)} \sum_{j=1}^{J_k^{(i)}} w_k^{(i,j)} \frac{s_k^{(i,j)}}{s_k^{(i,j)} + t_k^{(i,j)}}}{\sum_{i=1}^{M_k} r_k^{(i)}} \tag{7-99}$$

最后，将式(7-99)估计的检测概率代入 CBMeMBer 滤波的更新公式中，即可得到贝塔-高斯混合的未知检测概率 CBMeMBer 滤波[253]。

7.5.3　仿真实验与分析

为了验证本节算法的有效性，实验中比较了贝塔-高斯混合 CBMeMBer 滤波与未知检测概率 CBMeMBer 滤波的跟踪性能。假设跟踪场景中有 3 个目标在二维空间做匀速直线运动，目标运动轨迹如图 7-13 所示。

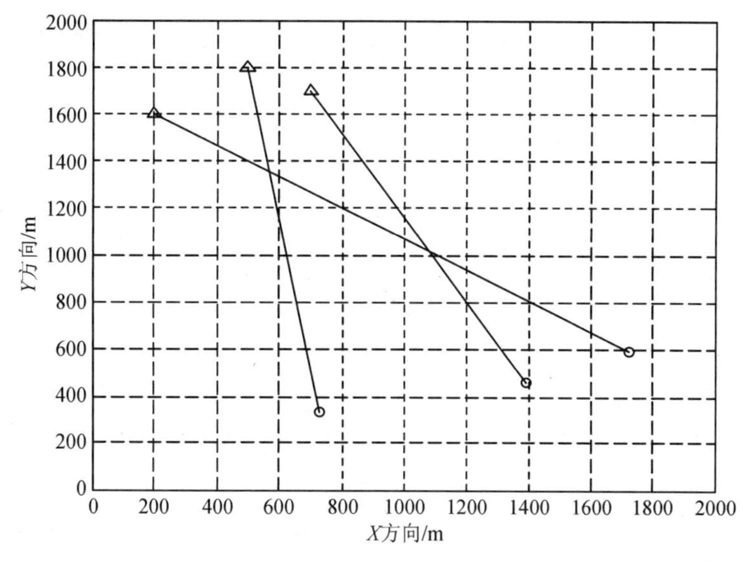

图 7-13　目标运动轨迹(○表示目标起始位置，△表示目标消失位置)

新生目标的 RFS 强度为 $\pi_\Gamma=\{(r_\Gamma^{(i)}, p_\Gamma^{(i)})\}_{i=1}^{2}$。其中，$r_\Gamma^{(i)}=0.03$，$p_\Gamma^{(i)}(\boldsymbol{x})=\mathcal{N}(\boldsymbol{x};\boldsymbol{m}_\Gamma^{(i)}, \boldsymbol{P}_\Gamma^{(i)})$，$i=1, 2$，$\boldsymbol{m}_\Gamma^{(1)}=(200\ \text{m}, 0\ \text{m/s}, 1600\ \text{m}, 0\ \text{m/s})$，$\boldsymbol{m}_\Gamma^{(2)}=(700\ \text{m}, 0\ \text{m/s}, 1700\ \text{m}, 0\ \text{m/s})$，$\boldsymbol{P}_\Gamma^{(i)}=\text{diag}(100, 50, 100, 50)$。假设杂波量测服从期望值为 10 的泊松分布，且在观测空间中均匀分布，目标的存活概率和检测概率分别为 $p_{S,k}=0.98$ 和 $p_{D,k}=0.9$。采用目标数估计均值、OSPA 距离和检测概率估计值评价算法性能，进行 200 次独立的蒙特卡罗实验，实验结果如图 7-14～图 7-16 所示。

图 7-14 给出了未知检测概率 CBMeMBer 滤波和贝塔-高斯混合 CBMeMBer 滤波的目标数估计结果对比。其中，前者仅采用 CBMeMBer 滤波替换文献[57]中的 CPHD 滤波。可以看出，贝塔-高斯混合 CBMeMBer 滤波在时间累积阶段的目标数估计更为准确。这是因为其检测概率的估计过程考虑了最新时刻的量测信息，估计过程中的不稳定阶段能够在很大程度上降低估计时延带来的影响。当贝塔分布对检测概率的拟合趋于稳定后，两种算法的目标数估计基本一致，时延的影响可以忽略。当检测概率再次发生变化时，需要重新积累，贝塔-高斯混合 CBMeMBer 滤波便会体现出其优势。

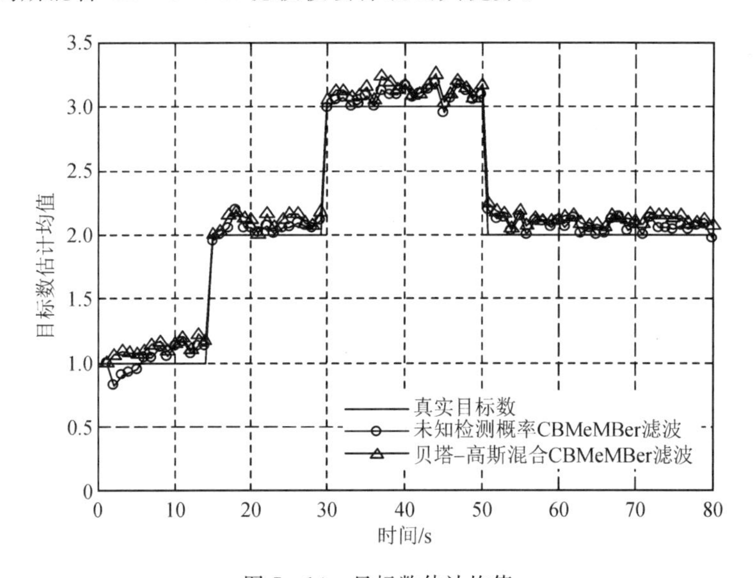

图 7-14　目标数估计均值

图 7-15 给出了未知检测概率 CBMeMBer 滤波和贝塔-高斯混合 CBMeMBer 滤波的 OSPA 距离对比。可以看出，贝塔-高斯混合 CBMeMBer 滤波在检测概率估计积累阶段跟踪精度更好，当检测概率估计稳定后，与未知检测概率 CBMeMBer 滤波的跟踪精度相近。这与图 7-14 中显示的目标数估计趋势相一致。

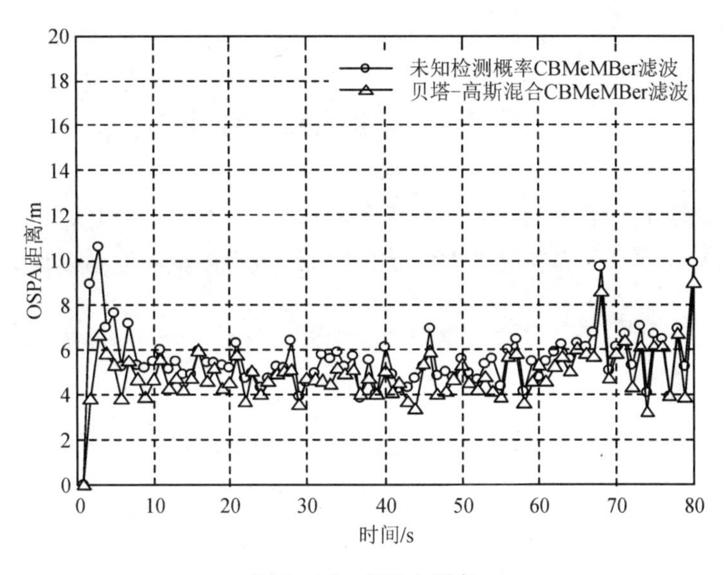

图 7－15　OSPA 距离

图 7－16 给出了两种算法的检测概率估计值对比。可以看出，在跟踪起始阶段时，由于积累的量测信息不足，对检测概率的估计值偏低；经过多个时刻的积累后，检测概率的估计值趋于稳定，与真实检测概率接近。在检测概率估计积累阶段，两种算法的估计值变化较大，因而每一时刻由于时延造成的误差都非常明显。而所提算法由于解决了此问题，对检测概率的估计值更为准确。当估计值稳定后，时延的影响则会非常微弱，两种算法的估

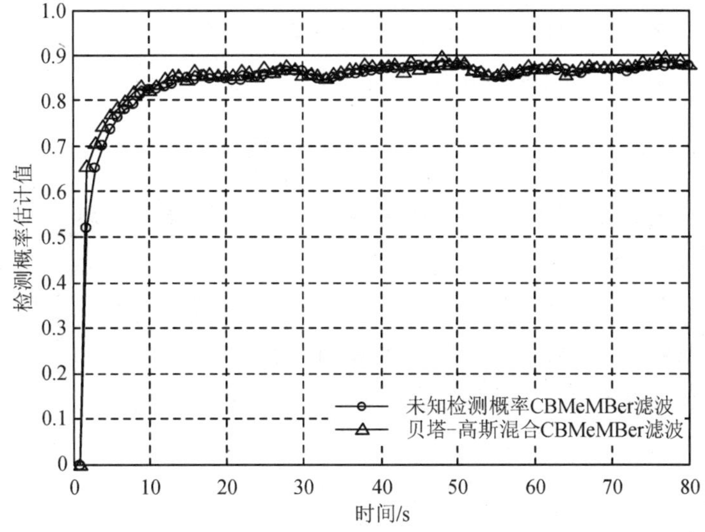

图 7－16　检测概率估计值

计值准确度相当。

7.6 噪声野值建模与估计方法

当多目标跟踪系统中出现过程噪声野值和量测噪声野值时，原有的噪声建模方法就不再适用。如何对噪声建模并在新的噪声模型下实现随机有限集滤波是多目标跟踪系统中需要解决的问题。

7.6.1 问题描述

目前，多目标跟踪中通常假设系统的过程噪声和传感器的量测噪声均服从高斯分布。但在实际应用中，过程噪声和量测噪声通常难以满足这一假设，尤其当噪声出现野值时，将不再服从高斯分布。野值可以定义为偏离整体分布之外的样值，直观而言，野值是在距离上与该组数据相距较远的采样值。野值的产生通常是由于系统中发生意外变化而导致的，如环境扰动、传感器瞬时故障等。野值的出现会导致系统性能降低，甚至出现不可逆转的灾难性故障。例如，野值会干扰步态定位系统的平衡[256-257]，甚至影响机器人的稳定性。在多目标跟踪中，当目标突然发生不可预料的强机动时，系统预设的动态模型将无法匹配目标的运动过程，可以看作是出现了过程噪声野值。目标背景的变化、传感器自身的不稳定性将导致量测噪声野值。同时，由于目标散射特性引起的闪烁噪声亦可看作是量测噪声野值[258]。由于含有野值的过程噪声或量测噪声服从重尾的非高斯分布，因此，标准随机有限集滤波对野值非常敏感，当噪声野值出现时，其跟踪性能会急剧下降。

7.6.2 基于学生 t 分布的混合势 CBMeMBer 滤波

本节针对含有过程噪声和量测噪声野值的多目标跟踪问题，介绍一种基于学生 t 分布的混合 CBMeMBer(STM-CBMeMBer)滤波[259]及其闭合解的推导过程。该算法将过程噪声和量测噪声建模为学生 t 分布，并利用学生 t 分布的重尾特性匹配具有野值的过程噪声和量测噪声，较好地解决了因野值引起的目标漏跟问题。

首先，对含有野值的过程噪声和量测噪声用学生 t 分布建模，即

$$p(\boldsymbol{w}_k)=\mathrm{St}(\boldsymbol{w}_k;\,\boldsymbol{0},\,\boldsymbol{Q}_k,\,\upsilon_1) \tag{7-100}$$

$$p(\boldsymbol{v}_k)=\mathrm{St}(\boldsymbol{v}_k;\,\boldsymbol{0},\,\boldsymbol{R}_k,\,\upsilon_2) \tag{7-101}$$

式中：$\boldsymbol{Q}_k$ 和$\boldsymbol{R}_k$ 分别为学生 t 分布的尺度矩阵，υ_1 和 υ_2 分别为过程噪声和量测噪声的自由度。

在介绍 STM-CBMeMBer 滤波之前，先给出一些假设和引理。

假设 1：$k-1$ 时刻的目标状态$\boldsymbol{x}_{k-1}$ 和过程噪声$\boldsymbol{w}_{k-1}$ 的联合概率密度 $p(\boldsymbol{x}_{k-1}, \boldsymbol{w}_{k-1} | Z_{1:k-1})$ 服从联合学生 t 分布，即

$$p(\boldsymbol{x}_{k-1}, \boldsymbol{w}_{k-1} | Z_{1:k-1}) = \mathrm{St}\left(\begin{bmatrix}\boldsymbol{x}_{k-1} \\ \boldsymbol{w}_{k-1}\end{bmatrix}; \begin{bmatrix}\hat{\boldsymbol{x}}_{k-1|k-1} \\ \boldsymbol{0}\end{bmatrix}, \begin{bmatrix}\boldsymbol{P}_{k-1|k-1} & \boldsymbol{0} \\ \boldsymbol{0} & \boldsymbol{Q}_{k-1}\end{bmatrix}, \upsilon_{1,k-1}\right) \tag{7-102}$$

式中：$\hat{\boldsymbol{x}}_{k-1|k-1}$ 为目标状态的均值，$\boldsymbol{P}_{k-1|k-1}$ 和$\boldsymbol{Q}_{k-1}$ 分别为目标状态和过程噪声的尺度矩阵，$\upsilon_{1,k-1}$ 为联合学生 t 分布的自由度，$Z_{1:k-1}$ 为从 1 到 $k-1$ 时刻的所有量测集合。

假设 2：k 时刻的各个单目标预测状态与量测噪声的联合概率密度 $p(\boldsymbol{x}_k, \boldsymbol{v}_k | Z_{1:k-1})$服从联合学生 t 分布，即

$$p(\boldsymbol{x}_k, \boldsymbol{v}_k | Z_{1:k-1}) = \mathrm{St}\left(\begin{bmatrix}\boldsymbol{x}_k \\ \boldsymbol{v}_k\end{bmatrix}; \begin{bmatrix}\hat{\boldsymbol{x}}_{k|k-1} \\ \boldsymbol{0}\end{bmatrix}, \begin{bmatrix}\boldsymbol{P}_{k|k-1} & \boldsymbol{0} \\ \boldsymbol{0} & \boldsymbol{R}_k\end{bmatrix}, \upsilon_{2,k}\right) \tag{7-103}$$

假设 3：每个目标独立进行状态转移和产生量测。

假设 4：每个目标的状态转移函数和似然函数均服从线性学生 t 分布，即

$$f_{k|k-1}(\boldsymbol{x} \mid \boldsymbol{\xi}) = \mathrm{St}(\boldsymbol{x}; \boldsymbol{F}_{k-1}\boldsymbol{\xi}, \boldsymbol{Q}_{k-1}, \upsilon_1) \tag{7-104}$$

$$g_k(\boldsymbol{z} \mid \boldsymbol{x}) = \mathrm{St}(\boldsymbol{z}; \boldsymbol{H}_k\boldsymbol{x}, \boldsymbol{R}_k, \upsilon_2) \tag{7-105}$$

式中：$f_{k|k-1}(\cdot|\cdot)$和 $g_k(\cdot|\cdot)$分别为转移概率密度和似然函数，$\boldsymbol{F}_{k-1}$ 和$\boldsymbol{H}_k$ 分别为单目标状态转移矩阵和量测矩阵。

假设 5：目标的存活概率和检测概率均是与状态相互独立的，即

$$p_{S,k}(\boldsymbol{x}) = p_{S,k}, \quad p_{D,k}(\boldsymbol{x}) = p_{D,k} \tag{7-106}$$

假设 6：多伯努利分布$\{(r_{\Gamma,k}^{(i)}, p_{\Gamma,k}^{(i)})\}_{i=1}^{M_{\Gamma,k}}$ 表示新生目标的概率密度。其中，多伯努利参数 $r_{\Gamma,k}^{(i)}$ 和 $p_{\Gamma,k}^{(i)}$ 分别表示存在概率和概率密度，并假设 $p_{\Gamma,k}^{(i)}$ 可以表示为学生 t 分布混合形式，即

$$p_{\Gamma,k}^{(i)}(\boldsymbol{x}) = \sum_{j=1}^{J_{\Gamma,k}^{(i)}} w_{\Gamma,k}^{(i,j)} \mathrm{St}(\boldsymbol{x}; \boldsymbol{m}_{\Gamma,k}^{(i,j)}, \boldsymbol{P}_{\Gamma,k}^{(i,j)}, \upsilon_{\Gamma,k}^{(i,j)}) \tag{7-107}$$

式中：$w_{\Gamma,k}^{(i,j)}$、$\boldsymbol{m}_{\Gamma,k}^{(i,j)}$、$\boldsymbol{P}_{\Gamma,k}^{(i,j)}$ 和$\upsilon_{\Gamma,k}^{(i,j)}$ 分别为各个学生 t 分布的权重、均值、尺度矩阵和自由度。

引理 1：给定假设 1，且假设 $\boldsymbol{P}$ 和 $\boldsymbol{Q}$ 为正定矩阵，则下式成立

$$\int \mathrm{St}(\boldsymbol{x}; \boldsymbol{F}\boldsymbol{\xi}, \boldsymbol{Q}, \upsilon_1)\mathrm{St}(\boldsymbol{\xi}; \boldsymbol{m}, \boldsymbol{P}, \upsilon_3)\mathrm{d}\boldsymbol{\xi} = \mathrm{St}(\boldsymbol{x}; \boldsymbol{F}\boldsymbol{m}, \boldsymbol{F}\boldsymbol{P}\boldsymbol{F}^{\mathrm{T}} + \boldsymbol{Q}, \upsilon_3) \tag{7-108}$$

$$\mathrm{St}(\boldsymbol{z};\boldsymbol{Hx},\boldsymbol{R},\upsilon_2)\mathrm{St}(\boldsymbol{x};\boldsymbol{m},\boldsymbol{P},\upsilon_3)=q(\boldsymbol{z})\mathrm{St}(\boldsymbol{x};\tilde{\boldsymbol{m}},\tilde{\boldsymbol{P}},\tilde{\upsilon}_3) \tag{7-109}$$

引理 2：给定假设 2，且假设 $\boldsymbol{P}$ 和 $\boldsymbol{R}$ 为正定矩阵，则下式成立

$$q(\boldsymbol{z})=\mathrm{St}(\boldsymbol{z};\boldsymbol{Hm},\boldsymbol{S},\upsilon_3) \tag{7-110}$$

$$\boldsymbol{S}=\boldsymbol{R}+\boldsymbol{HPH}^{\mathrm{T}} \tag{7-111}$$

$$\tilde{\boldsymbol{m}}=\boldsymbol{m}+\boldsymbol{PH}^{\mathrm{T}}\boldsymbol{S}^{-1}(\boldsymbol{z}-\boldsymbol{Hm}) \tag{7-112}$$

$$\tilde{\boldsymbol{P}}=\frac{\upsilon_3+\Delta_z^2}{\tilde{\upsilon}_3}(\boldsymbol{P}-\boldsymbol{PH}^{\mathrm{T}}\boldsymbol{S}^{-1}\boldsymbol{HP}) \tag{7-113}$$

$$\tilde{\upsilon}_3=\upsilon_3+d_z \tag{7-114}$$

$$\Delta_z^2=(\boldsymbol{z}-\boldsymbol{Hm})^{\mathrm{T}}\boldsymbol{S}^{-1}(\boldsymbol{z}-\boldsymbol{Hm}) \tag{7-115}$$

其中，d_z 表示量测 $\boldsymbol{z}$ 的维数。

STM-CBMeMBer 滤波的主要步骤如下：

(1) 预测：

给定假设 1～假设 6，假设 $k-1$ 时刻的更新概率密度可以表示为多伯努利形式，且

$$\pi_{k-1}=\{(r_{k-1}^{(i)},\ p_{k-1}^{(i)})\}_{i=1}^{M_{k-1}} \tag{7-116}$$

则预测概率密度为

$$\pi_{k|k-1}=\{(r_{P,k|k-1}^{(i)},\ p_{P,k|k-1}^{(i)})\}_{i=1}^{M_{k-1}}\cup\{(r_{\Gamma,k}^{(i)},\ p_{\Gamma,k}^{(i)})\}_{i=1}^{M_{\Gamma,k}} \tag{7-117}$$

且存活目标多伯努利 RFS 概率密度的参数计算如下：

$$r_{P,k|k-1}^{(i)}=r_{k-1}^{(i)}p_{S,k} \tag{7-118}$$

$$p_{P,k|k-1}^{(i)}(\boldsymbol{x})=\sum_{j=1}^{J_{k-1}^{(i)}}w_{k-1}^{(i,j)}\mathrm{St}(\boldsymbol{x};\boldsymbol{m}_{P,k|k-1}^{(i,j)},\boldsymbol{P}_{P,k|k-1}^{(i,j)},\upsilon_{P,k|k-1}^{(i,j)}) \tag{7-119}$$

新生目标多伯努利 RFS 概率密度中的参数 $r_{\Gamma,k}^{(i)}$ 和 $p_{\Gamma,k}^{(i)}$ 均由假设 6 给出。

(2) 更新：

假设 k 时刻的多伯努利 RFS 预测概率密度为 $\pi_{k|k-1}=\{(r_{k|k-1}^{(i)},\ p_{k|k-1}^{(i)})\}_{i=1}^{M_{k|k-1}}$，且假设预测概率密度中的参数可以表示为学生 t 分布混合形式，即

$$p_{k|k-1}^{(i)}(\boldsymbol{x})=\sum_{j=1}^{J_{k|k-1}^{(i)}}w_{k|k-1}^{(i,j)}\mathrm{St}(\boldsymbol{x};\boldsymbol{m}_{k|k-1}^{(i,j)},\boldsymbol{P}_{k|k-1}^{(i,j)},\upsilon_{k|k-1}^{(i,j)}) \tag{7-120}$$

则更新概率密度可以近似为漏检目标多伯努利 RFS 的概率密度 $\{(r_{L,k}^{(i)},\ p_{L,k}^{(i)})\}_{i=1}^{M_{k|k-1}}$ 和被检测目标多伯努利 RFS 的概率密度 $\{(r_{U,k}^{*}(\boldsymbol{z}),\ p_{U,k}^{*}(\boldsymbol{x};\boldsymbol{z}))\}_{\boldsymbol{z}\in Z_k}$ 的并集。

漏检目标的多伯努利 RFS 概率密度计算与 GM-CBMeMBer 滤波中的相似，此处不再赘述。被检测目标的多伯努利 RFS 的概率密度计算如下：

$$r_{U,k}^{*}(z)=\frac{\sum_{i=1}^{M_{k|k-1}}\frac{r_{k|k-1}^{(i)}(1-r_{k|k-1}^{(i)})\rho_{U,k}^{(i)}(z)}{(1-r_{k|k-1}^{(i)}p_{D,k})^{2}}}{\kappa_{k}(z)+\sum_{i=1}^{M_{k|k-1}}\frac{r_{k|k-1}^{(i)}\rho_{U,k}^{(i)}(z)}{1-r_{k|k-1}^{(i)}p_{D,k}}} \tag{7-121}$$

$$p_{U,k}^{*}(x;z)=\frac{\sum_{i=1}^{M_{k|k-1}}\sum_{j=1}^{J_{k|k-1}^{(i)}}w_{U,k}^{(i,j)}(z)\mathrm{St}(\boldsymbol{x};\boldsymbol{m}_{U,k}^{(i,j)},\boldsymbol{P}_{U,k}^{(i,j)},\upsilon_{U,k}^{(i,j)})}{\sum_{i=1}^{M_{k|k-1}}\sum_{j=1}^{J_{k|k-1}^{(i)}}w_{U,k}^{(i,j)}(z)} \tag{7-122}$$

式中：

$$\rho_{U,k}^{(i)}(z)=p_{D,k}\sum_{j=1}^{J_{k|k-1}^{(i)}}w_{k|k-1}^{(i,j)}q_{k}^{(i,j)}(z) \tag{7-123}$$

$$w_{U,k}^{(i,j)}(z)=\frac{r_{k|k-1}^{(i)}}{1-r_{k|k-1}^{(i)}}p_{D,k}w_{k|k-1}^{(i,j)}q_{k}^{(i,j)}(z) \tag{7-124}$$

$$q_{k}^{(i,j)}(z)=\mathrm{St}(\boldsymbol{z};\boldsymbol{H}_{k}\boldsymbol{m}_{k|k-1}^{(i,j)},\boldsymbol{S}_{k}^{(i,j)},\upsilon_{k|k-1}^{(i,j)}) \tag{7-125}$$

$$\boldsymbol{m}_{U,k}^{(i,j)}=\boldsymbol{m}_{k|k-1}^{(i,j)}+\boldsymbol{K}_{U,k}^{(i,j)}(\boldsymbol{z}_{k}-\boldsymbol{H}_{k}\boldsymbol{m}_{k|k-1}^{(i,j)}) \tag{7-126}$$

$$\boldsymbol{P}_{U,k}^{(i,j)}=\frac{\upsilon_{k|k-1}^{(i,j)}+(\Delta_{z,k}^{(i,j)})^{2}}{\upsilon_{U,k|k-1}^{(i,j)}}[\boldsymbol{I}-\boldsymbol{K}_{U,k}^{(i,j)}\boldsymbol{H}_{k}]\boldsymbol{P}_{k|k-1}^{(i,j)} \tag{7-127}$$

$$(\Delta_{z,k}^{(i,j)})^{2}=(\boldsymbol{z}_{k}-\boldsymbol{H}_{k}\boldsymbol{m}_{k|k-1}^{(i,j)})^{\mathrm{T}}(\boldsymbol{S}_{k}^{(i,j)})^{-1}(\boldsymbol{z}_{k}-\boldsymbol{H}_{k}\boldsymbol{m}_{k|k-1}^{(i,j)}) \tag{7-128}$$

7.6.3　仿真实验与分析

为了验证本节算法的有效性，实验中比较了 STM-CBMeMBer 滤波与 CM-CBMeMBer 滤波的跟踪性能。假设跟踪场景中有 6 个目标在二维空间做匀速直线运动，目标运动轨迹如图 7-17 所示。

本实验中 STM-CBMeMBer 滤波的自由度设为 $\upsilon_{\Gamma,k}=5$。含有野值的过程噪声和量测噪声分别建模为

$$\boldsymbol{w}_{k}\sim\begin{cases}\mathcal{N}(\boldsymbol{0},\sigma_{w}^{2}\boldsymbol{I}), & \text{w.p. } 1-p_{c}\\ \mathcal{N}(\boldsymbol{0},25\sigma_{w}^{2}\boldsymbol{I}), & \text{w.p. } p_{c}\end{cases} \tag{7-129}$$

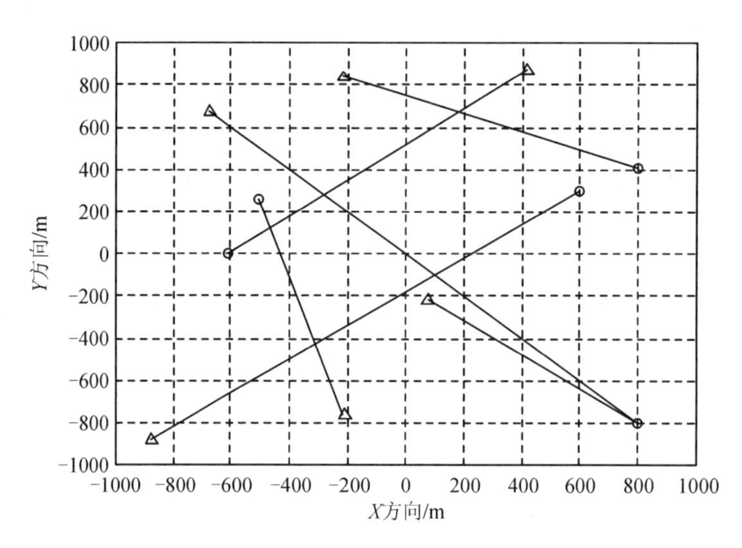

图 7-17　目标运动轨迹(o表示目标起始位置，△表示目标消失位置)

$$\boldsymbol{v}_k \sim \begin{cases} \mathcal{N}(\boldsymbol{0},\ \sigma_\nu^2\boldsymbol{I}), & \text{w. p. } 1-p_c \\ \mathcal{N}(\boldsymbol{0},\ 100\sigma_\nu^2\boldsymbol{I}), & \text{w. p. } p_c \end{cases} \tag{7-130}$$

式中：p_c 为噪声野值出现的概率。

新生目标多伯努利 RFS 的概率密度为 $\pi_\Gamma=\{(r_\Gamma^{(i)},\ p_\Gamma^{(i)})\}_{i=1}^4$。其中，$r_\Gamma^{(i)}=0.03$，$p_\Gamma^{(i)}(\boldsymbol{x})=\mathcal{N}(\boldsymbol{x};\ \boldsymbol{m}_\Gamma^{(i)},\ \boldsymbol{P}_\Gamma^{(i)})$，$i=1,\ 2,\ 3,\ 4$，$w_\gamma^{(i)}=0.02$；$\boldsymbol{m}_\Gamma^{(1)}=(-500\ \text{m},\ 0\ \text{m/s},\ -250\ \text{m},\ 0\ \text{m/s})$，$\boldsymbol{m}_\Gamma^{(2)}=(800\ \text{m},\ 0\ \text{m/s},\ 400\ \text{m},\ 0\ \text{m/s})$，$\boldsymbol{m}_\Gamma^{(3)}=(800\ \text{m},\ 0\ \text{m/s},\ -800\ \text{m},\ 0\ \text{m/s})$，$\boldsymbol{m}_\Gamma^{(4)}=(600\ \text{m},\ 0\ \text{m/s},\ 300\ \text{m},\ 0\ \text{m/s})$，$\boldsymbol{P}_\gamma^{(i)}=\text{diag}(40,\ 1,\ 40,\ 1)$。假设杂波量测数服从期望为 5 的泊松分布，且在观测空间中均匀分布。目标的存活概率和检测概率分别为 $p_{S,k}=0.99$ 和 $p_{D,k}=0.98$。采用目标数估计均值和 OSPA 距离评价算法性能，OSPA 距离的参数设置为 $p=2$，$c=100$，进行 200 次独立的蒙特卡罗实验，实验结果如图7-18～图 7-20 所示。

图 7-18 和图 7-19 分别给出了 STM-CBMeMBer 滤波和 GM-CBMeMBer 滤波在过程噪声和量测噪声野值概率均为 0.05 时的目标数估计结果和 OSPA 距离。可以看出，GM-CBMeMBer 滤波的跟踪性能由于存在噪声野值而明显下降。这是因为当出现噪声野值时，高斯分布的轻尾特性已无法捕捉到目标，导致目标丢失。而 STM-CBMeMBer 滤波因学生 t 分布的重尾特性能够有效防止目标丢失，该算法能够有效处理过程噪声和量测噪声野值存在情况下的多目标跟踪问题。

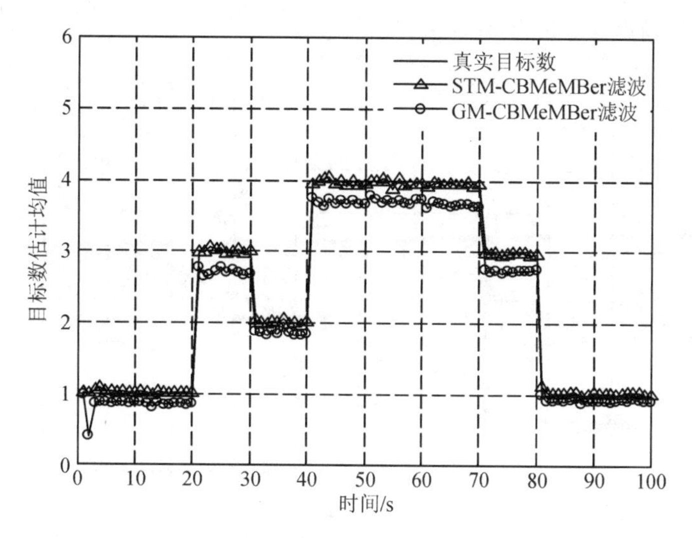

图 7 - 18　噪声野值出现概率为 0.05 时的目标数估计均值

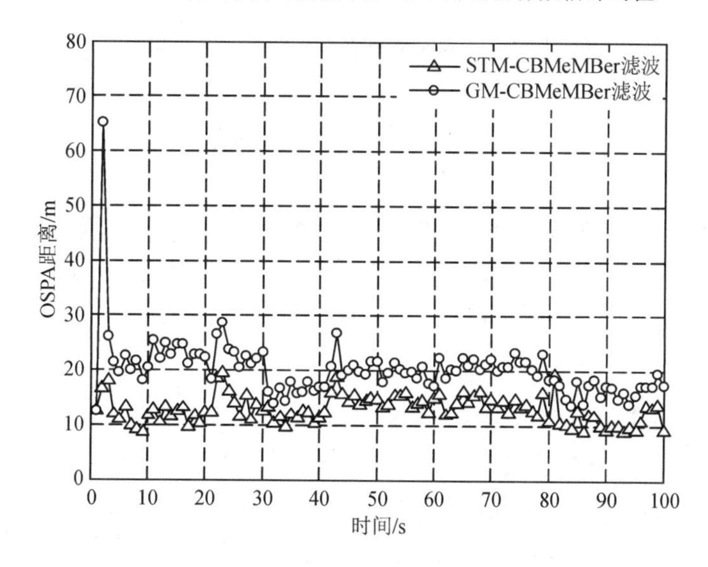

图 7 - 19　噪声野值出现概率为 0.05 时的 OSPA 距离

为了进一步验证 STM-CBMeMBer 滤波的性能，本实验比较了该算法和 GM-CBMeMBer 滤波在不同过程噪声和量测噪声概率下的平均 OSPA 距离。由图 7 - 20 可以看出，两种算法的 OSPA 距离随着噪声野值概率的增加而增大，跟踪性能相应地下降。GM-CBMeMBer 滤波的性能下降最快，这是因为较大的野值出现概率将增加目标漏跟的概率，降低跟踪性能。此外，STM-CBMeMBer 滤波性能较好的原因在于该算法可以利用学生 t 分布的重尾特性来更好地处理过程噪声和量测噪声野值。

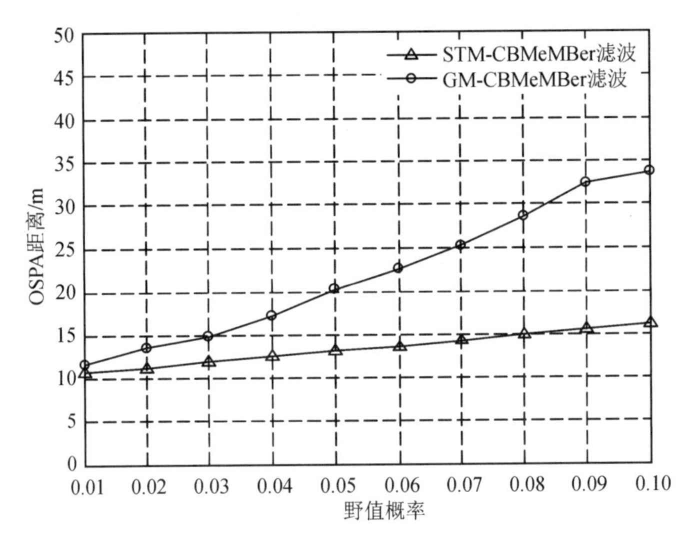

图 7-20 不同噪声野值概率下的 OSPA 距离

7.7 本章小结

本章首先分析了目标新生参数、杂波参数、检测概率参数和量测噪声参数的不确定性对多目标跟踪性能的影响，研究了这些参数的建模问题，并分别基于狄利克雷过程混合模型、变分贝叶斯估计方法以及贝塔-高斯混合模型提出了相应的多目标跟踪算法，丰富了多目标跟踪方法的理论成果，拓展了实际工程应用。

本章所介绍的各类算法仅考虑了多目标状态估计，没有考虑多目标的航迹信息。近年来，Vo 等人提出的基于标签随机有限集的广义标签多伯努利滤波不仅可以估计多目标状态，而且能够实现航迹管理，受到了广泛关注。此外，杂波分布和检测概率的估计均需要信息积累，这导致算法在保证估计精度的同时难以兼顾实时性。因此，后续可从基于标签多伯努利滤波和更准确的参数建模等方面进行探索。

参考文献

[1] BAR-SHALOM Y. Multitarget-multisensor tracking: applications and advances [M]. Boston: Artech House, 2000.

[2] BAR-SHALOM Y, FORTMANN T E. Tracking and data association[M]. Orland: Academic Press, 1988.

[3] BAR-SHALOM Y, LI X R, KIRUBARAJAN T. Estimation with applications to tracking and navigation: theory algorithms and software[M]. New York: John Wiley & Sons, 2004.

[4] MAHLER R P S. Statistical multisource multitarget information fusion [M]. Norwood, MA: Artech House, 2007.

[5] WAX N. Signal-to-noise improvement and the statistics of track populations[J]. Journal of Applied Physics, 1955, 26(5): 586-595.

[6] CHONG C. Tracking and data fusion: a handbook of algorithms[J]. IEEE Control Systems Magazine, 2012, 32(5): 114-116.

[7] 周宏仁，敬忠良，王培德. 机动目标跟踪[M]. 北京：国防工业出版社，1991.

[8] BAR-SHALOM Y, LI X R. Multitarget multisensor tracking: principles and techniques[M]. Storrs: YBS Publishing, 1995.

[9] 潘泉，梁彦，杨峰，等. 现代目标跟踪与信息融合[M]. 北京：国防工业出版社，2009.

[10] SINGER R A, STEIN J J. An optimal tracking filter for processing sensor data of imprecisely determined origin in surveillance system[C]. IEEE Conference on Decision and Control, 1971:171-175.

[11] SINGER R A, SEA R G. A new filter for optimal tracking in dense multitarget enviroment[C]. The Allerton Conference Circuit and System Theory, 1971: 201-211.

[12] DANIELSSON P E. Euclidean distance mapping[J]. Computer Graphics & Image Processing, 1980, 14(3): 227-248.

[13] SINGHA J, DAS K. Indian sign language recognition using eigen value weighted euclidean distance based classification technique [J]. International Journal of Advanced Computer Science & Applications, 2013, 4(2): 188 - 195.

[14] KLOVE T, LIN T T, TSAI S C, et al. Permutation arrays under the Chebyshev distance[J]. IEEE Transactions on Information Theory, 2010, 56(6): 2611 - 2617.

[15] HAYASHI S, TANAKA Y, KODAMA E. A new manufacturing control system using Mahalanobis distance for maximizing productivity[J]. IEEE Transactions on Semiconductor Manufacturing, 2002, 15(4): 442 - 446.

[16] SENOUSSAOUI M, KENNY P, STAFYLAKIS T, et al. A study of the cosine distance-based mean shift for telephone speech diarization [J]. IEEE/ACM Transactions on Audio Speech & Language Processing, 2014, 22(1): 217 - 222.

[17] FUKUNAGA K, FLICK T E. An optimal global nearest neighbor metric[J]. IEEE Transactions on Pattern Analysis & Machine Intelligence, 1984, 6(3): 314 - 318.

[18] BOURGEOIS F, LASSALLE J C. An extension of the Munkres algorithm for the assignment problem to rectangular matrices[J]. Communications of the ACM, 1971, 14(12): 802 - 804.

[19] JONKER R, VOLGENANT A. A shortest augmenting path algorithm for dense and sparse linear assignment problems[J]. Computing, 1987, 38(4): 325 - 340.

[20] BAR-SHALOM Y, TSE E. Tracking in cluttered environment with probabilistic data association[J]. Automatica, 1975, 11(5): 451 - 460.

[21] KIRUBARAJAN T, BAR-SHALOM Y, DAEIPOUR E. Adaptive beam pointing control of a phased array radar in the presence of ECM and false alarms using IMMPDAF[C]. American Control Conference, IEEE, 1995: 2616 - 2620.

[22] FORTMANN T E, BAR-SHALOM Y, Scheffe M. Multi-target tracking using joint probabilistic data association[C]. IEEE Conference on Decision and Control Including the Symposium on Adaptive Processes, 1980: 807 - 812.

[23] CHANG K C, CHONG C Y, BAR-SHALOM Y. Joint probabilistic data association in distributed sensor networks[C]. American Control Conference, 1985, 31(10): 817 - 822.

[24] FORTMANN T E, BAR-SHALOM Y, Scheffe M. Sonar tracking of multiple targets using joint probabilistic data association [J]. IEEE Journal of Oceanic

Engineering, 2003, 8(3): 173 - 184.

[25] ROECKER J A, PHILLIS G L. Suboptimal joint probabilistic data association[J]. IEEE Transactions on Aerospace Electronic Systems, 1993, 29(2): 510 - 517.

[26] ROECKER J A. Class of near optimal JPDA algorithms[J]. IEEE Transactions on Aerospace & Electronic Systems, 1994, 30(2): 504 - 510.

[27] ZHOU B, BOSE N K. Multitarget tracking in clutter: fast algorithms for data association[J]. IEEE Transactions on Aerospace and Electronic Systems, 1993, 29(2): 352 - 363.

[28] CHENG H, ZHOU Y, SUN Z. Recursive and parallel implementation of fast JPDA algorithm[J]. Journal of Electronics and Information Technology, 1999, 21 (4): 433 - 440.

[29] MUSICKI D, EVANS R. Joint integrated probabilistic data association: JIPDA[J]. IEEE Transactions on Aerospace and Electronic Systems, 2004, 40(3): 1093 - 1099.

[30] REID D B. An algorithm for tracking multiple targets[J]. IEEE Transaction on Automatics Control, 1979, 24(6): 1202 - 1211.

[31] DEB S, YEDDANAPUDI M, PATTIPATI K, et al. A generalized SD assignment algorithm for multisensor-multitarget state estimation[J]. IEEE Transactions on Aerospace and Electronic Systems, 1997, 33(2): 523 - 538.

[32] POORE A B, ROBERTSON A J. A new Lagrangian relaxation based algorithm for a class of multidimensional assignment problems[J]. Computational Optimization and Applications, 1997, 8(2): 129 - 150.

[33] COX I J, HINGORANI S L. An efficient implementation of Reid's multiple hypothesis tracking algorithm and its evaluation for the purpose of visual tracking [J]. IEEE Transactions on Pattern Analysis and Machine Intelligence, 1996, 18(2): 138 - 150.

[34] VO B N, MALLICK M, BAR-SHALOM Y, et al. Multitarget tracking[M]. New York: John Wiley & Sons, 2015.

[35] KINGMAN J F C. Review: G. Matheron, Random sets and integral geometry[J]. Bulletin of the American Mathematical Society, 1975, 81(1975): 844 - 847.

[36] MATHERON G. Random sets and integral geometry[M]. New York: John Wiley & Sons, 1975.

[37] GOODMAN I R, NGUYEN H T. Uncertainly models for knowledge based systems[M]. New York: North-Holland, 1985.

[38] MAHLER R P S. Random-set approach to data fusion [C]. International Conference on Automatic Object Recognition, 1994:287 - 295.

[39] MAHLER R P S. Combining ambiguous evidence with respect to ambiguous a priori knowledge. I. Boolean logic[J]. IEEE Transactions on Systems Man and Cybernetics, Part A, Systems and Humans, 1996, 26(1): 27 - 41.

[40] MAHLER R P S. Combining ambiguous evidence with respect to ambiguous a priori knowledge[J]. Part II: fuzzy logic. Fuzzy Sets & Systems, 1995, 75(3): 319 - 354.

[41] MAHLER R P S. Representing rules as random sets, I: statistical correlations between rules[J]. Information Sciences, 1996, 88(1 - 4): 47 - 68.

[42] MAHLER R P S. Random sets in information fusion an overview[M]. New York: Springer, 1997.

[43] FIXSEN D, MAHLER R P S. The modified Dempster-Shafer approach to classification[J]. IEEE Transactions on Systems Man and Cybernetics, Part A, Systems and Humans, 1997, 27(1): 96 - 104.

[44] GOODMAN I R, MAHLER R P S, Nguyen H T. Mathematics of data fusion[M]. Netherlands: Springer, 1997.

[45] MAHLER R P S. Multitarget filtering using a multitarget first-order moment statistic[J]. Proceedings of SPIE—The International Society for Optical Engineering, 2001, 4380:184 - 195.

[46] MAHLER R P S. Bulk multitarget tracking using a first-order multitarget moment filter[J]. Proceedings of SPIE—The International Society for Optical Engineering, 2002, 4729: 175 - 186.

[47] MORELANDE M R, CHALLA S. A multitarget tracking algorithm based on random sets[C]. International Conference of Information Fusion, 2003:807 - 814.

[48] MAHLER R P S. Multitarget Bayes filtering via first-order multitarget moments[J]. IEEE Transactions on Aerospace and Electronic Systems, 2004, 39(4): 1152 - 1178.

[49] VO B N, MA W K. The Gaussian mixture probability hypothesis density filter[J]. IEEE Transactions on Signal Processing, 2006, 54(11): 4091 - 4104.

[50] MAHLER R P S. Particle-systems implementation of the PHD multitarget tracking

filter[J]. Proceedings of SPIE—The International Society for Optical Engineering, 2003, 5096(1): 291-299.

[51] VO B N, SINGH S, DOUCET A. Sequential Monte Carlo methods for multitarget filtering with random finite sets [J]. IEEE Transactions on Aerospace and Electronic Systems, 2005, 41(4): 1224-1245.

[52] ERDINC O, WILLETT P, BAR-SHALOM Y. Probability hypothesis density filter for multitarget multisensor tracking[C]. International Conference on Information Fusion, 2005: 146-153.

[53] MAHLER R P S. A theory of PHD filters of higher order in target number[J]. Proceedings of SPIE—The International Society for Optical Engineering, 2006, 6235:1-12.

[54] MAHLER R P S. PHD filters of higher order in target number [J]. IEEE Transactions on Aerospace and Electronic Systems, 2008, 43(4): 1523-1543.

[55] VO B T, VO B N, CANTONI A. The cardinalized probability hypothesis density filter for linear Gaussian multi-target models[C]. IEEE Conference on Information Sciences and Systems, 2006: 681-686.

[56] VO B T, VO B N, CANTONI A. Analytic implementations of the cardinalized probability hypothesis density filter[J]. IEEE Transactions on Signal Processing, 2007, 55(7): 3553-3567.

[57] LI C, WANG W, KIRUBARAJAN T, et al. PHD and CPHD filtering with unknown detection probability[J]. IEEE Transactions on Signal Processing, 2018, 66(14): 3784-3798.

[58] VO B T, VO B N, HOSEINNEZHAD R, et al. Multi-Bernoulli filtering with unknown clutter intensity and sensor field-of-view [C]. 2011 45th Annual Conference on Information Sciences and Systems, IEEE, 2011: 1-6.

[59] REZATOFIGHI S H, GOULD S, VO B T, et al. Multi-target tracking with time-varying clutter rate and detection profile: application to time-lapse cell microscopy sequences[J]. IEEE Transactions on Medical Imaging, 2015, 34(6): 1336-1348.

[60] RISTIC B, CLARK D E, VO B N, et al. Adaptive target birth intensity for PHD and CPHD filters[J]. IEEE Transactions on Aerospace and Electronic Systems, 2012, 48(2): 1656-1668.

[61] BEARD M, VO B T, VO B N, et al. A partially uniform target birth model for Gaussian mixture PHD/CPHD filtering[J]. IEEE Transactions on Aerospace and Electronic Systems, 2013, 49(4): 2835 - 2844.

[62] 欧阳成，华云，高尚伟. 改进的自适应新生目标强度 PHD 滤波[J]. 系统工程与电子技术，2013, 35(12): 2452 - 2458.

[63] WANG Y, JING Z, HU S, et al. Detection-guided multi-target Bayesian filter[J]. Signal Processing, 2012, 92(2): 564 - 574.

[64] ZHANG H, WANG J, YE B, et al. A GM-PHD filter for new appearing targets tracking[C]. International Congress on Image and Signal Processing, 2013, 2: 1153 - 1159.

[65] PANTA K, CLARK D E, VO B N. Data association and track management for the Gaussian mixture probability hypothesis density filter[J]. IEEE Transactions on Aerospace and Electronic Systems, 2009, 45(3): 1003 - 1016.

[66] PUNITHAKUMAR K, KIRUBARAJAN T, SINHA A. Multiple-model probability hypothesis density filter for tracking maneuvering targets[J]. IEEE Transactions on Aerospace and Electronic Systems, 2008, 44(1): 87 - 98.

[67] CLARK D E, GODSILL S. Group target tracking with the Gaussian mixture probability hypothesis density filter[C]. International Conference on Intelligent Sensors, Sensor Networks and Information, 2007:149 - 154.

[68] LUNDGREN M, SVENSSON L, HAMMARSTRAND L. A CPHD filter for tracking with spawning models[J]. IEEE Journal of Selected Topics in Signal Processing, 2013, 7(3): 496 - 507.

[69] BRYANT D S, DELANDE E D, GEHLY S, et al. Spawning models for the CPHD filter[J]. Statistics, 2015, 34(6): 1 - 11.

[70] JING P, ZOU J, DUAN Y, et al. Generalized CPHD filter modeling spawning targets[J]. Signal Processing, 2016, 128: 48 - 56.

[71] VO B T, VO B N, CANTONI A. The cardinality balanced multi-target multi-Bernoulli filter and its implementations [J]. IEEE Transactions on Signal Processing, 2009, 57(2): 409 - 423.

[72] LIAN F, LI C, HAN C, et al. Convergence analysis for the SMC-MeMBer and SMC-CBMeMBer filters[J]. Journal of Applied Mathematics, 2012(3): 1 - 25.

[73] DUNNE D, KIRUBARAJAN T. Multiple model multi-Bernoulli filters for manoeuvering targets[J]. IEEE Transactions on Aerospace and Electronic Systems, 2013, 49(4): 2679 - 2692.

[74] YUAN X, LIAN F, HAN C. Multiple-model cardinality balanced multitarget multi-Bernoulli filter for tracking maneuvering targets[J]. Journal of Applied Mathematics, 2013(3): 1 - 16.

[75] LIU W, ZHU S, WEN C, et al. Structure modeling and estimation of multiple resolvable group targets via graph theory and multi-Bernoulli filter[J]. Automatica, 2018, 89: 274 - 289.

[76] JIANG T, LIU M, FAN Z, et al. On multiple-model extended target multi-Bernoulli filters[J]. Digital Signal Processing, 2016, 59: 76 - 85.

[77] PENG Z, BARBARY M. Improved multi-Bernoulli filter for extended stealth targets tracking based on sub-random matrices[J]. IEEE Sensors Journal, 2016, 16(5): 1428 - 1447.

[78] SITHIRAVEL R, CHEN X, THARMARASA R, et al. The spline probability hypothesis density filter[J]. IEEE Transactions on Signal Processing, 2013, 61(24): 6188 - 6203.

[79] MAHLER R P S, VO B T, VO B N. Forward-backward probability hypothesis density smoothing[J]. IEEE Transactions on Aerospace and Electronic Systems, 2012, 48(1): 707 - 728.

[80] OUYANG C, JI H B, TIAN Y. Improved Gaussian mixture CPHD tracker for multitarget tracking[J]. IEEE Transactions on Aerospace and Electronic Systems, 2013, 49(2): 1177 - 1191.

[81] OUYANG C, JI H B, LI C. Improved multi-target multi-Bernoulli filter[J]. IET Radar, Sonar & Navigation, 2012, 6(6): 458 - 464.

[82] YIN J, ZHANG J, ZHAO J. The Gaussian particle multi-target multi-Bernoulli filter[C]. International Conference on Advanced Computer Control, 2010: 556 - 560.

[83] NADARAJAH N, KIRUBARAJAN T, LANG T, et al. Multitarget tracking using probability hypothesis density smoothing[J]. IEEE Transactions on Aerospace and Electronic Systems, 2011, 47(4): 2344 - 2360.

[84] 钟茜怡，姬红兵，欧阳成. 基于修正贝努利滤波的被动多目标跟踪算法[J]. 系统工

程与电子技术，2012，34(8)：1549－1554.

[85] OUYANG C，JI H B. Weight over-estimation problem in GMP-PHD filter[J]. Electronics Letters，2011，47(2)：139－141.

[86] 张俊根，姬红兵. 高斯混合粒子PHD滤波被动测角多目标跟踪[J]. 控制与决策，2011，26(3)：413－417.

[87] 欧阳成，姬红兵，张俊根. 一种改进的CPHD多目标跟踪算法[J]. 电子与信息学报，2010 (9)：2112－2118.

[88] VO B T，VO B N. A random finite set conjugate prior and application to multi-target tracking [C]. International Conference on Intelligent Sensors，Sensor Networks and Information，2012：431－436.

[89] VO B T，VO B N. Labeled random finite sets and multi-object conjugate priors[J]. IEEE Transactions on Signal Processing，2013，61(13)：3460－3475.

[90] VO B N，VO B T，PHUNG D. Labeled random finite sets and the Bayes multi-target tracking filter[J]. IEEE Transactions on Signal Processing，2014，62(24)：6554－6567.

[91] REUTER S，VO B T，VO B N，et al. The labeled multi-Bernoulli filter[J]. IEEE Transactions on Signal Processing，2014，62(12)：3246－3260.

[92] HOANG H G，VO B T，VO B N. A generalized labeled multi-Bernoulli filter implementation using gibbs sampling[J]. Computer Science，2015，23(6)：1－8.

[93] HOANG H G，VO B T，VO B N. A fast implementation of the generalized labeled multi-Bernoulli filter with joint prediction and update[C]. International Conference on Information Fusion，2015：999－1006.

[94] VO B N，VO B T. An implementation of the multi-sensor generalized labeled multi-Bernoulli filter via Gibbs sampling [C]. International Conference on Information Fusion，2017：1－8.

[95] VO B N，VO B T，HOANG H G. An efficient implementation of the generalized labeled multi-Bernoulli filter[J]. IEEE Transactions on Signal Processing，2017，65(8)：1975－1987.

[96] FATEMI M，GRANSTRÖM K，SVENSSON L，et al. Poisson multi-Bernoulli mapping using Gibbs sampling[J]. IEEE Transactions on Signal Processing，2017，65(11)：2814－2827.

[97] LI S, YI W, HOSEINNEZHAD R, et al. Robust distributed fusion with labeled random finite sets[J]. IEEE Transactions on Signal Processing, 2017, 66(2): 278-293.

[98] DU Y K, VO B N, THIAN A, et al. A generalized labeled multi-Bernoulli tracker for time lapse cell migration[C]. International Conference on Control, Automation and Information Sciences, 2017: 20-25.

[99] BEARD M, VO B T, VO B N. Generalised labelled multi-Bernoulli forward-backward smoothing[C]. International Conference on Information Fusion, 2016: 688-694.

[100] PUNCHIHEWA Y, VO B N, VO B T. A Generalized Labeled Multi-Bernoulli filter for maneuvering targets[C]. International Conference on Information Fusion, 2016: 980-986.

[101] BEARD M, REUTER S, GRANSTRÖM K, et al. A generalised labelled multi-Bernoulli filter for extended multi-target tracking[C]. International Conference on Information Fusion, 2015: 991-998.

[102] WILLIAMS J L. Marginal multi-Bernoulli filters: RFS derivation of MHT, JIPDA, and association-based MeMBer[J]. IEEE Transactions on Aerospace and Electronic Systems, 2015, 51(3): 1664-1687.

[103] WILLIAMS J L. An efficient, variational approximation of the best fitting multi-Bernoulli filter[J]. IEEE Transactions on Signal Processing, 2014, 63(1): 258-273.

[104] GRANSTRÖM K, SVENSSON L, XIA Y, et al. Poisson multi-Bernoulli mixture trackers: continuity through random finite sets of trajectories[C]. International Conference on Information Fusion, 2018: 1-5.

[105] KARUSH J. On the chapman-kolmogorov equation[J]. The Annals of Mathematical Statistics, 1961, 32(4): 1333-1337.

[106] ARASARATNAM I, HAYKIN S. Square-root quadrature Kalman filtering[J]. IEEE Transactions on Signal Processing, 2008, 56(6): 2589-2593.

[107] 袁泽剑, 郑南宁, 贾新春. 高斯厄米特粒子滤波器[J]. 电子学报, 2003, 31(6): 970-973.

[108] WU Y, HU D, WU M, et al. A numerical-integration perspective on Gaussian filters[J]. IEEE Transactions on Signal Processing, 2006, 54(8): 2910-2921.

[109] ARASARATNAM I, HAYKIN S, ELLIOTT R J. Discrete-time nonlinear

filtering algorithms using Gauss-Hermite quadrature[J]. Proceedings of the IEEE, 2007, 95(5): 953 - 977.

[110] YANG J L, JI H B, LIU J M. Gauss-Hermite particle PHD filter for bearings-only multi-target tracking[J]. Systems Engineering and Electronics, 2013, 35(3): 457 - 462.

[111] ULMKE M, FRÄNKEN D, SCHMIDT M. Missed detection problems in the cardinalized probability hypothesis density filter[C]. International Conference on Information Fusion. IEEE, 2008.

[112] HUTTENLOCHER D P, KLANDERMAN G A, RUCKLIDGE W A. Comparing images using the Hausdorff distance[J]. IEEE Transactions on Pattern Analysis and Machine Intelligence, 1993, 15(9): 850 - 863.

[113] HOFFMAN J R, MAHLER R P S. Multitarget miss distance via optimal assignment[J]. IEEE Transactions on Systems Man and Cybernetics, Part A, Systems and Humans, 2004, 34(3): 327 - 336.

[114] SCHUHMACHER D, VO B T, VO B N. A consistent metric for performance evaluation of multi-object filters[J]. IEEE Transactions on Signal Processing, 2008, 56(8): 3447 - 3457.

[115] LI X R, BAR-SHALOM Y. Multiple-model estimation with variable structure [J]. IEEE Transactions on Automatic Control, 1996, 41(4): 478 - 493.

[116] LI X R. Multiple-model estimation with variable structure(II): model-set adaptation [J]. IEEE Transactions on Automatic Control, 2000, 45(11): 2047 - 2060.

[117] MAZOR E, AVERBUCH A, BAR-SHALOM Y, et al. Interacting multiple model methods in target tracking: a survey[J]. IEEE Transactions on Aerospace and Electronic Systems, 1998, 34(1): 103 - 123.

[118] LI X R, BAR-SHALOM Y, BLAIR W D. Engineer's guide to variable-structure multiple-model estimation for tracking[J]. Multitarget-Multisensor Tracking: Applications and Advances, 2000, 3: 499 - 567.

[119] MAHLER R P S. On multitarget jump-Markov filters [C]. International Conference on Information Fusion, 2012: 149 - 156.

[120] PUNITHAKUMAR K, KIRUBARAJAN T, SINHA A. A multiple-model probability hypothesis density filter for tracking maneuvering targets[C]. Signal and Data Processing of Small Targets, 2004, 5428: 113 - 121.

[121] PASHA S A, VO B N, TUAN H D, et al. A Gaussian mixture PHD filter for jump Markov system models[J]. IEEE Transactions on Aerospace and Electronic Systems, 2009, 45(3): 919 - 936.

[122] GEORGESCU R, WILLETT P. The multiple model CPHD tracker[J]. IEEE Transactions on Signal Processing, 2012, 60(4): 1741 - 1751.

[123] 邱昊，黄高明，左炜，等. 多模型标签多伯努利机动目标跟踪算法[J]. 系统工程与电子技术，2010，37(12)：2683 - 2688.

[124] 连峰，韩崇昭，李晨. 多模型 GM-CBMeMBer 滤波器及航迹形成[J]. 自动化学报，2014，40(2)：336 - 347.

[125] REUTER S, SCHEEL A, DIETMAYER K. The multiple model labeled multi-Bernoulli filter[C]. International Conference on Information Fusion, 2015: 1574 - 1580.

[126] LIU Z X, HUANG B J. The labeled multi-Bernoulli filter for jump Markov systems under glint noise[J]. IEEE Access, 2019, 7: 92322 - 92328.

[127] PUNCHIHEWA Y. Efficient generalized labeled multi-Bernoulli filter for jump Markov system [C]. International Conference on Control, Automation and Information Sciences, 2017: 221 - 226.

[128] PASHA S A, TUAN H D, APKARIAN P. The LFT based PHD filter for nonlinear jump Markov models in multi-target tracking[C]. IEEE Conference on Decision and Control, 2009: 5478 - 5483.

[129] LI W, JIA Y. Gaussian mixture PHD filter for jump Markov models based on best-fitting Gaussian approximation[J]. Signal Processing, 2011, 91(4): 1036 - 1042.

[130] OUYANG C, JI H B, Guo Z. Extensions of the SMC-PHD filters for jump Markov systems[J]. Signal Processing, 2012, 92(6): 1422 - 1430.

[131] MCGINNITY S, IRWIN G W. Multiple model bootstrap filter for maneuvering target tracking[J]. IEEE Transactions on Aerospace and Electronic Systems, 2000, 36(3): 1006 - 1012.

[132] XU L, LI X R, DUAN Z. Hybrid grid multiple-model estimation with application to maneuvering target tracking [J]. IEEE Transactions on Aerospace and Electronic Systems, 2016, 52(1): 122 - 136.

[133] ZHU W, WANG W, YUAN G. An improved interacting multiple model filtering

algorithm based on the cubature Kalman filter for maneuvering target tracking[J]. Sensors, 2016, 16(6): 805.

[134] LIU H, WU W. Interacting multiple model (IMM) fifth-degree spherical simplex-radial cubature Kalman filter for maneuvering target tracking[J]. Sensors, 2017, 17(6): 1374.

[135] BILIK I, TABRIKIAN J. Maneuvering target tracking in the presence of glint using the nonlinear Gaussian mixture Kalman filter[J]. IEEE Transactions on Aerospace and Electronic Systems, 2010, 46(1): 246 - 262.

[136] YANG J L, JI H B, GE H W. Multi-model particle cardinality-balanced multi-target multi-Bernoulli algorithm for multiple maneuvering target tracking[J]. IET Radar, Sonar & Navigation, 2013, 7(2): 101 - 112.

[137] YANG J L, JI H B, FAN Z H. Probability hypothesis density filter based on strong tracking MIE for multiple maneuvering target tracking[J]. International Journal of Control, Automation and Systems, 2013, 11(2): 306 - 316.

[138] 欧阳成，姬红兵，郭志强. 改进的多模型粒子 PHD 和 CPHD 滤波算法[J]. 自动化学报，2012，38(3)：341 - 348.

[139] 杨金龙，姬红兵，樊振华. 强跟踪输入估计概率假设密度多机动目标跟踪算法[J]. 控制理论与应用，2011，28(8)：1164 - 1170.

[140] 杨金龙，姬红兵，樊振华. 一种模糊推理强机动目标跟踪新算法[J]. 西安电子科技大学学报，2011，38(2)：72 - 76.

[141] YANG J, JI H B. A new adaptive algorithm for passive multi-sensor maneuvering target tracking[C]. 2010 6th International Conference on Wireless Communications Networking and Mobile Computing (WiCOM), IEEE, 2010: 1 - 4.

[142] YANG J L, JI H B. High maneuvering target-tracking based on strong tracking modified input estimation[J]. Scientific Research and Essays, 2010, 5(13): 1683 - 1689.

[143] 张俊根，姬红兵. IMM 迭代扩展卡尔曼粒子滤波跟踪算法[J]. 电子与信息学报，2010 (5)：1116 - 1120.

[144] SINGER R A. Estimating optimal tracking performance for manned maneuvering targets[J]. IEEE Transactions on Aerospace and Electronic Systems, 1970, 6(4): 473 - 483.

[145] 裴方瑞. 一种改进的机动目标跟踪算法[D]. 呼和浩特：内蒙古大学，2011.

[146] 陆晶莹. 高速高机动目标 IMM 跟踪算法研究[D]. 南京：南京理工大学，2010.

[147] MAGILL D T. Optimal adaptive estimation of sampled stochastic processes[J]. IEEE Transactions on Automatic Control, 1965, 10(4): 434 - 439.

[148] BLOM H A P, BAR-SHALOM Y. The interacting multiple model algorithm for systems with Markovian switching coefficients [J]. IEEE Transactions on Automatic Control, 1988, 33(8): 780 - 783.

[149] LI X R, JILKOV V P. Survey of maneuvering target tracking, Part V, Multiple-model methods[J]. IEEE Transactions on Aerospace and Electronic Systems, 2005, 41(4): 1255 - 1321.

[150] PITRE R R, JILKOV V P, LI X R. A comparative study of multiple-model algorithms for maneuvering target tracking [C]. Signal Processing, Sensor Fusion, and Target Recognition XIV. International Society for Optics and Photonics, 2005, 5809: 549 - 560.

[151] FOO P H, NG G W. Combining the interacting multiple model method with particle filters for manoeuvring target tracking [J]. IET Radar, Sonar & Navigation, 2011, 5(3): 234 - 255.

[152] HU Z, LIU X, JIN Y, et al. A novel probabilistic data association algorithm based on multiple model particle filter [J]. Journal of Information & Computational Science, 2011, 8(13): 2759 - 2766.

[153] 鉴福升，徐跃民，阴泽杰. 多模型粒子滤波跟踪算法研究[J]. 电子与信息学报，2010 (6): 1271 - 1276.

[154] VIHOLA M. Rao-Blackwellized particle filtering in random set multitarget tracking[J]. IEEE Transactions on Aerospace and Electronic Systems, 2007, 43(2): 689 - 705.

[155] BLOM H A P, BLOEM E A. Exact Bayesian and particle filtering of stochastic hybrid systems[J]. IEEE Transactions on Aerospace and Electronic Systems, 2007, 43(1): 55 - 70.

[156] LI T, SUN S, CORCHADO J M, et al. A particle dyeing approach for track continuity for the SMC-PHD filter[C]. International Conference on Information Fusion, 2014: 1 - 8.

[157] CLARK D E, BELL J. Multi-target state estimation and track continuity for the

particle PHD filter[J]. IEEE Transactions on Aerospace and Electronic Systems, 2007, 43(4): 1441 - 1453.

[158] LI Y, XIAO H, SONG Z, et al. Joint multi-target filtering and track maintenance using improved labeled particle PHD filter[C]. 7th International Congress on Image and Signal Processing, 2014: 1136 - 1140.

[159] YANG J, JI H B. A novel track maintenance algorithm for PHD/CPHD filter[J]. Signal Processing, 2012, 92(10): 2371 - 2380.

[160] 欧阳成，姬红兵，田野. 一种基于模糊聚类的 PHD 航迹维持算法[J]. 电子学报，2012, 40(6): 1284 - 1288.

[161] OUYANG C, JI H B, TIAN Y. Fuzzy clustering based algorithm for track continuity in PHD filter[J]. Acta Electronica Sinica, 2012, 40 (6): 1284 - 1288.

[162] 时银水，姬红兵，王学青，等. 基于随机 Hough 变换的航迹起始算法[J]. 模式识别与人工智能，2011(5): 651 - 657.

[163] OUYANG C, JI H B, ZHANG J G. Improved estimate-to-track association method for track continuity[C]. Key Engineering Materials, 2011, 467: 806 - 811.

[164] LIN L. Parameter estimation and data association for multitarget tracking[D]. Mansfield: The University of Connecticut, 2004.

[165] CLARK D E, PANTA K, VO B N. The GM-PHD filter multiple target tracker [C]. International Conference on Information Fusion, 2006: 1 - 8.

[166] CLARK D E, BELL J. Data association for the PHD filter[C]. International Conference on Intelligent Sensors, Sensor Networks and Information Processing, 2005: 217 - 222.

[167] PANTA K, VO B N, SINGH S. Novel data association schemes for the probability hypothesis density filter[J]. IEEE Transactions on Aerospace and Electronic Systems, 2007,43(2): 556 - 570.

[168] BERTSEKAS D P. The auction algorithm: a distributed relaxation method for the assignment problem [J]. Annals of Operations Research, 1988, 14(1): 105 - 123.

[169] CLARK D E. The probability hypothesis density filter[D]. Ediburgh: Heriot-Watt University, 2006.

[170] OH S, RUSSELL S, SASTRY S. Markov chain Monte Carlo data association for general multiple target tracking problems [C]. Proceedings of the IEEE

Conference on Decision and Control, Nassau, Bahamas, 2004, 1: 435 - 742.

[171] OH S, RUSSELL S. An efficient algorithm for tracking multiple maneuvering targets[C]. Proceedings of the 44th IEEE Conference on Decision and Control, and the European Control Conference, Seville, Spain, 2005, 4010 - 4015.

[172] OH S, RUSSELL S, Sastry S. Markov chain Monte Carlo data association for mmulti-target tracking[J]. IEEE Transactions on Automatic Control, 2009, 54(3): 481 - 497.

[173] RUBINSTEIN R Y. Optimization of computer simulation models with rare events [J]. European Journal of Operations Research, 1997, 99(1): 89 - 112.

[174] RUBINSTEIN R Y. The cross-entropy method and rare-events for maximal cut and bipartition problems [J]. ACM Transactions on Modeling and Computer Simulation, 2002, 12(1): 27 - 53.

[175] BOER P T, KROESE D P, MANNOR S, et al. A tutorial on the cross-entropy method[J]. Annals of Operations Research, 2005, 134(1): 19 - 67.

[176] HUI K P, BEAN N, KRAETZL M. The cross-entropy method for network reliability estimation[J]. Annals of Operations Research, 2005, 134(1): 101 - 118.

[177] SIGALOV D. Data association in multi-target tracking using cross entropy based algorithms[D]. Haifa: Technion-Israel Institute of Technology, 2008.

[178] SIGALOV D, SHIMKIN N. Cross entropy algorithms for data association in multi-target tracking [J]. IEEE Transactions on Aerospace and Electronic Systems, 2011, 47(2): 1166 - 1185.

[179] CASELLA G, ROBET C P. Rao-Blackwellisation of sampling schemes [J]. Biometrika, 1996, 83(1): 81 - 94.

[180] MURPHY K, RUSSELL S. Rao-Blackwellisation particle filtering for dynamic bayesian networks[C]. Sequential Monte Carlo Methods in Practice, Springer-Verlag, New York, 2001: 499 - 515.

[181] KARLSSON R, SCHON T, GUSTAFSSON F. Complexity analysis of the marginalized particle filter[J]. IEEE Transactions on Signal Processing, 2005, 53(11): 4408 - 4411.

[182] SCHON T, GUSTAFSSON F, NORDLUND P J. Marginalized particle filters for mixed linear/nonlinear state-space models [J]. IEEE Transactions on Signal

Processing，2005，53(6)：2279－2289.

[183] YIN J J，ZHANG J Q，MIKE K. The marginal Rao-Blackwellized particle filter for mixed linear/nonlinear state space models[J]. Chinese Journal of Aeronautics，2007，20(4)：348－354.

[184] VO B T，SEE C M，MA N，et al. Multi-sensor joint detection and tracking with the Bernoulli filter[J]. IEEE Transactions on Aerospace and Electronic Systems，2012，48(2)：1385－1402.

[185] LIAN F，HAN C，LIU W，et al. Joint spatial registration and multi-target tracking using an extended probability hypothesis density filter[J]. IET Radar，Sonar & navigation，2011，5(4)：441－448.

[186] ÜNey M，CLARK D E，JULIER S J. Distributed fusion of PHD filters via exponential mixture densities[J]. IEEE Journal of Selected Topics in Signal Processing，2013，7(3)：521－531.

[187] 胡子军，张林让，赵珊珊，等. 组网无源雷达高速多目标初始化及跟踪算法[J]. 西安电子科技大学学报，2014，41(6)：25－30.

[188] ZHANG J，JI H B. Distributed multi-sensor particle filter for bearings-only tracking[J]. International Journal of Electronics，2012，99(2)：239－254.

[189] 杨金龙，姬红兵，刘娟丽. 被动多传感器自适应曲线模型跟踪新算法[J]. 控制与决策，2011，26(8)：1126－1130.

[190] 杨柏胜，姬红兵. 基于无迹卡尔曼滤波的被动多传感器融合跟踪[J]. 控制与决策，2008，23(4)：460－463.

[191] YANG J，JI H B，OUYANG C. Multi-target tracking optimized algorithm for passive multi-sensor[J]. Journal of Information and Computational Science，2011，8(13)：2597－2604.

[192] PHAM N T，HUANG W，ONG S H. Multiple sensor multiple object tracking with GMPHD filter[C]. International Conference on Information Fusion，2007：1－7.

[193] VO B N，AINGH S，WING K M. Tracking multiple speakers using random sets[C]. International Conference on Acoustics，Speech，and Signal Processing，2004：357－360.

[194] 孟凡彬，郝燕玲，张崇猛，等. 基于无迹粒子 PHD 滤波的序贯融合算法[J]. 系统工程与电子技术，2011，33(1)：30－34.

[195] LI W，JIA Y，DU J，et al. Gaussian mixture PHD filter for multi-sensor multi-

target tracking with registration errors[J]. Signal Processing, 2013, 93(1): 86 - 99.

[196] ZHANG H J, JING Z L, HU S Q. Bearing-only multi-target location based on Gaussian mixture PHD filter [C]. International Conference on Information Fusion, 2007: 1 - 5.

[197] ZHANG H, JING Z, HU S. Localization of multiple emitters based on the sequential PHD filter[J]. Signal Processing, 2010, 90(1): 34 - 43.

[198] NAGAPPA S, CLARK D E. On the ordering of the sensors in the iterated-corrector probability hypothesis density filter [C]. SPIE Conference on Signal Processing, Sensor Fusion and Target Recognition, 2011: 80500M-80500M-6.

[199] LIU L, JI H B, FAN Z H. Improved Iterated-corrector PHD with Gaussian mixture implementation[J]. Signal Processing, 2015, 114: 89 - 99.

[200] MAHLER R P S. The multisensor PHD filter: I. General solution via multitarget calculus[C]. SPIE Conference on Signal Processing, Sensor Fusion and Target Recognition, 2009: 73360E-73360E-12.

[201] NANNURU S, COATES M, RABBAT M, et al. General solution and approximate implementation of the multisensor multitarget CPHD filter[C]. International Conference on Acoustics, Speech and Signal Processing, 2015: 4055 - 4059.

[202] MAHLER R P S. Approximate multisensor CPHD and PHD filters[C]. International Conference on Information Fusion, 2010: 1 - 8.

[203] 欧阳成，姬红兵，杨金龙. 一种改进的多传感器粒子 PHD 滤波近似算法[J]. 系统工程与电子技术，2012，34(1)：50 - 55.

[204] LIU L, JI H B, FAN Z H. A cardinality modified product multi-sensor PHD[J]. Information Fusion, 2016, 31: 87 - 99.

[205] LIU L, JI H B, ZHANG W B, et al. Multi-sensor multi-target tracking using probability hypothesis density filter[J]. IEEE Access, 2019, 7: 67745 - 67760.

[206] KHALEGHI B, KHAMIS A, KARRAY F O, et al. Multisensor data fusion: a review of the state-of-the-art[J]. Information Fusion, 2013, 14(1): 28 - 44.

[207] NANNURU S, BLOUIN S, COATES M, et al. Multisensor CPHD filter[J]. IEEE Transactions on Aerospace and Electronic Systems, 2016, 52(4): 1834 - 1854.

[208] OUYANG C, JI H B, YANG J L. Improved approximation of multisensor particle PHD filter[J]. Systems Engineering and Electronics, 2012, 34(1): 50 - 55.

[209] LIU L, JI H B, ZHANG W B, LIAO G S. Multi-sensor fusion for multi-target tracking using measurement division[J]. IET Radar, Sonar & Navigation, 2020, 14(9): 1451-1461.

[210] HERSHEY J R, OLSEN P A. Approximating the Kullback Leibler divergence between Gaussian mixture models [C]. Proceedings of IEEE International Conference on Acoustics, Speech and Signal Processing, Honolulu, USA, 2007, 4: IV-317-IV-320.

[211] WANG B, YI W, HOSEINNEZHAD R, et al. Distributed fusion with multi-Bernoulli filter based on generalized covariance intersection[J]. IEEE Transactions on Signal Processing, 2016, 65(1): 242-255.

[212] LI T, CORCHADO J M, SUN S. Partial consensus and conservative fusion of Gaussian mixtures for distributed PHD fusion [J]. IEEE Transactions on Aerospace and Electronic Systems, 2018, 55(5): 2150-2163.

[213] 吴鑫辉，黄高明，高俊. 未知探测概率下多目标PHD跟踪算法[J]. 控制与决策，2014，29(1)：57-63.

[214] MAHLER R P S, VO B T. An improved CPHD filter for unknown clutter backgrounds[C]. SPIE Conference on Signal Processing, Sensor Fusion and Target Recognition, 2014, 9091: 90910B.

[215] MAHLER R P S. CPHD filters for unknown clutter and target-birth processes [C]. SPIE Conference on Signal Processing, Sensor Fusion and Target Recognition, 2014, 9091: 90910C.

[216] ZHENG X, SONG L. Improved CPHD filtering with unknown clutter rate[C]. World Congress on Intelligent Control and Automation, 2012: 4326-4331.

[217] 沈忱，徐定杰，沈锋，等. 基于变分推断的一般噪声自适应卡尔曼滤波[J]. 系统工程与电子技术，2014，36(8)：1466-1472.

[218] 胡子军，张林让，张鹏，等. 基于高斯混合带势概率假设密度滤波器的未知杂波下多机动目标跟踪算法[J]. 电子与信息学报，2015，37(1)：116-122.

[219] LIU Z, CHEN S, WU H, et al. Robust student's t mixture probability hypothesis density filter for multi-target tracking with heavy-tailed noises[J]. IEEE Access, 2018, 6: 39208-39219.

[220] HU X L, JI H B, LIU L. Adaptive target birth intensity multi-Bernoulli filter

with noise-based threshold[J]. Sensors, 2019, 19(5): 1120 - 1141.

[221] WANG M J, JI H B, ZHANG Y Q, et al. A student's t mixture cardinality-balanced multi-target multi-Bernoulli filter with heavy-tailed process and measurement Noises[J]. IEEE Access, 2018, 6: 51098 - 51109.

[222] HU X L, JI H B, WANG M J. CBMeMBer filter with adaptive target birth intensity[J]. IET Signal Processing, 2018, 12(8): 937 - 948.

[223] 杨丹，姬红兵，张永权. 未知杂波条件下样本集校正的势估计概率假设密度滤波算法[J]. 电子与信息学报，2018，40(4)：912 - 919.

[224] 李翠芸，王精毅，姬红兵，等. 模型参数未知时的 CPHD 多目标跟踪方法[J]. 西安电子科技大学学报，2017，44(2)：37 - 41.

[225] 李翠芸，江舟，李斌，等. 未知杂波环境的 GM-PHD 平滑滤波器[J]. 西安电子科技大学学报，2015，42(5)：98 - 104.

[226] 李翠芸，江舟，姬红兵. 一种新的未知杂波环境下的 PHD 滤波器[J]. 西安电子科技大学学报，2014，41(5)：18 - 23.

[227] 李翠芸，江舟，姬红兵，等. 基于拟蒙特卡罗的未知杂波 GMP-PHD 滤波器[J]. 控制与决策，2014，29(11)：1997 - 2001.

[228] 张俊根，姬红兵. 闪烁噪声下的改进粒子滤波跟踪算法[J]. 系统工程与电子技术，2010，32(10)：2223 - 2226.

[229] REUTER S, MEISSNER D, WILKING B, et al. Cardinality balanced multi-target multi-Bernoulli filtering using adaptive birth distributions[C]. International Conference on Information Fusion, 2013: 1608 - 1615.

[230] LIN S, VO B T, NORDHOLM S E. Measurement driven birth model for the generalized labeled multi-Bernoulli filter[C]. International Conference on Control, Automation and Information Sciences, 2016: 94 - 99.

[231] CHOI M E, SEO S W. Robust multitarget tracking scheme based on Gaussian mixture probability hypothesis density filter[J]. IEEE Transactions on Vehicular Technology, 2016, 65(6): 4217 - 4229.

[232] CHOI B, PARK S, KIM E. A newborn track detection and state estimation algorithm using Bernoulli random finite sets[J]. IEEE Transactions on Signal Processing, 2016, 64(10): 2660 - 2674.

[233] BEARD M, VO B T, VO B N, et al. Gaussian mixture PHD and CPHD filtering

with partially uniform target birth[C]. International Conference on Information Fusion, 2012: 535 - 541.

[234] MAHLER R P S, VO B T, VO B N. CPHD filtering with unknown clutter rate and detection profile[J]. IEEE Transactions on Signal Processing, 2011, 59(8): 3497 - 3513.

[235] BEARD M, VO B T, VO B N. Multitarget filtering with unknown clutter density using a bootstrap GMCPHD filter[J]. IEEE Signal Processing Letters, 2013, 20(4): 323 - 326.

[236] LIAN F, HAN C, LIU W. Estimating unknown clutter intensity for PHD filter[J]. IEEE Transactions on Aerospace and Electronic Systems, 2010, 46(4): 2066 - 2078.

[237] SAGE A P, HUSA G W. Algorithms for sequential adaptive estimation of prior statistics[C]. Symposium on Adaptive Processes Decision and Control, 1969: 61 - 70.

[238] HAO Y L, GUO Z, SUN F, et al. Adaptive extended Kalman filtering for SINS/GPS integrated navigation systems[C]. IEEE International Joint Conference on Computational Sciences and Optimization, Sanya, 2009, 2: 192 - 194.

[239] ARENAS-GARCIA J, FIGUEIRAS-VIDAL A R, SAYED A H. Steady state performance of convex combinations of adaptive filters [C]. International Conference Acoustics, Speech, and Signal Processing, 2005, 4: 33 - 36.

[240] XING G, ZHAO Y. Application analysis of RLS adaptive filter in signal noise removing and simulation [C]. International Conference on Information Engineering and Computer Science, 2010: 1 - 6.

[241] ZHU H , LEUNG H , HE Z. A variational Bayesian approach to robust sensor fusion based on Student-t distribution[J]. Information Sciences, 2013, 221: 201 - 214.

[242] WU X, HUANG G M, GAO J. Adaptive noise variance identification for probability hypothesis density-based multi-target filter by variational Bayesian approximations[J]. IET Radar, Sonar & Navigation, 2013, 7(8): 895 - 903.

[243] ZHANG G, LIAN F, HAN C, et al. An improved PHD filter based on variational Bayesian method for multi-target tracking[C]. 17th International Conference on Information Fusion(FUSION), IEEE, 2014: 1 - 6.

[244] DONG P, JING Z, LEUNG H, et al. The labeled multi-Bernoulli filter for multitarget tracking with glint noise[J]. IEEE Transactions on Aerospace and

Electronic Systems, 2018, 55(5): 2253 - 2268.

[245] PUNCHIHEWA Y G, VO B T, VO B N, et al. Multiple object tracking in unknown backgrounds with labeled random finite sets[J]. IEEE Transactions on Signal Processing, 2018, 66(11): 3040 - 3055.

[246] CORREA J, ADAMS M. Estimating detection statistics within a Bayes-closed multi-object filter[C]. International Conference on Information Fusion, 2016: 811 - 819.

[247] YANG J L, GE H W. Adaptive probability hypothesis density filter based on variational Bayesian approximation for multi-target tracking[J]. IET Radar, Sonar & Navigation, 2013, 7(9): 959 - 967.

[248] LI W, JIA Y, DU J, et al. PHD filter for multi-target tracking by variational Bayesian approximation[C]. IEEE Conference on Decision and Control, 2013: 7815 - 7820.

[249] YANG J L, Ge H W. An improved multi-target tracking algorithm based on CBMeMBer filter and variational Bayesian approximation[J]. Signal Processing, 2013, 93(9): 2510 - 2515.

[250] LI W, JIA Y, DU J, et al. PHD filter for multi-target tracking with glint noise [J]. Signal Processing, 2014, (94): 48 - 56.

[251] LIU Z, CHEN S, WU H, et al. A Student's t mixture probability hypothesis density filter for multi-target tracking with outliers[J]. Sensors, 2018, 18(4): 1095 - 1117.

[252] LIU Z, CHEN S, WU H, et al. Robust Student's t mixture probability hypothesis density filter for multi-yarget tracking with heavy-tailed noises[J]. IEEE Access, 2018, 6: 39208 - 39219.

[253] 虎小龙. 未知场景多伯努利滤波多目标跟踪算法研究[D]. 西安: 西安电子科技大学, 2019.

[254] LIU W, CUI H, WEN C. A time-varying clutter intensity estimation algorithm by using Gibbs sampler and BIC [C]. IEEE International Conference on Information Fusion, Heidelberg, Germany, 2016: 1 - 8.

[255] 杨丹. 未知场景参数下的概率假设密度滤波多传感器目标跟踪算法研究[D]. 西安: 西安电子科技大学, 2019.

[256] TING J A, THEODOROU E, SCHAAL S. Learning an outlier-robust Kalman filter [C]. European Conference on Machine Learning, Springer, Berlin,

Heidelberg, 2007: 748 – 756.

[257] TING J A, D'SOUZA A, SCHAAL S. Automatic outlier detection: a Bayesian approach [C]. Proceedings of International Conference on Robotics and Automation, IEEE, 2007: 2489 – 2494.

[258] HEWER G A, MARTIN R D, ZEH J. Robust preprocessing for Kalman filtering of glint noise[J]. IEEE Transactions on Aerospace and Electronic Systems, 1987, 23(1): 120 – 128.

[259] 王明杰. 噪声野值下的随机有限集多目标跟踪算法研究[D]. 西安：西安电子科技大学，2019.